高等学校十二五规划教材·实验技能类

实验技术基础

主　编　罗积军　徐　军

编　者　罗积军　徐　军　张清华
　　　　侯素霞　赵云芳　李育新

西北工業大學出版社

【内容简介】 全书内容分为三篇：第一篇介绍实验的基本知识、基本实验方法、基本测量技术、实验数据和实验现象的获取、分析、归纳和总结；第二篇介绍基本测量仪器与基本器件，阐述了基本器件参数的测量方法；第三篇介绍了实验测量实例。书末附有仿真软件，虚拟仪器简介，常用电气符号、元器件标志及命名方法，热电偶分度表等内容。

本书既可作为理工类专业的基础实验教材，也可供工程技术人员参考。

图书在版编目（CIP）数据

实验技术基础/罗积军，徐军主编．—西安：西北工业大学出版社，2011.7
ISBN 978-7-5612-3117-3

Ⅰ.①实…　Ⅱ.①罗…②徐…　Ⅲ.①实验技术—基本知识　Ⅳ.①G312

中国版本图书馆 CIP 数据核字(2011)第 133280 号

出版发行：西北工业大学出版社
通信地址：西安市友谊西路 127 号　　**邮编**：710072
电　　话：(029)88493844　88491757
网　　址：www.nwpup.com
印 刷 者：陕西向阳印务有限公司
开　　本：787 mm×1 092 mm　1/16
印　　张：15.25
字　　数：367 千字
版　　次：2011 年 10 月第 1 版　　2011 年 10 月第 1 次印刷
定　　价：32.00 元

前　言

“实验技术基础”是学员系统学习实验的基础知识、实验方法、测量技术的入门课程。通过本课程的学习，可提高学员实验理论方面的素养，培养学员综合应用知识解决实践问题的能力，以及培养学员严肃认真、求实求真的科学作风，为后续实验课程的学习打下基础。

本书在对实验理论与技术系统介绍的基础上，注重对学员基本实验技能的训练，通过实验掌握基本实验技能、实验方法和使用仪器仪表进行数据采集、观察、处理和分析的方法，培养学员运用实验理论分析和解决问题的能力，开发学员的智力和创造力。根据课程标准的要求和一年级学员的实际情况，本书在编写的时候，特别注重教材的基础性、启发性和实用性，在突出实验的基本知识、基本方法、基本测量技术和基本仪器使用的基础上，将现代教育理念、现代教育技术和现代测试技术融入到实验教学之中。

本书由实验技术基础、基本测量仪器与基本器件和实验测量实例三篇组成。第一篇主要介绍基本实验知识、基本实验方法、基本测量技术，实验数据和实验现象的获取、分析、归纳和总结；第二篇主要介绍常用测量仪器仪表的原理及使用，介绍基本器件；第三篇主要进行实验的基本方法和技能训练，在实验项目的设置上，突出基础性实验。每一个实验都给出了实验目的、实验原理、实验内容和要求，便于学员预习。实验后的思考题留给学员课后完成，促进学员对实验现象及结果作深入的思考和探索，逐步培养其创新能力。

本书博采众长，参考了国内相关优秀实验教材的编写经验，融入了基础实验中心多年来的教学改革与实践的成果，是在基础实验教学第一线工作的广大教员辛勤耕耘的结晶。尽管一些教员没有直接参加编写工作，但本书仍凝聚着他们的汗水和智慧。在此，向对本书作过贡献的所有同志表示衷心的感谢。

本书由罗积军、徐军任主编，参编人员有罗积军、徐军、张清华、侯素霞、赵云芳、李育新，全书由罗积军负责统稿。

由于水平所限，加之时间仓促，书中难免有错误和疏漏之处，恳请读者批评指正。

编　者

2011 年 4 月

目　录

第一篇　实验技术基础

第二篇 基本测量仪器与基本器件

第三篇 实验测量实例

第一篇　实验技术基础

第1章 绪 论

1.1 实验技术概述

实验是人们认识自然和进行科学研究的一种重要手段。一个科学的设想得以实现往往需要进行大量的实验，总结多次失败的经验才能取得成功，一个创新的理论更需要通过实验来检验它是否成立。

实验在科学的发展历史中往往起到关键作用，电磁学理论的建立是典型的实例之一。1819年至1820年奥斯特和安培先后在实验中发现电流对磁针的作用力和载流线圈之间的作用力。之后的1831年，迈克尔·法拉第在总结实验规律的基础上发现了电磁感应定律。1873年，麦克斯韦用数学方法创立了电磁场理论，直至1889年，赫兹实现了电磁波的传播，证实了麦克斯韦的理论，从而形成统一的电磁理论。从电磁理论建立过程可以看到实验起到了关键作用。

实验在推动科学的发展和检验理论的正确性方面有着极其重要的作用。从教学来讲，实验是教学方式之一，是重要的实践环节，通过实验掌握科学实验的基本理论、实验技能，提高动手能力，也有利于培养学员创新意识、实事求是和团结协作的工作态度，在学员的能力培养中所起的作用是其他教学形式所不能替代的。

实验的一个最基本的结果是提供表示现象或物体的可定性、定量测定的属性——量。量是以数值与单位来表示的。实验结果是认识世界或事物、检验理论或假定的依据，因此，对实验的要求首先是结果应该是正确的，实验结果的正确与否直接影响人们对客观事物的认识。但由于种种原因，实验并不能完全真实地反映客观事物的本来面貌。为了确定人们对事物认识的可靠程度，首先要确定实验结果的可靠程度，即实验结果除了要给出量的量值、单位外，还必须给出量值的可靠程度。实验结果的可靠程度以及可靠程度的确定，决定于实验装置与实验者的实验技术，因此，要学习用实验手段正确地获取实验结果的技能。

正确获取各待求量是人们认识客观事物的初级阶段，同时，还必须对这些结果作进一步的加工和处理，进行科学的归纳、抽象，找出客观事物的内在联系和规律，这也是实验的另一重要内容。

1.2 实验技术的发展

进入19世纪，人类的认识不断向纵深发展，深入到分子以至原子领域，物理学、化学、生物学等学科的实验全面兴起，这些学科的发展更加依靠实验，对实验技术提出了更高的和全面的要求。19世纪是科学实验进入全面繁荣的时期，实验技术的研究、开发得到了重视和加强，开始进入全面形成的发展阶段，而机器大工业的形成则是实验技术这一发展的坚实基础。这一时期有关电的实验技术的发明创造具有重大的意义。18世纪末对电的研究，致使1800年伏打发明了能维持一定电流的电堆(伽伐尼电池),伏打的发明给有关电的实验研究提供了一种稳定的"流电",取代了以前用摩擦起电方式而获得的静电。而电池的发明和运用对实验技术的发展所产生的重大作用,在于它作为一种能源,直接给实验技术的动力单元带来了全新的意义,它同时对实验技术的操作单元、观测单元也带来了深刻的变化。

在电的实验技术方面做出特别贡献的是迈克尔·法拉第,这一时期他研制成功较多的实验仪器、设备,并做了许多实验。他为研究介质的电学性质,研制出了球形电容器(当时他称之为分布仪);为了验证伏打电感应,他设计了法拉第感应环;为了把机械运动转化成稳定的电流,他设计了法拉第圆盘;为了证明电荷的守恒,他使用了一个系在长丝线上的带电金属球,并把它放进冰桶,以达到使金属球处于一定的低温条件下,又把冰桶直接跟验电器相连,以此来观测电荷的变化;他还研制了一些电解实验技术,并做了许多电解化学方面的实验。正是在这些新的实验技术基础上,他完成并出版了《法拉第电学实验研究》。

电池的发明也使真空实验技术有了新的进展。从 17 世纪盖里克发明真空泵后,真空技术的发展并不快,但是到了 19 世纪,由于研究气体放电的需要,把有关电的实验技术与真空实验技术结合起来,使真空实验技术有了突破。1858 年,德国物理学家盖斯勒发明了蒸馏汞的真空管(真空度达 0.133 Pa),这一汞位移的真空管连接着法拉第的电磁感应圈,使得强化对象的条件得以实现,从而大大推进了真空实验技术的发展。1883 年,爱迪生把电极直接插入抽成真空的灯泡内,发现了爱迪生效应。由于有关电的实验技术占有重要的地位,在进行一些其他实验中,总是把一些所观测的反应量转换成有关电的量。例如,法拉第在电解化学实验中,把自己研制的电量计用来测量电解过程中电量的强弱,从而来反映所析出的物质的量。实际上,这一时期出现的很大一部分观测仪器,如电流表、电阻表、流量计等都与"电"有关。

总之,这一时期电的实验技术有重大的意义,它对其他实验技术有较大的影响,而这一实验技术的关键是由于电池的发明和应用。它实现了实验技术对对象的强化、激化作用,使对象处于某种人为的特殊条件之下,在变革自然对象方面有了新的发展。在形成时期,由于没有足够的能源,对对象的强化、激化作用难以实现;而在发展时期,由于新的电能源的发明和运用,使得这一条件有可能实现。实验技术不仅能够简化、纯化对象,而且还能够强化、激化对象,使对象处于一定程度的电(磁)场中,并有可能实现高压、高温等环境条件。操作单元在强化对象方面的新作用是这一时期实验技术的一个重要特点。可见,电池以及新的电的实验技术的发明是实验技术进入发展时期的重要的、直接的原因。

作为这一时期的实验技术还有这样的特点,实验技术的研究受到了普遍的重视。它的研究不仅仅是个别学者的事了,开始突破了在形成时期科学家"一身二任"的局面,出现了一批专门从事实验技术工作的实验技术专家,形成了以法拉第、汤姆逊、卢瑟福为代表的实验学派。同时,实验技术已从个别人的屋子里走了出来,迈进高校。1817 年,英国化学家托马斯·汤姆逊在格拉斯哥大学设立了第一个化学实验室;同年,威廉·汤姆逊也在该校建立了第一个实验室。从此,实验也成为了学校教育的一环,实验技术及其教育开始在学校尤其是高等学校教育中占有重要的地位,这对于实验技术的发展是很重要的。另外,这一时期的实验技术对科学及科学理论的依赖性逐渐变得明显了。如果说形成时期,科学对实验技术的发展提供理论指导方面的作用还不是很大,那么在发展时期,情况就不同了。这反映了科学在这一时期已经走到了技术前面,已经超前于技术了。正如英国技术哲学家 C·P·斯托弗所说:"……然而,只是在 19 世纪这一时期,技术才渐渐以科学作为自己的基础"。

虽然实验技术在新的时期较前一时期有了较大和较全面的发展，但在变革自然对象的程度方面，在强化对象的水平上，还不能满足人类进入更深层次认识的需要，而且，往往只在单方面变革对象，在综合各方面的有利条件，进行综合变革、控制对象等方面做得还不够，所观测的量往往也是单一的、不易变的。据此也可以把这一发展时期称为单参数实验技术时期。

1.3 实验技术的现状

20 世纪以来，自然科学一方面继续向纵深领域发展，一方面又更趋于横向联系，人类的认识向更深和更广的自然界进发。实验技术正是在这一新的要求下进入自己的发展阶段。这一时期特别是以探索原子、原子核以及基本粒子的奥秘为根本目的的高能实验技术的发展，其意义和影响是重大的。一些诸如电子管、晶体管等各种实验电子设备，以及其他一些实验仪器、设备等的研制和运用，为认识微观世界提供了重要手段。

后来人们希望进一步强化对象，使微观粒子处在更加典型的状态下，这就促使了加速器实验技术的发明。粒子加速器的研制思想来源于人们变革原子核的要求，但当时因技术所限，这只能是梦想中的事，直到卢瑟福第一个开辟了用高速粒子作炮弹打击原子核，才实现了元素的嬗变，进而可以研究原子、原子核以及基本粒子。这也重新激起了人们改变化学元素的欲望。但当时只有天然性的粒子源，这种粒子能量只有几个兆电子伏，必须提高粒子的能量，只有进一步强化对象，才能深入到原子核内部。于是卢瑟福开始着手研制加速器以提高轰击粒子的能量。

1932 年，直线型和回旋型加速器应运而生。美国著名实验专家 E・O・劳伦斯和 M・S・黎文斯顿建造了第一台回旋加速器。它是采用整流倍压原理得到了 700 kV 直流高压的倍压加速器，成功地加速了质子。第一批直线型加速器（如高压倍加速器、静电起电机）在广阔的领域得到了应用。美国布鲁克海文实验室于 1960 年建成了直径为 260 m、能量为 33 GeV 的强聚集加速器（AGS），1974 年丁肇中教授就是利用该加速器发现了 J 粒子，并因此获得了诺贝尔物理学奖。20 世纪 70 年代初，质子加速器的能量达到了 800 MeV，各种类型的同步加速器也研制成功并得到了应用。粒子对撞机加速器也相继出现。

与此相应的加速器实验技术中的探测器也名目繁多。所谓探测器就是通过对被加速的粒子和被轰击的次粒子的各种现象和量进行观测的仪器。根据探测粒子和测量粒子及其量的方式，一般将探测器分为两大类：一类是径迹室（如火花室、流光室、漂移室等）；另一类是计数器（如闪烁计数器、契伦柯夫计数器等）。

20 世纪以来，X 射线衍射技术和激光技术也是一些重要的新的实验技术。用激光器所组成的荧光实验技术已成为分子生物学研究的一项重要的实验技术。康普顿之所以能发现康普顿效应，重要的一点是他拥有一台特制的 X 射线分析仪、X 射线管，还有可供测量的象限静电计等实验仪器和设备。这一时期的分子束实验技术是化学、生物学研究的重要实验技术，它对认识自由粒子有特别重要的意义。

20 世纪 60 年代以后，电子计算机的研制成功及其在实验中的应用，对实验技术的发展具有特别重要的意义。计算机在实验中将实验所获取的数据进行分析和处理，并可以进行模拟实验；同时，它又可以使实验中的一些有关仪器、设备有机地联系起来，部分地执行着监控方面的职能。例如，在高能实验中，在线计算机是作为一个中心控制部件的在线系统软件，管理着实验的整个过程。实验者可以通过电传机与计算机对话,检查实验情况,以便修改实验的程序和方法,实行联机控制。可见,计算机给实验技术的观测单元、控制单元带来了新的意义,对实验技术的发展有重要的影响和作用。在当代的宇航实验、遗传工程实验等尖端科学实验中,甚至一些普通的实验也大多使用着计算机。

另外,现时期电子技术在实验中的应用也是很重要的。随着电子技术的发展,电子技术在实验中关键部分的应用,对于减小实验中的偶然误差和系统误差,提高实验精度将起到重要的作用。例如,采用数显温控仪做热学实验,用光电系统和数字测试仪测量记录实验周期等,大大提高了实验中的测量精度。总之,现时期的实验技术获得长足的进步和全面的提高,它使人类在为认识自然而变革自然对象方面有了新的突破。具体地说,实验技术在这一时期有以下特点。

1. 在变革对象方面达到了新的水平

如果说实验技术的发展时期在强化、激化对象方面还仅是开始,那么现代实验技术在这方面就有了相当大的进步,它造成了自然界根本不存在的特殊条件,使人们能够在某种极限的情况下研究和认识自然现象或自然过程的客观规律。例如20世纪初,美国人布里奇曼发明了2 GPa的高压装置,可以获得100 GPa的超高压;荷兰人奥纳斯人工液化氦的实验装置,可以达到接近绝对零度的超低温;1929年,英国的伯奇等发明的油扩散真空泵,可以得到相当于10^{-5} Pa的高真空,等等。当代的超高压、超低压、超高温、超纯度、超电(磁)场、超导等水平正在进一步提高。这些“高”“超”的条件又可以综合运用,使对象处于更加特殊的条件中,例如,在加速器中就综合运用了强电场、强磁场、超导等条件。现代实验技术在简化、纯化、强化、激化、模拟等方面有了全面性的进展和突破。

2. 实验技术对科学理论的依赖性增大

实验技术在发展时期已经改变了在形成时期知识在实验技术的研制和运用中的作用,而到了现时期,实验技术愈向前发展愈需要科学的指导。不但加速器实验技术、X射线衍射实验技术、电子能谱分析实验技术等是科学指导的结果,而且像高温、高压等“高”“超”条件的实验,也同样是科学指导的结果。

3. 计算机的实验应用

计算机的应用在实验技术发展中占有重要的地位。计算机的应用直接影响和深刻地改变着实验技术系统的观测单元和控制单元。它保证了实验中的观测更加精确、灵敏、稳定、可靠、迅速,对于多参数、易变量的获得也有了可能。计算机的联机监控使得实验技术的诸单元的联系更加紧密。

4. 实验技术的学科界线变得模糊

随着各学科横向联系的增强、各学科研究方法的相互移植,各门实验技术之间的相互转移和相互联系也日益增强。加速器实验技术不仅是高能物理研究中的重要手段,而且在化学、生物学研究中也日益显示着它的重要性;分子束实验技术更是在物理学、化学、生物学和医学中得到了广泛的应用。在这种情况下,与基础科学有关的实验技术更显得重要,往往表现为这些实验技术迅速向其他实验技术的转移。

5. 出现了大批实验技术专家

这一时期出现了一大批实验技术专家,像劳伦斯、布里奇曼、密立根、丁肇中等对实验技术的发展做出了巨大的贡献。另外,这一时期还出现了一些像欧洲核子实验中心(CERN)一类的国际性的实验室，这给实验技术的研制、开发和应用提供了较好的场所。所有这些都是实验技术发展的必然要求，也是实验技术进一步发展的必要条件。

1.4　科学实验的基本过程

一个完整的科学实验过程包括实验方案设计、实验准备、测试与观察、结果整理 4 个阶段，各个阶段完成的好坏均会影响实验的质量。

1. 实验的方案设计阶段

完成一定的实验任务，首先应根据任务要求和设备条件选定可行的实验计划，并按所选计划拟订实验方案。这阶段的工作和实验的进度、费用、成败都有直接的关系。实验方案一般要成文，成文的过程也就是思想严密思考的过程，它能使方案更加周密完善，以期用最少的投资取得最佳的效果。有了文字记载能有效避免测试及观察阶段发生漏测个别数据的现象。发生漏测，事后进行补测，往往是不允许的，主要原因是补测时原实验条件可能发生了变化，而使补测的数据与原数据不能同时有效，结果就无实际意义。

实验方案包括以下内容。

(1)实验标题。实验方案是一个技术文件，与其他的文章、文件一样要有一个标题，标明其目的和任务。

(2)实验任务。实验任务大致可分三类：第一类是确定被测量的量值及其准确度；第二类是在一定的准确度要求下确定被测量的量值；第三类是寻找最佳测量方案，使得在一定的设备条件下获得最佳效果。

(3)实验原理。对实验的原理加以简要说明。

(4)实验系统。实验的整个系统往往是由一些通用的仪器、仪表和某些实验对象构成的，方案中只须画出整个系统的接线图(或仪器、仪表的连接图)。

(5)实验仪器。根据实验的需要列出设备的名称、规格、型号、在接线图中的代号，作为准备仪器设备的依据。

(6)实验条件。实验的结果与进行实验时周围的环境有密切的关系，在方案设计阶段就要认真对待。实验往往是在一定的控制条件下进行的，在实验方案中应同时考虑实验条件。大多实验结果与实验条件有密切关系，即实验条件作为实验数据中的参变量出现，这就要求人为地加以控制。有些条件对实验结果影响不太大，或虽有较大的影响但不易控制而实验本身又并不要求其具有某一特定的值，对于这种条件则可根据当时的具体情况记录下来即可。通常的条件有气温、湿度、气压、日期、地点、屏蔽等。

(7)实验步骤、观察内容、待测数据、表格、注意事项。实验中要测哪些数据，电路参数变量取多少，用哪种测量仪表，量程的选取，测量多少组数据，数据如何分布以及实验是否要重复进行，重复的次数均应在方案设计阶段的实验设计中加以考虑并基本上加以确定。

特别要说明，实验的步骤对实验的结果有重大的影响，应该给予充分的注意和安排，并加以详细的记录。例如，数据读取的顺序、操作顺序以及它们进行的速度等均会影响实验的结果。例如，根据按测量值顺序排列的误差的分布曲线，就可以发现是否有变值系统误差存在。当设计实验步骤时还应该考虑到保证实验安全所必需的措施，实验步骤考虑不周或步骤顺序错误还可能会导致事故或失败，例如，当使用输出可调的电压(电流)源时，未将电压(电流)调节旋钮放至合适的位置，当接通电源时，就有可能因电压(电流)不合适导致电源或设备损坏。在某些电路中有多个开关，它们的开断、闭合顺序可能有严格的规定，否则会造成事故，例如，断开电感支路可能会导致过电压损坏设备，等等。

(8)参加人员。实验要多少人，什么人参加，每人的职责是什么，都要事先考虑。

(9)可能出现的故障及其后果，以及应该采取的预防措施。实验方案是一项仔细并一定要做好的工作，应给予充分的重视。一方面，实验方案制订得是否周密，在很大程度上能反映方案制订者的实验水平。经验证明，详细的方案不仅可以提高工作效率，还会由于做过周密计划使实验者的观察力变得敏锐，应变能力加强。另一方面，还要看到即使在实验的方案设计阶段进行了周密的考虑，在实施的过程中还可能会出现一些突发的情况，此时要根据具体情况，对实验方案加以补充修改。这种情况的出现也是实际工作中的正常现象，不能因此而放松实验方案的制订工作。

2. 实验的准备阶段

本阶段要具体完成实验方案中的各项任务，它包括配置仪器、检查仪器、安装系统和调试系统等内容。首先要检查仪器规格、数量是否齐全，手柄、旋钮的实际位置与其指示是否一致，并熟悉仪器的使用方法。接着按实验线路图进行安装接线，整个实验系统的各仪器、仪表放置和布线均要合理、清晰并便于操作。

接线完毕应清理不必要的导线和设备，并将仪器设备调整到备用状态，如电表的零位，电位器触头、开关、电源的正确初始位置。然后进行预工作，使实验系统接近所需的实验状态，或使某些设备预置于设计所要求的状态。

预测试。一般在正式测试前要进行预测试，但对那些经预测后不能复原或复原较麻烦的实验则不进行，如破坏性实验、温升实验(不能马上复原)等除外。预测试工作是一个初学者容易疏忽的步骤，但它却可能成为实验成败的关键，其内容也应在实验方案中预先考虑。预测试的目的有以下几个方面。

其一是检验实验系统和各部分工作是否正常。在实验装置中常存在接线松动、虚焊、导线的隐蔽断点、接线错误、碰线等隐患，在测试之前通过预测试可以发现并排除隐患，使当正式测试时能顺利观察现象并读取数据。

其二是熟悉操作过程，如果实验是由多人合作进行则可协调操作。

其三是预测试可以使实验者对实验的全貌有一个基本的了解，对其特点有初步的认识，并可检验实验方案是否正确、合理、完整，以便最后确定正确的步骤及合理地选取数据。

注意：预测试完毕后要使整个系统复原，使在正式测试前所有仪器、设备重新处于正确的初始状态。

3. 实验的观察与测试阶段

当系统处于正常测试状态时，或在预测试结束、实验系统复原后，即可按实验方案进行实验操作、观察现象、完成测试任务。这个阶段要做的工作根据具体实验任务不同而异，本节只介绍这个阶段的一些共同问题。

进入实验现场首先要记录仪器及设备编号(以便以后检查)及现场的环境条件，如日期、地点、气温、气压、湿度等。

实验安全是实验者必须注意的事项。实验安全包括人身安全与设备安全两方面。周密的方案，正确的操作，对设备和实验的深刻理解，以及实验人员严肃认真的实验作风，均会提高实验的安全性。例如，不带电改接线路，不轻率超越使用条件使用仪器、设备，在与他人合作进行实验时要互通信息。

在测试的进行过程中，必须严格按照实验规程以及设备、仪器操作规程进行操作。

实验数据记录要确切，现场就要用有效数字记录，而不是事后整理数据时再添加有效的零或去掉无效的数字，因为事后可能记忆模糊，使数据的有效数字搞错或使判断发生困难。

改变仪表量程，其指示仪的误差也会改变，对被测系统的影响也随量程改变而改变。因此，要随时记下该数据所对应的量程，同时还应注意有的仪器量程改变时，还要重新调零。

实验的数据一般不强求取便于计算或画图的数值，这样会增加调节时间而延长实验进程，且增大了实验的系统误差，因此没有必要追求整数数据。

观察力是实验者的知识、经验、对事物总体的了解程度、感觉器官的灵敏度以及注意力的一种综合反映。观察力经过训练是可以提高的。经验告诉人们，多数不正常的实验系统，在开始实验的瞬间，就可以在各仪表的示值上或其他部分表现出异常的信息。因此，在开始实验的一瞬间，应把注意力放在检查系统工作是否正常上。通过对现象的分析，尽快地对系统工作是否正常做出判断。初学者要学会当观察或读取数据时，注意其他仪表或装置所出现的现象，及时对实验中一些细小的信息做出反应，如仪表过载时指针撞击所发出的细微响声、常用电子设备中材料过热时所发出的气味、远处的雷声、附近的飞行物、射击训练等。

在测试的进行过程中，应尽可能及时地对数据作初步的分析，以便及时发现问题，当即采取可能的必要措施提高实验质量。例如，实验的数据分散性较大，那就要采取一定措施降低其偶然误差或增加预定的实验重复次数。实验数据中某些不合理的但有规律的变化，可能是某个因素作用的系统误差，应该及时地检查加以消除或降低。如果实验是为求某种相关关系的（如变量与时间、变量与变量、变量与参数等的关系），则在测试时应采用合理的顺序进行测试，使变化趋势清晰，同时还应及时地粗略画出这种关系曲线，它能提供某种启示，从而可以当即决定在某些范围内增减观测数据，这点对复杂的实验尤为重要。

实验完毕即整理设备和环境是一种良好的实验工作作风。实验做完以后不要忙于拆线整理场所，而要尽可能地在现场对数据、现象进行分析计算。当检查实验的异常情况时，应保持实验系统的原有状态。先检查原状态，然后逐个地改变可能的因素，以证实判断的正确性，当某因素改变起作用时，还得复原检查是否重新出现异常情况，弄清异常现象的原因，切忌大幅度地改变或将整个系统重新建立。

实验完毕时要对周围环境条件加以复查，以了解整个实验过程中有多少改变及这些变化是否超出了允许范围。对于一些重要的或在恶劣条件下进行的实验，在实验后还应重新对仪器进行检验，以便判断实验期间仪器的品质有否改变。

4. 实验的分析整理和总结报告

实验的分析整理和总结报告是实验的最后阶段。同样的数据经科学的处理和分析可以获得更好的结果。这个阶段工作的依据是实验记录。首先应对这些数据和现象进行去粗存精、去伪存真的处理工作，确定数据的准确程度和取值的范围（即误差分折）；在此基础上再进行分析、抽象，由表及里地找出事物的内在联系和规律。

当整理数据时，要充分发挥曲线和表格的作用。将数据按一定规律进行整理形成表格曲线。特别是曲线可以给人以明确概念，迅速地发现规律和一些异常的数据，有助于分析研究。

对待数据要避免成见，若对所需的数据有先入为主的想法或带某种主观的意愿，则在观察与测试阶段可能会使读数偏向有利于意愿的方面，而在整理阶段可能会有意无意地排斥某些数据，甚至会出现伪造数据的现象，若能毫无成见（不等于对实验进程没有判断），一般会比较迅速、比较准确地解析实验的结果。实验的原始数据或分析得到的数据，在一定限度内进行调整是可以的。如果仪器不准，经校正后原数据要作相应的修改；读数的准确度比所要求的准确度高亦可作些调整（如去掉一些有效数字）。但这种修改要非常谨慎，无论如何调整，在报告中一定要保留原始数据。

要辨别有用的数据和有偶然因素影响或错误的数据常常是困难的事。错误的解释和不会识别有用的数据，其结果可能是丢弃了唯一能反映真实状态的实验数据。

在数据取舍问题上有两种假设：一种假设是把那些和大多数数据有显著“偏离”的数据，看做是某种无法控制的因素和偶然影响的结果，认为是无效的；另一种是认为全部的测试结果都是预期的、真实的，全部予以保留。采用上述假设处理数据，均隐含着犯错误的危险性，因此必须仔细分析。采用统计数学的方法来处理观察数据是一个比较有规律、有系统性的处理方法，它是建立在第一种假设的基础上的。这样做只有当对被观测对象有深刻了解时才是可行的，否则就有抛弃真实数据的可能，增加实验数据、扩大实验或改进实验技术均可减小犯错误的危险性。总地来说，实验数据充分与否是评定一个实验好坏的重要指标之一。

实验结论是实验的成果，依据要充分，语言要肯定，切忌使用“大概”“可能”“或许”之类不确定的词汇。为了把这些不确定的词汇去掉，就要求实验者仔细观察实验现象，认真测量实验数据，并对实验数据进行充分的分析研究。如果还不能得出明确的实验结论，则可能需要修改实验方案或计划，用更精密的实验或扩大实验测试内容，采取更充分、更可靠的依据。对实验者来说，这就是实验技术上的一次提高。

实验中的结论数据必须说明其可靠程度。可靠程度要用数量表示，而不应笼统地说由于实验的水平、仪器的误差而存在一定的误差。当对数据的可靠程度要求不很严格时，一般可以采用有效数字的表示方法。

实验总结报告是一份工作报告，因此要对实验的任务、原理、方法、设备、过程和分析等主要方面有明确的叙述，叙述条理要清楚，其中的公式、图、表、曲线应有符号、编号、标题、名称等说明。

实验一般是在一定条件下、按照一定程序、追求一定结果的实践过程，实验过程有其特点、规律、要求和环节，实验时必须把握实验的基本环节。

1.5 实验教学环节

做实验时，必须把握 3 个重要环节。

1. 实验预习

实验预习至关重要，它决定着实验能否取得成功和收获的大小。预习包括阅读资料、熟悉仪器和写出预习报告。

仔细阅读实验教材和有关的资料，重点解决 3 个问题。

(1)做什么。这个实验的任务是什么，要达到什么目的。

(2)根据什么去做。明确实验课题的理论依据，以及用什么实验方法来完成实验。

(3)怎么做。要确定实验的方案、条件、步骤及实验关键。

预习报告应该包括实验目的、实验原理简述、实验简要步骤、数据记录表格、电路图或光路图。设计性实验要拟订出实验方案。

2. 实验操作

学员进入实验室后要按照编组使用相应的指定仪器，像一个科学工作者那样要求自己，井井有条地布置仪器，根据事先设想好的步骤演练一下，然后再按确定的步骤开始实验。要注意细心观察实验现象，认真钻研和探索实验中的问题。

要做好完备而准确的记录，例如，记录研究对象的编号，主要仪器的名称、规格和编号。原始数据要用钢笔或圆珠笔记入事先准备好的表格中，如确系记错，也不要涂改，应轻轻画一道，在旁边写上正确值（错误多的，须重新记录），使正确数据都能清晰可辨，以供在分析测量结果和误差时参考。

实验结束后，先将实验数据交教员审阅签字，然后再整理还原仪器，经教员验收后，方可离开实验室。

3. 实验总结

实验后要对实验数据及时进行处理，如果原始记录数据删改较多，应加以整理，对重要的数据要重新列表。数据处理过程包括计算、作图、误差分析等。计算要有计算式（或计算举例），代入的数据都要有根据，既便于别人看懂，也便于自己检查。作图要按作图规则，图线要规矩、美观，数据处理后应给出实验结果。最后要求撰写出一份简洁、明了、工整、有见解的实验报告。这些是每一个大学生必须具备的报告工作成果的能力。

实验报告的基本内容如下。

(1)实验名称。

(2)实验目的。这是学习的重点。

(3)实验原理。用自己的语言简要叙述实验原理（包括电路图或光路图或实验装置示意图），以及测量中依据的主要公式，公式中各量的含义，公式成立应满足的实验条件等。

(4)实验仪器。记录仪器名称、型号等。

(5)实验内容、步骤与原始数据记录。要详细记录实验过程中的实验现象，主要的实验步骤以及原始的实验数据。

(6)数据处理。要有详细的实验数据表格、计算公式及主要的计算过程，画出图表（必须用坐标纸作图），进行误差估算。

(7)正确的实验结果和结论的表述。

(8)实验小结或问题讨论。内容不限，可以是实验中现象的分析，对实验关键问题的研究体会，实验的收获和建议，也可以解答思考题。

思　考　题

1. 实验技术的发展对自然科学的进步有何推动作用？

2. 科学实验的要素有哪些？

3. 科学实验的基本过程是什么？

4. 实验教学的环节有哪些？

第 2 章　基本测量技术

一个问题的研究，尤其是现代科学研究，往往需要做大量的测量、统计、分析和归纳工作，在此基础上，测量学已经逐步成为一门完整、系统、理论与实践相结合的综合学科。

2.1　测量的概念

测量是通过实验获得被测对象的量值或确定量值依从关系的过程，即将被测量与已知标准量比较，确定被测量相对于标准量的倍数，并用数值或其他形式表示比较的结果。人们通过对客观事物大量的观察和测量，形成定性和定量的认识，归纳、建立起各种定理和定律，而后又要通过测量来验证这些认识、定理和定律是否符合实际情况，经过如此反复实践，逐步认识事物的客观规律，并用以解释和改造世界。可以说，测量是人类认识和改造世界的一种不可缺少和替代的手段。俄国科学家门捷列夫在论述测量的意义中曾说过："没有测量，就没有科学"，"测量是认识自然界的主要工具"。英国科学家库克也认为"测量是技术生命的神经系统"。这些话都极为精辟地阐明了测量的重要意义。历史事实也已证明：科学的进步，生产力的发展，与测量理论、技术、手段的发展和进步是相互依赖、相互促进的。测量技术水平是一个历史时期、一个国家的科学技术水平的一面"镜子"。正如特尔曼教授所说："科学和技术的发展是与测量技艺并行进步、相互匹配的。事实上，评价一个国家的科技状态，最快捷的方法就是去审视那里所进行的测量以及由测量所累积的数据是如何被利用的。"测量技术主要研究测量的原理、方法和仪器。测量结果的量值由两部分组成：数值（大小及符号）和相应的单位名称。没有单位的量值是没有物理意义的，如交流电的电压为 220，就毫无意义。

2.2　测量的分类

一个物理量的测量，可以通过不同的方法实现。测量方法选择的正确与否，直接关系到测量结果的可信赖程度，也关系到测量工作的经济性和可行性。不当或错误的测量方法，除了得不到正确的测量结果外，甚至会损坏测量仪器和被测量设备。有了先进精密的测量仪器，并不等于就一定能获得准确的测量结果。必须根据不同的测量对象、测量要求和测量条件，选择正确的测量方法、合适的测量仪器，构成实际测量系统，进行正确细心的操作，这样才能得到理想的测量结果。

测量方法的分类形式有多种，下面介绍几种常见的分类方法。

1. 按测量手段分类

（1）直接测量。它是指直接从测量仪表的读数获取被测量量值的方法，例如用电压表测量晶体管的工作电压，用欧姆表测量电阻阻值，用计数式频率计测量频率等。直接测量的特点是不需要对被测量与其他实测的量进行函数关系的辅助运算，因此，测量过程简单迅速，是工程测量中广泛应用的测量方法。

（2）间接测量。它是利用直接测量的量与被测量之间的函数关系（可以是公式、曲线或表格等），间接得到被测量量值的测量方法。例如，需要测量电阻 R 上消耗的直流功率 P，可以通过直接测量电压 U，电流 I，而后根据函数关系 $P=UI$，经过计算，“间接”获得功率 P。

间接测量费时费事，常在下列情况下使用：直接测量不方便，或间接测量的结果较直接测量更为准确，或缺少直接测量仪器等。

（3）组合测量。当某项测量结果需用多个未知参数表达时，可通过改变测量条件进行多次测量，根据测量量与未知参数间的函数关系列出方程组并求解，进而得到未知量，这种测量方法称为组合测量，这种方法用计算机求解比较方便。

例如，电阻器电阻温度系数的测量，已知电阻器阻值 R_t 与温度之间满足关系

$$R_t = R_{20} + \alpha(t-20) + \beta(t-20)^2 \tag{2.1}$$

式中　R_{20} —— $t=20$℃ 时的电阻值，一般为已知量；

α,β —— 电阻的温度系数；

t —— 环境温度。

为了获得 α,β 值，可以在两个不同的温度 t_1,t_2（t_1,t_2 可由温度计直接测得）下测得相应的两个电阻值 R_{t1},R_{t2}，代入式(2.1)得到联立方程

$$\left.\begin{aligned} R_{t_1} &= R_{20} + \alpha(t_1-20) + \beta(t_1-20)^2 \\ R_{t_2} &= R_{20} + \alpha(t_2-20) + \beta(t_2-20)^2 \end{aligned}\right\} \tag{2.2}$$

求解式(2.2)，就可以得到 α,β 值。如果 R_{20} 也未知，显然可在 3 个不同的温度下，分别测得 R_{t_1},R_{t_2},R_{t_3}，列出由 3 个方程构成的方程组并求解，进而得到 R_{20},α,β 的值。

2. 按测量方式分类

（1）偏差式测量法。在测量过程中，用仪器仪表指针的位移（偏差）表示被测量大小的测量方法，称为偏差式测量法。例如，使用万用表测量电压、电流等。由于是从仪表刻度上直接读取被测量，包括大小和单位，因此这种方法也叫直读法。用这种方法测量时，作为计量标准的实物并不装在仪表内直接参与测量，而是事先用标准量具对仪表读数、刻度进行校准，实际测量时根据指针偏转大小确定被测量量值。

这种方法的显著优点是简单方便，在工程测量中广泛采用。

（2）零位式测量法。零位式测量法又称做零示法或平衡式测量法。测量时用被测量与标准量进行比较（因此也把这种方法叫做比较测量法），用指零仪表（零示器）指示被测量与标准量相等（平衡），从而获得被测量。利用惠斯通电桥测量电阻（或电容、电感）是这种方法的一个典型例子，如图 2.1 所示。

当电桥平衡时，可以得到

$$R_x = \frac{R_1}{R_2}R_4 \tag{2.3}$$

通常是先大致调整比率 R_1/R_2，再调整标准电阻 R_4，直至电桥平衡，充当零示器的检流计 P_A 指示为零，此时即可根据式(2.3)由比率和 R_1 的值得到被测电阻 R_x 值。

只要零示器的灵敏度足够高，零位式测量法的测量准确度几乎等于标准量的准确度，因而测量准确度很高，常用在实验室作为精密测量的一种方法。但由于在测量过程中为了获得平

衡状态，需要进行反复调节，即使采用一些自动平衡技术，测量速度仍然较慢。

(3) 微差式测量法。偏差式测量法和零位式测量法相结合，构成微差式测量法。它通过测量待测量与标准量之差(通常该差值很小)来得到待测量量值，如图 2.2 所示。

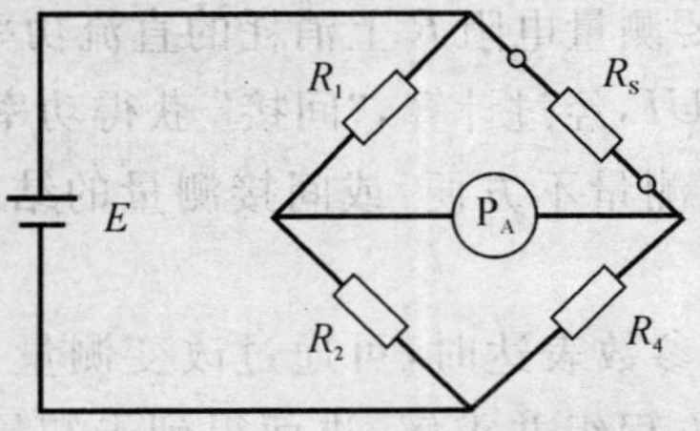

图 2.1　惠斯通电桥测量电阻示意图

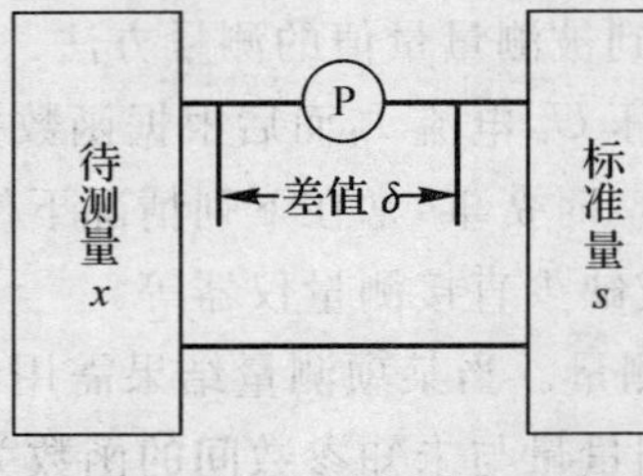

图 2.2　微差式测量法示意图

图 2.2 中 P 为量程不大但灵敏度很高的偏差式仪表，它指示的是待测量 x 与标准量 s 之间的差值 $\delta = x - s$，即 $x = s + \delta$。在下一章中将证明，只要 δ 足够小，这种方法的测量准确度基本上取决于标准量的准确度。而与零位式测量法相比，它又可以省去反复调节标准量大小以求平衡的步骤。因此，它兼有偏差式测量法的测量速度快和零位式测量法测量准确度高的优点。微差式测量法除在实验室中用做精密测量外，还广泛地应用在生产线控制参数的测量上，例如，监测连续轧钢机生产线上的钢板厚度等。如图 2.3 所示是用微差法测量直流稳压电源输出电压稳定度的测量原理图。图中直流稳压电源的输出电压 U_0 会随着 50 Hz、220 V 市电的波动和负载 R_L 的变化而有微小起伏(常用波纹系数表示起伏大小)。V_1，V_2 为量程不大但灵敏度很高的电压表，U_B 表示由标准电源 E 获得的标准电压，U_0 为直流稳压电源的实际输出电压，U_δ 是由电压表测得的 U_0 与 U_B 的差值，即输出电压 U_0 随着市电波动和负载变化而产生的微小起伏。

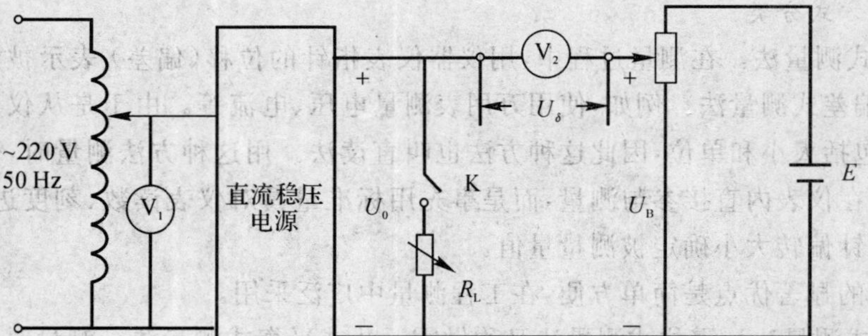

图 2.3　用微差法测量直流稳压源输出电压稳定度

3. 按被测量的性质分类

如果按被测量的性质，测量还可以作如下分类。

(1) 时域测量。时域测量也叫做瞬态测量，主要测量被测量随时间的变化规律。典型的例子如示波器观察脉冲信号的上升沿、下降沿、平顶降落等脉冲参数，以及动态电路的暂态过程等。

(2) 频域测量。频域测量也称稳态测量，主要目的是获取待测量与频率之间的关系。例如用频谱分析仪分析信号的频谱、测量放大器的幅频特性、相频特性等。

(3) 数据域测量。数据域测量也称逻辑量测量，主要是用逻辑分析仪等设备对数字量或电路的逻辑状态进行测量。数据域测量可以同时观察多条数据通道上的逻辑状态，或者显示某条数据线上的时序波形，还可以借助计算机分析大规模集成电路芯片的逻辑功能等。随着微电子技术的发展需要，数据域测量及其测量智能化、自动化显得愈来愈重要。

(4) 随机测量。随机测量又叫做统计测量，主要是对各类噪声信号进行动态测量和统计分析。这是一项较新的测量技术，尤其在通信领域有着广泛应用。

除了上述几种常见的分类方法外，还有其他一些分类方法。例如，按照对测量精度的要求，可以分为精密测量和工程测量；按照测量时测量者对测量过程的干预程度分为自动测量和非自动测量；按照被测量与测量结果获取地点的关系分为本地测量和远地测量、接触测量和非接触测量；按照被测量的属性分为电量测量和非电量测量；等等。

4. 测量方法的选择原则

当选择测量方法时，要综合考虑下列主要因素：① 被测量本身的特性；② 所要求的测量准确度；③ 测量环境；④ 现有测量设备等。在此基础上，选择合适的测量仪器和正确的测量方法。前面曾提到，正确可靠的测量结果的获得，要依据测量方法和测量仪器的正确选择、正确操作和测量数据的正确处理。否则，即便使用价值昂贵的精密仪器设备，也不一定能够得到准确的结果，甚至可能损坏测量仪器和被测设备。

例 2.1　直接用万用表 R×1 电阻挡测量晶体管发射极结电阻，由于限流电阻过小而使基极注入电流很大，很容易将晶体管损坏。

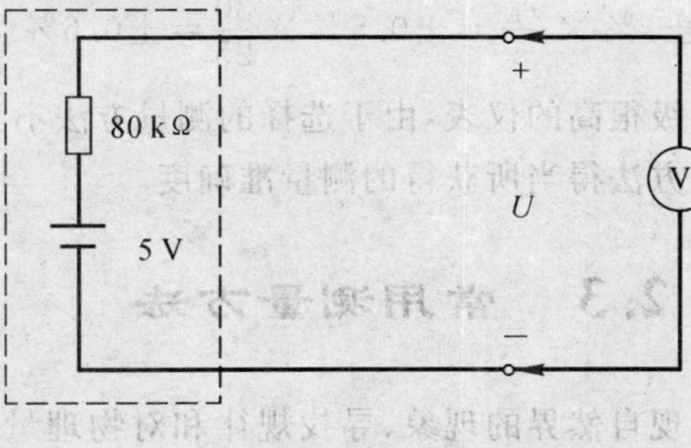

图 2.4　电压表内阻的影响

例 2.2　图 2.4 表示的是用电压表测量高内阻电路端电压的例子。不难看到，电压表内阻的大小将直接影响到测量结果，这种影响通常叫做电压表的负载效应。图中虚线框内表示放大器输出端等效电路，R_V 表示测量用电压表内阻。忽略其他因素，不难算出：当用内阻为 $R_V = 10\ \mathrm{M\Omega}$ 的数字电压表测量时，电压为

$$U = 5 \times \frac{10 \times 10^3}{80 + 10 \times 10^3} = 4.96\ \mathrm{V}$$

相对误差

$$\gamma = \frac{4.96 - 5}{5} \times 100\% = -0.8\%$$

而改用内阻 $R_V = 120\ \mathrm{k\Omega}$ 的万用表电压挡测量时，电压为

$$U = 5 \times \frac{120}{80 + 120} = 3\ \mathrm{V}$$

相对误差

$$\gamma = \frac{3 - 5}{5} \times 100\% = -40\%$$

可见，这种情况下应选用内阻尽可能大的电压表，否则造成的仪器误差是很大的。有时测量仪表负载效应的存在，会过大地改变被测电路的工作状态，此时的测量结果将失去实际意义。

不应认为，只有使用精密的测量仪器，才能获得准确的测量结果。实际上，有时选择一种好的正确的测量方法，即便使用极为普通的设备，也同样可以得到相当令人满意的测量结果。

例 2.3 图 2.3 所示用微差法测量直流稳压源输出电压稳定度，设电压表 V_2 的量程为 1V，准确度等级 $s=1.5$，$U_B=25$ V，并假设忽略标准电压 U_B 的误差，可以得到电压表 V_2 电压表示值的相对误差为

$$\gamma_\delta=\pm s\%\times\frac{x_m}{x}=\pm1.5\%\times\frac{1}{0.5}=\pm3\%$$

测量值相对误差为

$$\gamma_x=\frac{\Delta U_0}{U_0}\approx\gamma_\delta\times\frac{U_\delta}{U_B}=(\pm3\%)\times\frac{0.5}{25}=\pm0.06\%$$

可见使用很一般的仪器（V_2 电压表的准确度等级仅为 1.5 级），却得到了很高的测量准确度。例子中的有关术语和计算公式将在后面予以介绍。如果用偏差式测量法，直接测量 U_0 的波动，情况将大有不同。设采用 $s=0.5$ 级、量程为 30 V 的电压表，仍设电压表示值 $U_B=25$ V，忽略其他因素，仅考虑电压表的仪器误差，可以算出测量值相对误差为

$$\gamma_\delta=\pm s\%\times\frac{x_m}{x}=\pm0.5\%\times\frac{30}{25}=\pm0.6\%$$

可见尽管使用了准确度等级很高的仪表，由于选择的测量方法不当，得到的测量结果的准确度却远低于仅用一般仪表但方法得当所获得的测量准确度。

2.3 常用测量方法

实验包括在实验室人为再现自然界的现象、寻找规律和对物理量进行测量 3 部分。在任何实验中，几乎都要对物理量进行测量，而且测量是泛指以理论为依据，以实验仪器、装置及实验技术为手段进行测量的过程。测量的内容广泛，所以根据不同的出发点和所考虑的内容对测量技术有不同的分法，例如直接测量、间接测量、组合测量、电学量测量、非电量测量、静态测量、动态测量等。

这里介绍几种基本的测量技术，有些技术之间有着必然的联系，不能截然分开。但为了叙述方便，分别归入不同的技术之中。

1. 比较法

比较法是测量中最普遍、最基本的测量方法，它是将被测量与标准量进行比较而得到测量值的。通常将被测量与标准量通过测量装置进行比较，当它们产生的效应相同时，两者相等。这种测量装置称为比较系统。比较法分为直接比较和间接比较。

(1) 直接比较。直接比较是将被测量与同类物理量的标准量具进行比较，通过被测量是标准量的多少倍可直接得到被测量。其特点有以下几个方面。

1) 同量纲。标准量和被测量的量纲相同，例如，用米尺测量长度；用秒表测量时间。

2) 直接可比。标准量与被测量直接比较，不需要繁杂运算即可得到结果。例如，用天平称质量，只要天平平衡，砝码质量就是被测物的质量。

3）同时性。标准量与待测量在比较的同时，结果即可得出，没有时间的延迟和滞后。直接比较事先制成很多供比较的标准量具，如砝码、直尺、角规等。测量中根据不同的被测对象及误差要求，选用不同的标准量(仪器)，所以测量精度受仪器的限制。

(2) 间接比较。有些物理量难以制成标准量具，而是利用物理量之间的函数关系制成与标准量相关的仪器，再用这些仪器与待测量进行比较。例如电流表、电压表等均采用当电磁力矩与游丝力矩平衡时，电流大小与电流表指针的偏转之间具有一一对应关系而制成。温度计则采用物体体积膨胀与温度的关系制成。虽然它们能直接读出结果，但根据其测量原理应属间接比较。

一般而言，间接比较需要选取一个中间量，为了减小误差，要求待测量与中间量的关系最简单，同时必须稳定。任何液体的体积均随温度发生变化，但通常温度计却使用水银，这是由于当温度变化不大时，水银的体积膨胀与温度成线性关系且比较稳定，同时水银与玻璃毛细管无浸润，流动性好。

有时，只有标准量具还不够，还要配置比较系统，使被测量和标准量能够实现比较。例如，物体的质量与标准量砝码是通过天平这一比较系统来实现比较的。又如只有标准电池还不能测量电压，还需要由比较电阻等附属装置组成电位差计来测量电压，这些装置构成了比较系统。

比较法的用途很广，如用李萨如图形测量频率就是用了比较法：当垂直的两个正弦振动合成时，一旦形成稳定的封闭图形，则图形在 x，y 轴上的切点数 n_x，n_y 与相应频率 f_x，f_y 有以下关系：

$$f_x = \frac{n_x}{n_y} f_y \tag{2.4}$$

当 f_y 为标准频率时，可由式(2.4)得到待测频率 f_x。利用式(2.4)进行比较的前提必须是稳定的李萨如图形，而能使其产生比较的示波器即为比较系统。

实际上，所有测量都是比较的过程，只不过有些比较的形式不那么明显而已。

(3) 替代法。替代法也是比较法的一种。它与直接比较的区别在于不具备同时性，而与间接比较法的区别在于不用公式计算，不需要中间量。

替代法是利用待测量与标准量对某一物理过程具有等效作用来进行测量的。大家所熟知的曹冲称象即用了替代法。如图 2.5 所示，要测量未知电阻 R_x，只要电源电压稳定不变，当 K_2 接到 R_x 时，电流表有一示数，然后 K_2 接到标准电阻箱 R_0，调节使 R_0 电流表的读数与接 R_x 时的相同，则 $R_x = R_0$。这里标准件是 R_0；物理过程指 R_x，R_0 对电路电流的影响；而等效的判定依据是电流表的示数不变，同时要求比较系统的电压稳定不变。

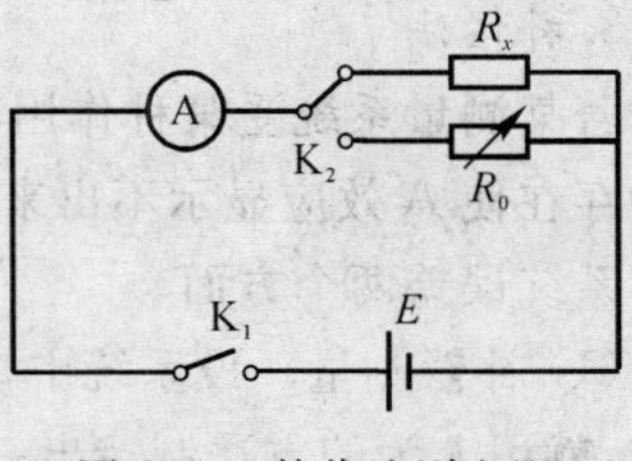

图 2.5　替代法则电阻

只要所用标准件的精度及判别等效所用的仪器精度较高，则替代法可以有比较高的测量精度。当然，由于不是同时比较，在两次比较中，要求系统的状态必须稳定。

2. 放大法

实验中往往会遇到一些值很小的物理量或物理量的变化很微弱，即便能够找到可与之进行比较的标准量，也会因为这些量值过小，用肉眼无法分析和判断，此时需要把这些量进行放大，使得测量成为可能。

(1) 机械放大法。利用部件之间的几何关系，使标准单位量在测量过程中得到放大，从而提高测量仪器的分辨率，达到提高测量精度的目的。

螺旋测微计和读数显微镜的读数系统是机械放大的典型例子。螺旋测微计由主尺和鼓轮组成，一般主尺上 0.5 mm 对应鼓轮的 50 格或主尺 1.0 mm 对应鼓轮的 100 格，其放大倍数为 100。测量精度由 1 mm 变为 0.01 mm，提高了 100 倍。游标卡尺也是利用放大原理，将主尺上的 1.0 mm 放大为游标上的 n 格，n 一般为 10，20 和 50，将测量精度分别提高为 0.1 mm，0.05 mm 和 0.02 mm。

一根很细的金属丝，要直接用毫米尺测出它的直径是很困难的。这时，可以把它密绕在一个光滑且直径均匀的圆柱体上，用毫米尺测量 n 匝的长度 L，则 L/n 就是细丝的直径，n 就是放大倍数。再如，当测量单摆周期时，测一个周期时的偶然误差很大，这时可以测 n 次摆动的总时间 t，则周期 $T=t/n$，把偶然误差平均分配在了 n 个周期中。以上两种方法都有先决条件，即细丝的直径必须均匀；每次摆动的周期必须相同。这种方法又称为累积放大法。

(2) 光学放大法。光学放大法分为视角放大和微小变化量放大两种。显微镜和望远镜属于视角放大仪器，它们只能放大物体的几何线度，帮助观察者分辨物体的细节或便于使测量基准对齐。而真正要测出被测物的尺寸，则必须配以相应的读数装置。测微目镜、读数显微镜即为光学视角放大与机械放大的组合型仪器，其观察采用显微镜放大，便于测量基准对齐，而读数则利用螺旋测微系统。光杠杆则是微小变化量值的直接放大。在复射式灵敏检流计中也应用了光杠杆放大原理。

(3) 电磁放大法。在电、磁等物理量的测量中，往往待测信号很微弱，必须经过放大才能测量。另外，很多非电学量如压强、光强、温度、位移等，都可以先经过相应的传感器转换为电学量，然后放大测量，这种方法在工程测量中的应用非常广泛。电磁放大一般由电子仪器实现，对其要求有以下几个方面。

1) 尽量工作在线性区。

2) 抗外界干扰(温度、湿度、振动、电磁场影响)性能好。

3) 工作稳定，不发生漂移。

3. 补偿法

若某测量系统受某种作用产生 A 效应，同时，又受另一种同类作用产生 B 效应，如果 B 效应的存在使 A 效应显示不出来，就叫 B 对 A 进行了补偿。补偿方法大多用在补偿测量和补偿校正系统误差两个方面。

(1) 补偿测量。设系统中 A 效应的量值为测量对象，由于物理量 A 不能直接测量或难以测准，就用人为的方法制造出一个 B 效应与 A 补偿，制造 B 效应的原则是 B 效应的量值应易于测量或已知。这样，用测量 B 效应的方法求出 A 效应的量值。

完整的补偿测量系统由待测装置、补偿装置、测量装置和指零装置组成。待测装置产生待测效应，要求待测量尽量稳定，便于补偿。补偿装置产生补偿效应，要求补偿量值准确达到设计精度。测量装置将待测量与补偿量联系起来进行比较。指零装置是一个比较仪器，由它来显示待测量与补偿量是否达到完全补偿。只有补偿装置所用仪器和示零装置的精度足够高，才能使补偿测量具有足够高的精度。

电位差计和电桥均属补偿测量。但须注意，由于待测量和补偿量要进行比较，因此，补偿法又包含了比较法。

(2) 用补偿法校正系统误差。测量中，往往由于存在某些不合理因素而产生系统误差，且无法排除。于是人们想办法制造另一种因素去补偿不合理因素的影响，使得这种影响消失、减弱或对测量结果无影响，这个过程就是用补偿法校正系统误差。例如，在用电阻应变片测量应变实验中，由于应变片由金属制成，其阻值随温度的变化而变化，为了使温度变化引起的阻值变化对电桥的平衡不产生影响，必须在电桥的另一个臂上接一材料、参数完全相同的温度补偿片，使得它们对电桥的影响刚好相反，即当应变片和补偿片处于同一温度变化环境时，其阻值同时且同大小变化，但它们的变化对电桥平衡状态无影响，电桥始终平衡。再例如，在电路中常使用廉价的碳膜和金属膜电阻器，这两种电阻的温度系数都很大，因而只要环境温度变化或电阻自身发热，它们的阻值就变化很大，从而影响电路的稳定性。但是金属膜电阻的温度系数为正，碳膜电阻的温度系数为负，若将它们适当搭配串联在电路里，就可以使电路不受温度变化的影响。

另外，在电子线路里常配置各种补偿电路来减小电路的某种浮动；在光学实验中为防止由于光学器件的引入而影响光程差，在光路里常人为地适当配置光学补偿器来抵消这种影响。

4. 转换法

在实验中，有很多物理量由于其属性关系，很难用仪器、仪表直接测量，或者因条件所限，无法提高测量的准确度。此时可以根据物理量之间的定量关系，把不易测量的待测物理量转换为容易测量的物理量后进行测量，之后再反求待测物理量，这种测量方法叫转换法。

有些物理量之间存在多种关系和效应，因此将会有多种不同的转换法，这恰恰反映了实验中最有启发性和开创性的一面。随着科学技术的不断发展，这种方法已经渗透到各个学科领域。科学实验不断向高精度、宽量程、快速测量、遥感测量和自动化发展，这一切都与转换测量密切相关。

转换法一般可分为参量转换和能量转换两大类。

(1) 参量转换法。参量转换法是利用物理量之间的某种变换关系(或函数关系)，实现各参量之间的变换，以达到测量某一物理量的目的。这种方法几乎贯穿于整个实验之中，例如，伏安法测电阻是根据欧姆定律，将 R 的测量转变为对电流 I 和电压 U 的测量，从而得到 $R=U/I$。利用单摆测重力加速度 g，是将 g 的测量转换为对 L，T 的测量。从以上可以看出，间接测量属于参量转换测量。

(2) 能量转换法。这里指的能量转换法，是泛指某种形式的物理量，通过变换器(传感器)变成另一种形式物理量的测量方法。由于电学测量方便、迅速、容易实现，且能与计算机连接进行数据自动采集和处理，所以最常见的换能法是将非电学量转换为电学量的测量。

1) 热电转换。将热学量通过热电传感器转换成电学量进行测量。热电传感器种类很多，它们虽然依据不同的物理效应，具有不同的用途，但都是利用材料的温度特性。常用的热电传感器有以下几种。

金属电阻热传感器。它主要利用金属电阻值随温度变化的特性实现传感。

热敏电阻。它用 SnO_2 等半导体材料制成，其阻值随温度的变化非常灵敏，一般多用在温度控制、温度补偿电路中，其缺点是稳定性较差。

PN 结传感器。若在半导体 PN 结器件上通一恒定的正向电流，则 PN 结正向电压与器件的温度成线性关系，因而只要测得结电压的大小，便可得到对应的温度。PN 结传感器的优点是灵敏度很高，每当温度变化 1℃ 时，结电压可变化 2 mV 左右，而且也比较稳定；缺点是可测温度范围较小，大约为 $-200\sim+200$℃，温度再高，半导体性质就要发生变化。

热电偶。当两种不同材料接触，且接触两端具有温差时，产生温差电动势；当两种材料确定时，电动势的大小与温差大小有关；当一端温度已知时，测量温差电动势的大小，即可得到另一端的温度值。

2）压电转换。该方法是将压力转换成电学量进行测量的，常用于厚度、速度或声速测量。大家所熟知的话筒就是把声压转换成电信号。一种多晶结构的钛酸钡材料，被广泛应用于压电换能器中。

3）光电转换。光电转换是将光能转换为电信号再测量，其基本原理是光电效应，一般可分为两种类型。

外光电效应。在光照下物体吸收光能，电子动能增加，从而逸出材料表面，该现象称为外光电效应，它是 1887 年由德国科学家赫兹发现的。基于这种效应的光电器件有光电管、光电倍增管等。

内光电效应。内光电效应根据其产生的原因分为两类：光电导效应和光生伏特效应。

a. 光电导效应。入射光强改变物质导电率的现象称为光电导效应。这种效应几乎所有高电阻率半导体都有。半导体材料受光照后，电子吸收光子能量，从价带激发到导带，过渡到自由状态，同时价带也因此形成自由空穴，致使导带的电子和价带的空穴浓度增大，引起材料电阻率减小。随着光能的增加，光生载流子浓度也增大，但同时电子与空穴的复合速度也加快，因此，光能量和光电流之间不是线性关系。

b. 光生伏特效应。当 PN 结受到光照时，如果光子能量大于半导体材料的禁带宽度，电子就能从价带跃迁到导带，成为自由电子，而价带则相应成为自由空穴。这些电子和空穴对在 PN 结内部电场作用下，电子向 N 区移动，空穴向 P 区移动，使 N 区带上负电，P 区带上正电，于是 PN 结两侧便产生了光生电动势。基于这种效应的光电器件有光电二极管、光电三极管和光电池。

4）磁电转换。该方法主要是利用半导体材料的霍耳效应，把磁场大小转换为相应的电压大小进行测量，或者利用电磁感应原理，把磁场的变化转换为电流的变化，通过对电流的测量，达到对磁场及其相关物理量的测量。

5. 模拟法

在探求物质的运动规律、自然界奥秘或解决工程技术问题的过程中，经常会碰到一些特殊的情况，比如研究对象过分庞大，或者危险，或者变化缓慢等限制，以致难于对研究对象进行直接测量。于是人们依据相似理论，人为地制造一个类同于研究对象的物理现象或模型，用对模型的测试代替对实际对象的测试，这种方法称为模拟法。模拟法分为物理模拟和数学模拟。

（1）物理模拟。人为制造的“模型”和实际“原型”有相似的物理过程和相似的几何形状，以此为基础的模拟方法即为物理模拟。

例如，为了研究高速飞行的飞机上各部位所受的空气作用力，便于飞机的设计，人们首先制造一个与飞机几何形状相似的模型，将其放在风洞中，创造一个与实际飞机在空中飞行完全相似的物理环境，通过对模型飞机受力情况的测试，便可以在较短的时间、方便的空间，以较小的代价获得可靠的实验数据。又例如，在空间科学技术的发展过程中，许多实验都先在实验室进行模拟实验，取得初步结果后，再发射人造卫星完成进一步的实验。

物理模拟具有生动形象的直观性，并可使观察的现象反复出现，因此具有广泛的应用价值，尤其对那些难以用数学方程式来准确描述的研究对象，常被采用。

(2) 数学模拟。模型和原型遵循相同的数学规律，而在物理实质上毫无共同之处，这种方法称为数学模拟，又称为类比。例如，在模拟静电场实验中，根据电流场与静电场具有相同的数学方程式，用稳恒电流来模拟静电场。

随着计算机技术的不断发展和广泛应用，人们可以通过计算机模拟实验过程，从而预测可能的实验结果。这是一种新的模拟方法 —— 人工智能模拟，它属于计算物理的研究范畴。

模拟法虽然具有上述的许多优点，但也有很大的局限性，因为它只能解决可测性问题，并不能提高实验的精确性。

以上分别介绍了几种典型的实验技术，在具体的科学实验中，往往把各种技术综合起来使用。因此，实验者只有对各种方法有深刻的理解，才能在未来的实际工作中得心应手地综合应用。

2.4　电子测量技术

电子测量技术是泛指以电子技术为基本手段的一种测量技术。它是测量学和电子学相互结合的产物。电子测量除具体运用电子科学的原理、方法和设备对各种电量、电信号及电路元器件的特性和参数进行测量外，还可通过各种敏感器件和传感装置对非电量进行测量，而且这种测量方法更为方便、快捷、准确，有时甚至是用其他测量方法所不能替代的。因此，电子测量不仅用于电学各专业，也广泛用于物理学、化学、光学、机械学、材料学、生物学、医学等科学领域及生产、国防、交通、通信、商业贸易、生态环境保护乃至日常生活的各个方面。近几十年来，计算机技术和微电子技术的迅猛发展，为电子测量和测量仪器增添了巨大活力。电子计算机尤其是微型计算机与电子测量仪器相结合，构成了一代崭新的仪器和测试系统，即人们通常所说的"智能仪器"和"自动测试系统"。它们具有对若干电参数进行自动测量、自动量程选择、数据记录和处理、数据传输、误差修正、自检自校、故障诊断及在线测试等功能，不仅改变了若干传统测量概念，更对整个电子技术和其他科学技术产生了巨大推动作用。现在，电子测量技术(包括测量理论、方法，测量仪器装置等)已形成电子科学领域重要而发展迅速的分支。

1. 电子测量的内容

通常人们把电参数测量分为电磁测量和电子测量两类。电磁测量主要指交直流电量的指示测量法和比较测量法以及磁量的测量等。电子测量是指以电子技术理论为依据，以电子测量仪器和设备为手段，对电量和非电量进行的测量。电量测量可分为以下几个方面。

(1) 电能量测量。电能量测量包括各种频率和波形下的电压、电流、功率等的测量。

(2) 电信号特性测量。电信号特性测量包括波形、频率、周期、相位、失真度、调幅度、调频指数及数字信号的逻辑状态等的测量。

(3) 电路元件参数测量。电路元件参数测量包括电阻、电感、电容、阻抗、品质因数及电子器件的参数等的测量。

(4) 电子设备的性能测量。电子设备的性能测量包括增益、衰减、灵敏度、频率特性、噪声指数等的测量。

在上述各项测量内容中，尤其以频率、时间、电压、相位、阻抗等基本电参数的测量更为重要，它们往往是其他参数测量的基础。如放大器的增益测量实际上就是其输入、输出端电压测量；脉冲信号波形参数的测量可归结为电压和时间的测量；在许多情况下电流测量是不方便的,就以电压测量来代替。同时,由于时间和频率测量具有其他测量所不可比拟的精确性,因此,人们越来越关注把其他待测量的量转换成时间或频率的测量的方法和技术。

在科学研究和生产实践中,常常需要对许多非电量进行测量。传感技术的发展为这类测量提供了新的方法和途径。现在,可以利用各种敏感元件和传感装置将非电量如位移、速度、温度、压力、流量、物面高度、物质成分等变换成电信号,再利用电子测量设备进行测量。在一些危险的和人们无法进行直接测量的场合,这种方法几乎成为唯一的选择。在生产的自动过程控制系统中,将生产过程中各有关非电量转换成电信号进行测量、分析、记录,并据此对生产过程进行控制,已成为一种典型的方法,如图 2.6 所示。

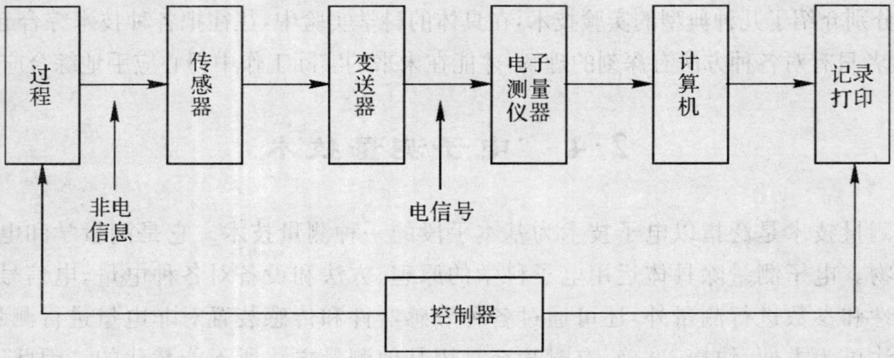

图 2.6　非电量测量在过程控制中的作用

2. 电子测量的特点

与其他测量方法和测量仪器相比,电子测量和电子测量仪器具有以下特点。

(1) 测量频率范围宽。电子测量中所遇到的测量对象,其频率覆盖范围极宽,低至 10^{-6} Hz 以下,高至 10^{12} Hz 以上。当然,不能要求同一台仪器能在这样宽的频率范围内工作。通常在实验中,要根据不同的工作频段,采用不同的测量原理和使用不同的测量仪器。例如,阻抗的测量,在低频段多采用电流电压法,而在微波段则须采用开槽测量线或反射计技术。上述两者无论在原理上,还是在测量设备上都大不一样。当然,随着技术的发展,能在相当宽的频率范围内正常工作的仪器不断地被研制出来。例如,现在一台较为先进的频率计,其频率测量范围可以低至 10^{-6} Hz,高至 10^{11} Hz。

(2) 测量量程宽。量程是测量范围的上下限值之差或上下限值之比。电子测量的另一个特点是被测对象的量值大小相差悬殊。例如,地面上接收到的宇宙飞船自外太空发来的信号功率,低到 10^{-14} W 数量级,而远程雷达发射的脉冲功率,可高达 10^{8} W 以上,两者之比为 $1:10^{22}$。在一般情况下,使用同一台仪器、同一种测量方法,是难以覆盖如此宽广的量程的。如前所述,随着电子测量技术的不断发展,单台测量仪器的量程也可以达到很高。例如,中档次的国产 YM3371 型数字频率计,测频范围为 10 Hz ～ 1 000 MHz,国产 WC2180 型交流电压表,可以测量 5 μV ～ 300 V 的交流电压,量程为 $1:6\times10^{7}$。一些更为先进的仪器,其量程更宽。例如,高档次的数字万用表直接测量的电阻值,由 3×10^{-5} ～ 3×10^{8} Ω,量程为 $1:10^{13}$。前面提及的较完善的电子计数式频率计,其量程达 $1:10^{17}$。

(3) 测量准确度高低相差悬殊。就整个电子测量所涉及的测量内容而言,测量结果的准确度是不一样的,有些参数的测量准确度可以很高,而有些参数的测量准确度却又相当低。例如，对频率和时间的测量准确度，可以达到 $10^{-13} \sim 10^{-14}$ 的量级，这是目前在测量准确度方面达到的最高指标。作为比较，长度测量的最高准确度为 10^{-8} 量级。可惜除了频率和时间的测量准确度很高之外，其他参数的测量准确度相对都比较低。例如，直流电压准确度当前达到 10^{-6} 量级，音频电压的准确度为 10^{-4} 量级，射频电压仅为 10^{-3} 量级，而品质因数 Q 值和电场强度的测量准确度只有 10^{-1} 量级。造成这种现象的主要原因在于电磁现象本身的性质，使得测量结果极易受到外部环境的影响，尤其在较高频率段，待测装置和测量装置之间，装置内部各元器件之间的电磁耦合，外界干扰及测量电路中的损耗等对测量结果的影响，往往不能忽略却又无法精确估计。为此，对许多电子测量和测量仪器，除规定了必须满足的工作条件外，还规定了一套比工作条件更为严格的基准条件，如表 2.1 所示，该表摘自国家标准《电子测量仪器误差的一般规定》。除了必须遵守这些规定外，为了尽可能减小外部环境的影响，许多测量都需要良好的电磁屏蔽和接地措施，系统内部则应尽量减小寄生电容、电感的影响，而在高频和微波测量中，阻抗匹配更是必须认真对待的问题。此外，造成电子测量中不同参数测量准确度相差悬殊的另一个原因是，虽然前面讲频率和时间的测量准确度可以达到很高，但遗憾的是，电子测量中大多数待测量的计量单位都是导出单位，而导出单位的准确度不可能高于它所赖以导出的原始单位的准确度，如功率的单位是瓦（W），定义为 1 秒（s）内产生 1 焦[耳]（J）能量的功率；1 焦[耳]定义为 1 牛[顿]（N）的力使作用点在力的方向上位移 1 米（m）所做的功；而 1 牛[顿]定义为使质量为 1 千克（kg）的物体产生加速度为 1 米（m）每二次方秒（s^2）的力。可见瓦（W）这个导出单位的准确度就依赖于长度米（m），质量千克（kg），时间秒（s）等的准确度，除时间秒外，长度米、质量千克的计量准确度低得多，因此，功率瓦的计量准确度就自然要低。

表 2.1　电子测量设备的基准条件

影响量	基准数值或范围	容许误差
环境温度	20℃	±2
相对湿度	45% ～ 75%	
大气压强	86.6 ～ 106.6 kPa	
交流供电电压	220 V	±2%
交流供电频率	50 Hz	±1%
交流供电波形	正弦波	$\beta = 0.05$
交流供电电压的波纹	无	0.1%
外电磁场干扰	避免	
通风	良好	
阳光照射	避免直接照射	
工作位置	按制造厂家规定	

（4）测量速度快。由于电子测量是基于电子运动和电磁波的传播的，加之现代测试系统中高速电子计算机的应用，使得电子测量无论在测量速度，还是在测量结果的处理和传输，都可以以极高的速度进行，这也是电子测量技术广泛用于现代科技各个领域的重要原因。比如像卫星、飞船等各种航天器的发射与运行，没有快速、自动的测量与控制，简直是无法想象的。

(5) 可以进行遥测。如前所述，电子测量依据的是电子的运动和电磁波的传播，因此，可以将现场各待测量转换成易于传输的电信号，用有线或无线的方式传送到测试控制台(中心)，从而实现遥测和遥控。这使得对那些远距离的、高速运动的或其他人们难以接近的信号的测量成为可能。

(6) 易于实现测试智能化和测试自动化。电子测量本身是电子科学一个活跃的分支，电子科学的每一项进步，都非常迅速地在电子测量领域得到体现。随着电子计算机尤其是功耗低、体积小、处理速度快、可靠性高的微型计算机的出现，给电子测量理论、技术和设备带来了新的革命。例如，微处理器出现于 1971 年，而在 1972 年就出现了使用微处理器的自动电容电桥。现在，已有大量商品化带微处理器的电子测量仪器面世，许多仪器还带有 GPIB 标准仪器接口，可以方便地构成功能完善的自动测试系统。无疑，电子测试技术与计算机技术的紧密结合与相互促进，为测量领域带来了极为美好的前景。

(7) 影响因素众多，误差处理复杂。任何测量都不可避免地会有误差，如果不能准确地确定误差或误差范围的大小，那就无法衡量测量结果的准确程度、测量结果的可靠性和可依赖性，从而也就失去了测量的意义和价值。造成测量误差的原因是多方面的。客观上影响测量结果及测量误差的因素大体上可分为外部的和内部的。能对测量结果产生影响的量，称为影响量，它通常来自测量系统的外部，如环境温度、湿度、电源电压和外界电磁干扰等。测量系统内部会对测量结果产生影响的工作特性称为影响特性。例如，在交流电压表中检波器的检波特性，会随着被测电压的频率和波形而有所改变，从而影响到测量结果。前面已经提到，在电子测量中另一个难以避免而又无法准确估算其实际影响大小的因素，是测量仪器内部各元器件之间，测量与被测量装置之间无处无时不在的寄生电容、电感、电导等的不良影响。不难看出，电子测量中的影响量和影响特性众多而又复杂，其规律难以确定，这就给测量结果的误差分析和处理带来困难。

2.5 非电量电测技术

由于电测方法具有测量、控制方便，灵敏度高，反应速度快，能进行动态测量和自动记录等优越性，在科学技术和工程中，经常需要对一些非电量进行测量，如力学量中的位移、力；热学量中的温度；光学量中的光强、照度、功率等。这就促使人们去研究如何运用物理原理以电测方法来测量非电量，于是形成了一类称为“非电量电测”的测试技术。

非电量电测技术的核心是利用物理学中物理量之间存在的各种效应与关系，把被测的非电量转换成电量，从而获得被测量的信息；将非电量转换为电学量的器件通常称为传感器，传感器也称探测器，传感器在实验中作为一种换能器，将待测非电量转换为电流或电压等电学量，并作为测量电路的输入信号。

测量电路的作用是将输入信号进行放大、检波、传输、比较和记录，它通过电子电路或网络来实现。在测量电路中经常使用放大电路、振荡电路、脉冲电路、逻辑电路和数字集成电路等。这些内容已超出实验的范围，读者可参阅电子测量技术的有关书籍。

测量的目的是定量地获得被测量的数值大小，因此必须有显示装置，常用的显示有 3 类：模拟显示、数字显示和图像显示。电压表和电流表模拟显示就是利用指针对标尺的相对位置来指示读数，一般有电压表和电流表等指示仪；数字显示是以数字形式显示读数，有数字电压表、数字电流表或数字频率计等；图像显示是用屏幕显示读数，或显示被测量的变化曲线。在此仅介绍利用热电、压电和光电 3 种效应制成的传感器。

1. 热电转换技术

热电式传感器是一种将温度变化转换为电学量变化的装置，它是利用传感元件的电磁参数随温度变化的特性来实现测量的目的的，典型的热电式传感器是热敏电阻和热电偶。热敏电阻和热电阻是利用物质的电阻率随自身温度变化而变化的效应制成的温度热敏元件，它们大多是由导体或半导体材料制成的；用温度敏感元件制成的电阻温度计，可以用来检测随温度变化的各种非电量，如温度、速度、浓度、密度等物理量。

半导体热敏电阻是利用半导体材料的电阻随温度变化的性质制成的，按其电阻随温度变化的典型特性分为 3 种类型：① 负温度系数热敏电阻(NTC)；② 正温度系数热敏电阻(PTC)；③ 临界热敏电阻(CTR)。

热电偶是热能 — 电势能的转换器，输出量为电势，可用于温度的测量。其结构和原理如图 2.7 所示，两种导体(或半导体)A 和 B 相接触，节点 2 置于较高的待测温度场中，称为热端或测温端；节点 1 置于较低的恒温场中，称为冷端或参考端。在两种金属的节点处，由于导体内自由电子的密度不同，电子扩散的结果会产生接触电势差，热端和冷端的总接触电势差为

$$\Delta U_{AB} = U_{AB}(t_2) - U_{AB}(t_1) = \frac{k}{e}(t_2 - t_1)\ln\frac{n_A}{n_B} \tag{2.5}$$

式中　k—— 为玻耳兹曼常量；

e—— 电子电量；

n_A 和 n_B—— 金属 A 和 B 的自由电子密度。

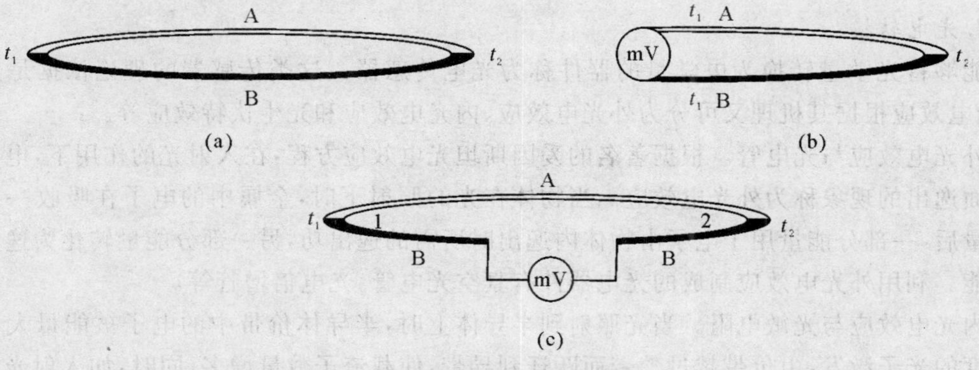

图 2.7　热电偶结构及原理图

另外，当单一导体的两端温度不同时，在导体内部也会产生电势，称为温差电势。在热电偶回路中，两种金属的总温差电势为

$$\Delta U'_{AB} = U'_{AB}(t_2, t_1) - U'_{AB}(t_1, t_2) = \int_{t_1}^{t_2} \sigma_A \mathrm{d}t - \int_{t_1}^{t_2} \sigma_B \mathrm{d}t = \int_{t_1}^{t_2} (\sigma_A - \sigma_B)\mathrm{d}t \tag{2.6}$$

式中　σ_A，σ_B—— 两种导体的汤姆逊系数。

热电偶产生的总热电势由两种导体的总接触电势和总温差电势组成，即

$$U_{AB}(t_2, t_1) = \Delta U_{AB} + \Delta U'_{AB} = \frac{k}{e}(t_2 - t_1)\ln\frac{n_A}{n_B} + \int_{t_1}^{t_2} (\sigma_A - \sigma_B)\mathrm{d}t = f(t_2) - f(t_1) \tag{2.7}$$

当实际应用时，总是将热端置于待测温度场中，冷端置于恒温场中。这样在式(2.7)中，$U_{AB}(t_2, t_1)$ 仅为一个温度的函数。用实验方法，找出热电偶热端温度与热电势差的对应关系

曲线，称为热电偶的温度定标。

常用的热电偶有以下3种。

(1) 铜-康铜热电偶，测温范围为−200～200℃，当热端 t_2 在0℃以上，铜在正极池为0℃以下时，康铜为正极。

(2) 镍铬-镍铝热电偶，测温范围为900～1 200℃，正极为镍铬。

(3) 铂铑-铂热电偶，测温范围为1 300～1 600℃，正极为铂铑。

热电偶测温范围宽，但热电势较低，热敏电阻工作温度范围窄，灵敏度高，利于检测微小温度变化。它们共同的不足为输出非线性，如要求输出线性好，测温精度高，可用由热敏晶体管构成的晶体管温度传感器、集成电路温度传感器。

2. 力电转换

力学量与电量之间的转换常用压电式传感器。压电式传感器是一种典型的有源传感器(或称发电型传感器)，它以某些电介质具有压电效应为依据。某些电介质，当受到沿着一定方向的外力作用而变形时，内部就产生极化现象，在它的两个表面上就会产生符号相反的电荷；当去掉外力时，它又重新恢复不带电状态，这种现象称为压电效应。当作用力方向改变时，电荷极性也随着改变。当在介质的极化方向施加电场时，这些电介质也会产生变形，若施加交变电场，则电介质因变形而振动，这种现象称为逆压电效应，或称电致伸缩效应。

具有压电效应的物质很多，如天然形成的石英晶体、人工制造的压电陶瓷、锆钛酸铅等。压电传感器不仅可实现对各种力的电测，而且，可以使那些最终能转变为力的物理量(例如位移、速度和周期等)实现非电量电测，利用电致伸缩效应可制成压电喇叭。

3. 光电转换

能够将光学量转换为电学量的器件称为光电传感器。这类传感器的理论依据是光电效应，光电效应根据其机理又可分为外光电效应、内光电效应和光生伏特效应等。

外光电效应与光电管。根据著名的爱因斯坦光电效应方程，在入射光的作用下，电子从金属表面逸出的现象称为外光电效应。当物体在光的照射下时，金属中的电子在吸收一个光子的能量后，一部分能量用于电子由物体内逸出时所需的逸出功，另一部分能量转化为逸出电子的动能。利用外光电效应制成的光电器件有真空光电管、光电倍增管等。

内光电效应与光敏电阻。当光照射到半导体上时，半导体价带中的电子被能量大于其禁带宽度的光子激发，由价带越过禁带而跃迁到导带，使载流子数量增多；同时，如入射光中有波长很长的辐射，被半导体吸收的光子还将改变导带中的载流子迁移率，从而改变它的电阻率。由于这个物理过程都是在半导体内部进行的，故称为内光电效应(又称为光电导效应)。利用内光电效应制成的半导体元件有光敏电阻、光敏二极管和光敏三极管。

光生伏特效应与光电池。在入射光作用下，物体能够产生一定方向的电动势的现象称为光生伏特效应。最常用的光生伏特效应器件是光电池，它是一个有源器件。例如，利用金属-半导体接触产生光生伏特效应而制成的硒光电池；利用PN结产生光生伏特效应制成的硅-锗光电池(又称太阳能电池)；还有硫化镉光电池及近年来正在研制的有机染料太阳能电池等。

固态图像传感器。固态图像传感器是20世纪70年代发展起来的光电转换器件，它能把光学图像转换为电信号。目前，教学实验室使用的固态图像传感器一般是电荷耦合器件(简称CCD)，利用CCD的光电转换功能可将其感光面上的光像转换为与光像成比例的电信号“图像”，即将光强的空间分布转换为与光强成比例的电信号空间分布。

2.6　计算机虚拟实验技术

虚拟实验技术的概念是近几年从虚拟现实的概念中衍生出来的。

1. 虚拟实验技术的概念

虚拟实验技术是以计算机为控制中心，利用软件技术构建系统的逻辑结构模型，协调相关硬件设备技术形成虚拟实验系统，通过计算机网络形成虚拟实验系统网络化，这样可以让学生通过计算机操作。实验者借助于多媒体、仿真和虚拟现实等技术在计算机上营造可辅助、部分替代甚至全部替代传统实验各操作环节的相关软硬件操作环境，可以像在真实的环境中一样完成各种实验项目，所取得的实验效果等价于甚至优于在真实环境中所取得的效果。它是计算机技术、虚拟现实技术、人机交互技术结合的产物，也是教育领域应用信息技术的一种创新。

2. 虚拟实验技术的特征

虚拟现实技术是在综合仿真技术、计算机图形技术、传感技术、显示技术等多种学科技术的基础之上发展起来的，它以仿真的方式使人置身于一个虚拟世界中。虚拟实验具有 3 个基本特征：沉浸性(Immersion)、交互性(Interaction) 和构想性(Imagination)，如图 2.8 所示。

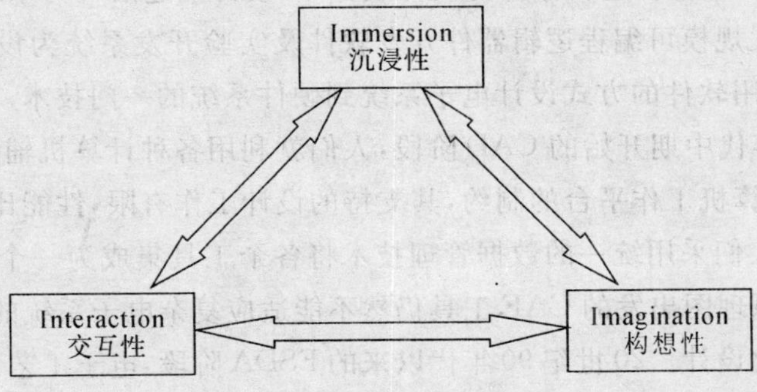

图 2.8　虚拟实验的特征

(1) 交互性。交互性是指用户对虚拟实验环境内对象的可操作程度和从环境得到反馈的自然程度(包括实时性)。虚拟实验环境比较强调人与虚拟世界间的自然交互，使用者不仅可以利用电脑键盘和鼠标进行交互，而且能够通过特殊头盔和数据手套等传感设备进行交互。

(2) 沉浸性。沉浸性是指虚拟实验技术能使用户感到自己处于虚拟实验环境中，成为其中的一员，由观察者变为参与者，沉浸于虚拟实验环境中。运用计算机、多媒体与仿真技术等现代科学技术，营造与客观世界高度类似的虚拟环境，并参与虚拟实验的活动，使人具有一种身临其境的感觉。

(3) 构想性。构想性指最大限度地发挥人类的创造力和想象力。一方面，虚拟实验的环境是人想象出来的，体现出设计者的思想；另一方面，用户可从设计好的环境中得到感性和理性上的认识，进而深化概念，产生新意和想象，与设计者产生共鸣。

3. 虚拟实验技术的发展现状

虚拟实验技术是虚拟现实在教育中的重要应用领域，并逐步成为科学实验和科学研究中强有力的工具。虚拟实验是科学实验领域中较为年轻的分支，发展过程大致经历了以下 3 个阶段。

(1) 思维模型与逻辑分析阶段。该阶段以科学实验为基础，以逻辑推理为根据，在思想中塑造实验模型的实验方式。

(2) 计算机仿真阶段。20 世纪 60 ～ 80 年代，以系统数学模型为基础，在一定假设条件下利用计算机对实验对象的数学模型进行的信息处理过程。

(3) 虚拟现实阶段。从 20 世纪 80 年至今，以虚拟现实技术为基础，通过模拟人与周围真实环境交互方式而建立的观察界面进行实验的过程。虚拟实验在从形象化思维到数字化分析，再到直观的虚拟现实阶段的发展过程中，计算机的产生与应用为虚拟实验注入了新的活力，改革了传统的实验方法，扩大了认识领域，使虚拟实验应用更加广泛。

4. EDA 技术

EDA(Electronic Design Automation) 是电子设计自动化的简称，它是以计算机为工作平台，融合了计算机图形学、电子技术、智能化技术最新成果的一门综合性技术，随着计算机、集成电路、电子系统设计的发展，EDA 经历了一个由浅入深的过程。EDA 主行 3 方面的设计工作，即 IC 设计、电子电路设计和 PCB 设计。

EDA 是以大规模可编程逻辑器件为设计载体，以硬件描述语言为系统逻辑描述的主要表达方式，以计算机、大规模可编程逻辑器件开发软件及实验开发系统为设计工具，通过有关的开发软件，自动完成用软件的方式设计电子系统到硬件系统的一门技术。

从 20 世纪 60 年代中期开始的 CAD 阶段，人们就利用各种计算机辅助设计工具来取代手工操作，由于受到计算机工作平台的制约，其支持的设计工作有限，性能比较差。在 20 世纪 80 年代的 CAE 阶段，人们采用统一的数据管理技术将各个工具集成为一个系统，提供标准元件库，但是，大部分从原理图出发的 CAE 工具仍然不能适应复杂电子系统的要求，而且具体的元件图形也制约着优化设计。20 世纪 90 年代以来的 ESDA 阶段，电子工艺水平已经达到了深亚微米级，芯片的工作频率达到 GHz 级，在这一阶段，出现了以硬件描述语言、系统级仿真和综合技术为基本特征的第三代 EDA 技术，它使设计师们摆脱了大量的具体设计工作，而把精力集中于创造性的方案与概念构思上，从而极大地提高了系统设计的效率，缩短了产品的研制周期。现代 EDA 技术采用高级语言描述，具有系统级仿真和综合能力。它主要采用并行工程和“自顶向下”的设计方法，使开发者从一开始就考虑到产品生成周期的诸多方面，包括质量、成本、开发时间及用户的需求等，然后从系统设计入手，在顶层进行功能方框图的划分和结构设计，在方框图一级进行仿真、纠错，并用 VHDL，Verilog - HDL，ABEL 等硬件描述语言对高层次的系统行为进行描述，在系统一级进行验证，然后再用逻辑综合优化工具生成具体的门级逻辑电路的网表，其对应的物理实现级可以是印制电路板或专用集成电路。近年来，硬件描述语言等设计数据格式的逐步标准化，在不同设计风格和应用的要求方面，致使各具特色的 EDA 工具被集成在同一工作站上，从而使 EDA 框架日趋标准化。

EDA 设计人员按照“自顶向下”的设计原则对系统进行描述，然后综合、仿真、适配，当确认设计符合要求时，再将设计映射至实际的逻辑器件中，设计流程如图 2.9 所示。目前，EDA 被广泛应用到机械、电子、航空、医学等领域，在产品开发与制作以及教育和科研部门也广泛使用，发挥着越来越重要的作用。特别是在教学方面，高校的电子类实践课程中，几乎所有的理工科（特别是电子信息）类专业都开设了EDA课程。主要是让学生了解EDA基本原理和基本概念，掌握系统设计方法和设计理念，并且可以运用简单的逻辑器件配合EDA仿真软件进行电子电路课程的仿真模拟实验，从而提高学生的动手实践能力和创新能力。

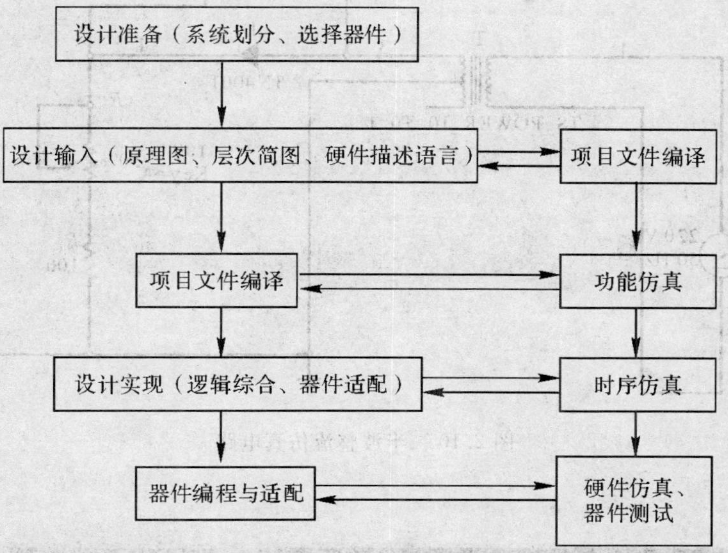

图 2.9　EDA设计流程图

5. Multisim 仿真实验软件

仿真(Simulation)属于一门基础性学科。仿真技术是以控制理论、相似原理、数模与计算技术、信息技术、系统技术及其应用领域相关专业技术为基础，以计算机和多种专用物理效应设备为工具，借助系统模型，对实际的或设想的系统进行动态实验研究的一门新兴综合性技术。它是迄今为止最有效和经济的综合集成方法，是推动技术进步的战略技术。

Multisim 软件是以 Windows 为基础的仿真工具，利用 Multisim 软件交互式地搭建电路原理图，并对电路进行仿真，提供全面集成化的设计环境，完成从原理图设计输入、电路仿真分析到电路功能测试等工作。

以二极管整流电路仿真实验为例，晶体二极管（简称二极管）是电子电路中最常用的元件之一，它最重要的特性就是单向导电性。利用二极管的单向导电性，可以将交流电整流成直流电。

(1) 半波整流仿真电路。打开 Multisim 软件，画出电路原理图如图 2.10 所示。设置交流电源的值为 220 V，50 Hz。

打开仿真开关，按照图 2.11 所示调节示波器参数，并观察虚拟示波器波形。

(2) 桥式全波整流仿真电路。打开 Multisim 软件，画出桥式全波整流仿真电路图如图 2.12 所示。

打开仿真开关，按照图 2.13 所示调节示波器参数，并观察虚拟示波器波形。比较两种整流电路的异同及其整流性能的差异。

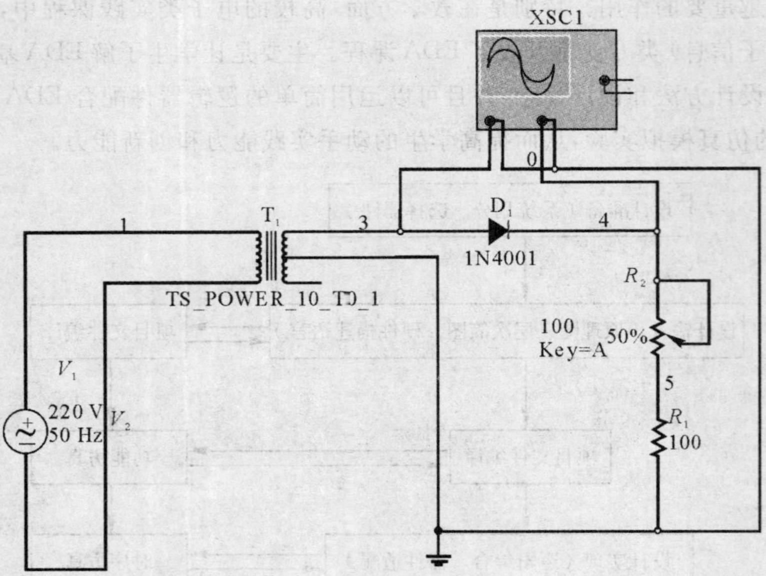

图 2.10　半波整流仿真电路

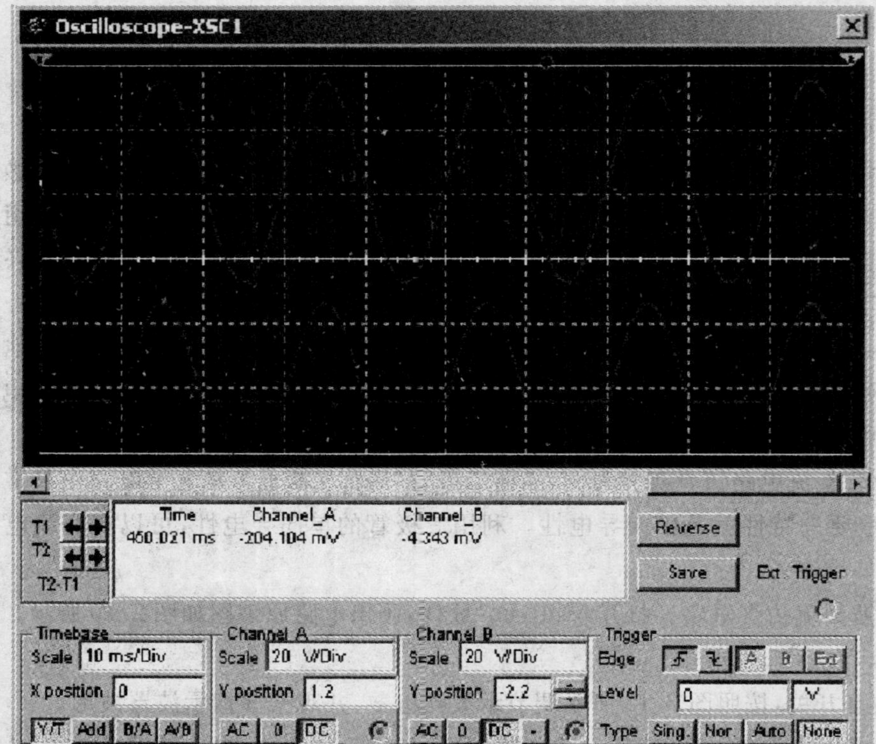

图 2.11　虚拟示波器波形图

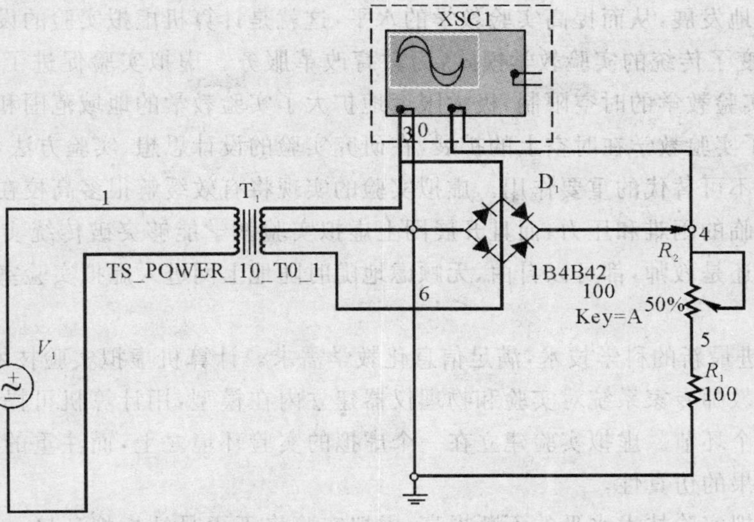

图 2.12　桥式全波整流仿真电路图

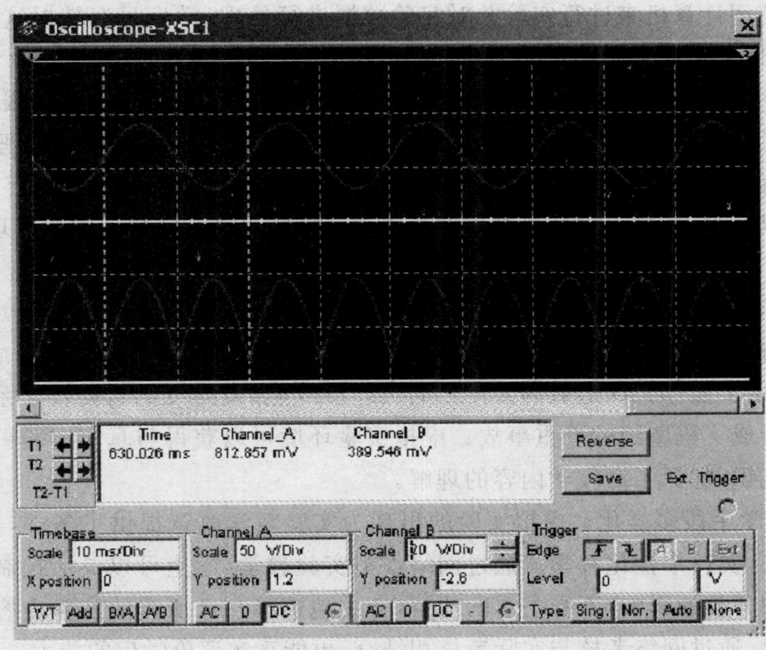

图 2.13　虚拟示波器波形图

6. 虚拟实验在实验教学中的意义

实验教学在培养学生对科学的探索和创造能力，以及理论与实际相结合的思维形成方面起着不可替代的重要的基础作用。要提高实验教学的质量，关键是激发学生的学习热情。在实验教学中，往往由于实验仪器的复杂、精密和昂贵，无法对实验仪器的结构、设计思想、方法进行剖析；学生不能自行设计实验参数，反复调整、观察实验现象，分析实验结果；对于一些科技含量较高、现代化程度较高的设备，学生往往面对的是“黑盒子”，无法知道其内部的运转机理，从而抑制了学生的设计思想和创造能力的发挥。现在正处于计算机高速发展的时代，利用计算机来丰富实验教学的思想、方法和手段，改革传统的实验教学模式，使实验教学与高新科学技术协调地发展，从而提高实验教学的水平，这就是计算机虚拟实验的设计思想和目标。

(1) 改变了传统的实验教学模式，为教育改革服务。虚拟实验促进了实验课程模式的创新，打破了实验教学的时空限制，极大限度地扩大了实验教学的地域范围和在时间选择上的自由度，实现了实验教学在时空上的扩展，在研究实验的设计思想、实验方法，培养学生创新能力方面发挥着不可替代的重要作用。虚拟实验的实现将有效缓解很多高校在经费、场地、器材等方面普遍面临的困难和压力，而且开展网上虚拟实验教学能够突破传统实验对时、空的限制，无论是学生还是教师，都可以自由、无顾虑地随时随地上网进入虚拟实验室，操作仪器，进行各种实验。

(2) 引进最新的科学技术，满足信息化教学需求。计算机虚拟实验技术运用了人工智能、控制理论和教师专家系统对实验和物理仪器建立内在模型，用计算机可操作的仿真方式实现了实验的各个环节。虚拟实验建立在一个虚拟的实验环境之上，而注重的是实验操作的交互性和实验结果的仿真性。

随着虚拟实验技术水平的不断提高，虚拟实验将不再是纯虚拟环境。很多软件都能和互联网连接，和实际的实验设备连接，实现远程实验，实现软件对实验的控制和对实验数据的处理和分析。要使用计算机来进行实验并对实验数据进行处理，学生只有掌握这种先进的学习技能，才能更好地学习和工作。

(3) 改变了实验设备的使用现状，即实验设备使用率很低，而资金投入却很大。虚拟实验技术提供了大量的虚拟元器件、虚拟仪器，同时虚拟实验还具有强大的数据处理和图像仿真等功能，可以使以前传统实验教学模式没有条件让学生身临其境体会的实验内容能通过计算机模拟仿真来得以实现，使学生更快更好地融会贯通，理解、巩固和掌握各学科的理论知识。

(4) 节省实验成本，丰富实验资源，保证实验安全。利用虚拟实验技术可以弥补因为实验设备、实验场地、教学经费等方面的不足，丰富实验资源，使学生可以做一些危险或危害人体的实验。例如，虚拟的化学实验，可以避免化学反应所产生的燃烧、爆炸所带来的危险；虚拟的外科手术，可避免由于操作失误造成病人死亡的医疗事故；虚拟的飞机驾驶教学系统，可免除学员操作失误而造成飞机坠毁的严重事故。虚拟实验环境可以获得与真实实验一样的体会，丰富了学生感性认识，加深了对教学内容的理解。

(5) 实验教学手段多样化。虚拟实验的出现为实验教学改革提供了条件，教师可以采取灵活的教学方法，实行个性化教学。通过网络虚拟实验教学，学生可以灵活控制学习时间，不受实验室关闭和开放的影响，不受书本的约束，自主地选择自己所需的实验内容。同时，实验考核也可多样化，通过网络考核与实际考核相结合，更能真实评价学生的能力。利用虚拟实验远程系统，将实验设备、教学内容(包括理论教学)、教师辅导和学习者的思考、实验操作等融为一体，克服了实验教学长期受到课堂、课时限制的因素。教师可以上网组织各种实时或非实时的分布式教学，回答学生问题，批改实验报告。学生可通过上网接受教师指导，完成各项实验内容，提交实验报告。

目前，虚拟实验还处在发展阶段，但在实验教学过程中已经发挥了巨大的作用。它不仅能弥补实验设备缺乏和条件的限制，而且还极大提高了学生对知识的需求和探索的积极性，提高了实验教学效果。同时通过虚拟实验技术把抽象的、难以直接用一般自然手段表现的内容形象直观地表现出来，有助于加快认识客观世界的规律，提高实验教学的先进性。

思　考　题

1. 一个完整的实验包括哪些过程？
2. 基本实验技术有哪些？
3. 测量的基本方法有哪些？

第3章　测量误差和实验数据处理

人类是通过测量开始认识客观世界的，实验离不开对物理量的测量。由于测量条件的非理想化，测量总存在误差，因此，测量中的不可靠量值是误差，导致测量结果的不可靠量值是不确定度。这就是测量、误差和不确定度三者之间的因果关系。测量误差越小，结果的不确定度就越小，测量精度就越高，人们对客观世界的认识也就越准确。

3.1　误　差

3.1.1　误差的定义

误差定义为测量值和真值之差。按表达方式分为绝对误差和相对误差。

1. 绝对误差

$$\delta x = x - x_0 \tag{3.1}$$

式中　δx —— 误差；

x —— 测量值；

x_0 —— 真值。

该误差反映了测量的准确度。由于误差存在于一切测量过程中，真值虽然是客观存在的实际值，但无法得到。因此等精度测量中常用测量值和平均值之差估算误差，即

$$\delta x = x - \bar{x} \tag{3.2}$$

当估算误差时，有时用被测量的公认值、理论值或更高精度的测量值来代替真值 x_0，这些值叫做约定真值。

2. 相对误差

$$E = | \delta x / x_0 | \times 100\% \tag{3.3}$$

用绝对误差(误差的绝对值)和真值比的百分数表示，称百分误差。

3.1.2　误差的分类及处理方法

测量中误差按其产生的条件可归纳为系统误差、随机误差和粗大误差3类。

1. 系统误差

当对同一物理量进行多次等精度测量时，误差为常数或以一定规律变化的误差称为系统误差。系统误差分为可定系统误差和未定系统误差。

可定系统误差。可定系统误差是测量中大小、正负可确定的误差。测量中应消除掉这项误差。例如，米尺零刻线被磨损或弯曲，若不注意，会产生零点不为零的可定系统误差，因此，测量时应该避开零刻度线，用中间的某整刻度线作为测量的起始点，再读出被测物的终止点，两点相减就避

开了零点不准的可定系统误差。再如，螺旋测微计零点不为零，测量时应先记下零点值 d_0，再测量被测量值的大小 d_1，两者相减 $(d_1 - d_0)$ 的结果就消除了螺旋测微计 d_0 的可定系统误差。

未定系统误差。未定系统误差是测量中只能确定大小，不能确定正负的误差（如仪器不确定度产生的测量误差），将其合成到测量结果的不确定度中。例如，螺旋测微计的示值误差。数字毫秒计的不确定度、分光计的不确定度、电表的精度（即准确度等级）等产生的测量误差都是未定系统误差。

(1) 系统误差产生的原因。系统误差是由仪器不确定度产生的系统误差，即仪器本身缺陷、校正不完善或没有按规定条件使用而产生的误差。例如，仪器刻度不准、刻度盘和指针安装偏心、米尺弯曲、天平两臂不等长等。

系统误差是由测量公式产生的系统误差，即测量公式本身的近似性或没有满足理论公式所规定的实际条件而产生的误差。例如，单摆周期公式 $T = 2\pi\sqrt{\frac{l}{g}}$ 的成立条件是摆角小于 5°，用这个近似公式计算 T 时，计算本身就带来了误差。又如，当用伏安法测量电阻时，忽略了电表内阻的影响等。

系统误差是由测量环境产生的系统误差，即在测量过程中，因周围温度、湿度、气压、振动、电磁场等环境条件发生有规律的变化引起的误差。例如，在 25℃ 时标定的标准电阻在 30℃ 环境下使用等。

系统误差是由操作人员产生的系统误差：由操作者的坏习惯或生理、心理等因素造成的误差。例如，用米尺测长；读数为斜视读出；用秒表计时，掐表速度较慢等。

(2) 发现系统误差的方法。

理论分析法。从原理和测量公式上找原因，看是否满足测量条件。例如，实际中电压表内阻不等于无穷大、电流表内阻不等于零，由此会产生系统误差。

实验对比法。改变测量方法和条件，比较差异，从中发现系统误差。例如，调换测量仪器或操作人员，进行对比，观察测量结果是否相同，以此进行判断确认。

数据分析法。分析数据的规律性，以便发现误差。例如残差法，对一组等精度测量数据，通过计算偏差，观察其大小和比较正、负号的数目，可以寻找系统误差。

(3) 可定系统误差的消除和减小方法。

下面列举一些例子：

交换法。当用天平两次称衡一物体质量时，第二次称量将被测物与砝码交换。两次称量结果分别为 m_1，m_2，则取 $m = \sqrt{m_1 m_2}$ 为最终称量结果，可以克服天平不等臂误差。

替代法。当在电表改装实验中测量表头内阻时，通过单刀双掷开关分别对表头和电阻箱进行同等测量，调节电阻箱阻值，保持电路总电流相同，此时电阻箱的阻值就是被测表头内阻，这样就避免了测量仪器内阻引入的误差，如图 3.1 所示。

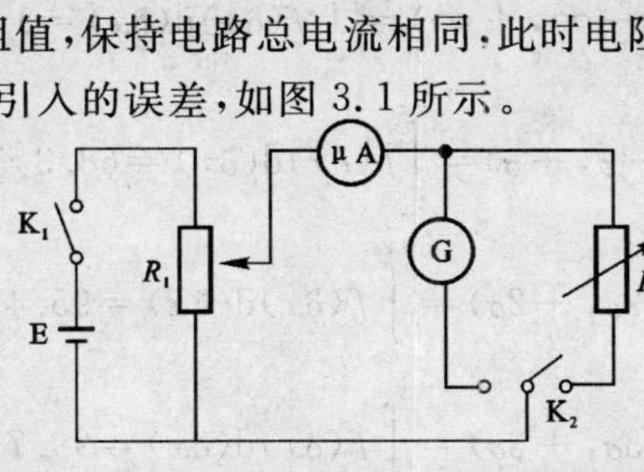

图 3.1　用替代法测量电表内阻电路图

零示法。它是指零仪器两端等电位(即示零)时的测量,以减小仪器误差和避免指零仪器内阻引入的误差。电桥、电位差计均用此法。

异号法。它是通过在霍尔效应实验中改变霍尔片上的电流方向进行测量的,以消除不等位误差。

半周期法。它是利用分光计的双游标读数,来克服中心轴的偏心误差。

2. 随机误差

多次等精度测量中误差变化是随机的,忽大忽小,忽正忽负,其总体遵从正态分布(也叫高斯分布),如图 3.2 所示。随机误差满足高斯方程,即

$$f(\delta x)=\frac{1}{\sigma\sqrt{2\pi}}\mathrm{e}^{-\frac{1}{2}\left(\frac{\delta x}{\sigma}\right)^2} \tag{3.4}$$

(1) 正态分布的特性。高斯方程中 σ 称为标准差,是随机误差 δx 的分布函数 $f(\delta x)$ 的特征量。其表达式为

$$\sigma=\lim_{n\to\infty}\sqrt{\frac{1}{n}\sum_{i=1}^{n}(x_i-x_0)^2} \tag{3.5}$$

σ 确定,$f(\delta x)$ 就唯一确定;反之,$f(\delta x)$ 确定,σ 的大小也就唯一确定了。σ 越小,测量精度高。曲线越陡,峰值越高,随机误差越集中,测量重复性越好;σ 越大则反之,如图 3.3 所示。

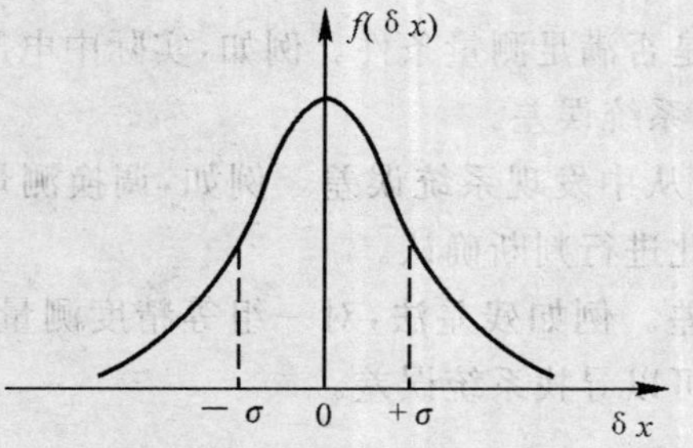

图 3.2　正态分布曲线

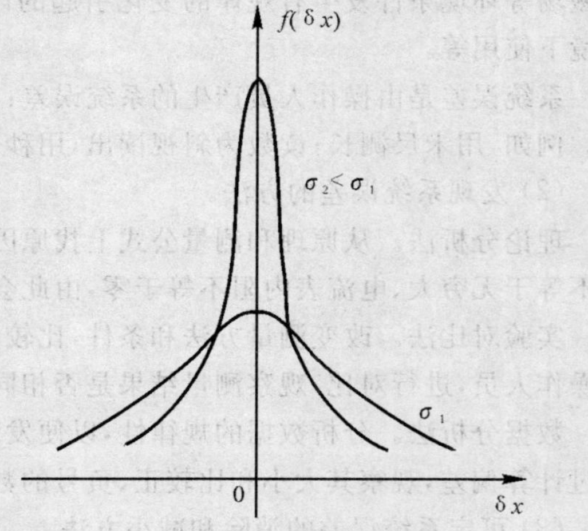

图 3.3　σ 对 $f(\delta x)$ 的影响示意图

为了统计随机误差的概率分布,将概率密度函数在以下区间积分,得到随机误差在相应区间的概率值分别为

$$P(-\infty,+\infty)=\int_{-\infty}^{+\infty}f(\delta x)\mathrm{d}(\delta x)=1$$

$$P(-\sigma,+\sigma)=\int_{-\sigma}^{+\sigma}f(\delta x)\mathrm{d}(\delta x)=68.3\%$$

$$P(-2\sigma,+2\sigma)=\int_{-2\sigma}^{+2\sigma}f(\delta x)\mathrm{d}(\delta x)=95.4\%$$

$$P(-3\sigma,+3\sigma)=\int_{-3\sigma}^{+3\sigma}f(\delta x)\mathrm{d}(\delta x)=99.7\%$$

随机误差落在 $\pm 3\sigma$ 之外的概率仅为 0.3%，是正常情况下不应该出现的小概率事件，因此，将 $\pm 3\sigma$ 定为误差极限，即 $x_i \geqslant |3\sigma|$ 时为坏值，不是误差。

正态分布具有以下 4 个特点。

单峰性：小误差多而集中，形成一个峰值。

对称性：正负误差出现的概率相同。

有界性：$|3\sigma|$ 为误差界限。

抵偿性：正负误差具有抵消性。当 $n \to \infty$ 时，$\delta x \to 0, \bar{x} \to x_0$。

对随机误差的处理方法是采取多次测量，取算术平均值作为测量结果，以减小随机误差，提高测量精度。

(2) 测量列的标准差。高斯方程中的标准差 σ 是理论值，当 $n \to \infty$ 时，才趋于高斯分布。在实际测量中，只能进行有限次测量，而有限次测量的随机误差实际遵从 t 分布。t 分布曲线较高斯分布曲线稍低而宽，两边较高，两者形状非常相近，如图 3.4 所示。

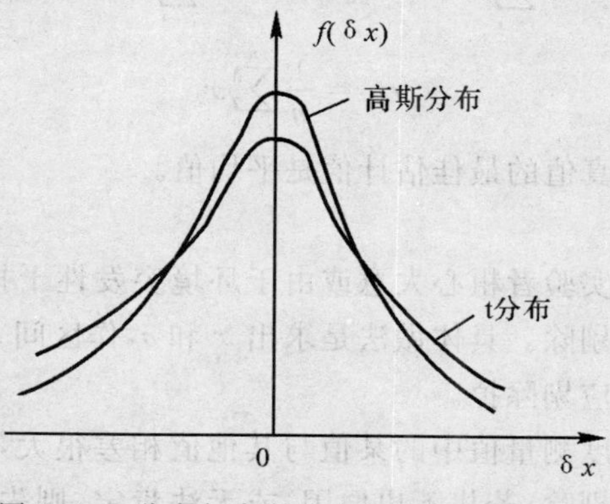

图 3.4　t 分布与高斯分布曲线的比较示意图

实验中，先用贝赛尔(Bessle) 公式计算测量列的标准偏差为

$$S = \sqrt{\frac{1}{n-1}\sum_{i=1}^{n}(x_i - \bar{x})^2} \tag{3.6}$$

然后用 t 分布因子对标准偏差进行修正，估算出测量列的标准差为

$$\sigma = S \times t_{0.683} \tag{3.7}$$

当选择测量次数时，要注意 t 因子的修正。由表 3.1 可见，$n=6$ 是拐点，当 $n>6$ 时，t 变化小而缓慢，可取

$$\sigma \approx S \quad (n \geqslant 6) \tag{3.8}$$

表 3.1　实验中常用的 t 因子

n	2	3	4	5	6	7	8	9	10	11	12
$t_{0.683}$	1.84	1.32	1.20	1.14	1.11	1.09	1.08	1.07	1.06	1.05	1.03

(3) 平均值的标准差。平均值也是个随机变量，服从正态分布。如果对某被测量 x 进行多组多次等精度测量，每组测量列的平均值 $\bar{x}_1, \bar{x}_2, \cdots$ 不尽相同，只是随机误差已很小。由最小二乘法可证明，平均值是真值的最佳估计值，因此，实验中只需对被测量进行 1 组等精度测量。其平均值的标准差为

$$\sigma_{\bar{x}}=\frac{\sigma}{\sqrt{n}} \tag{3.9}$$

下面用最小二乘法证明测量列的平均值是真值的最佳估计值。

求一组等精度测量列的最佳值，就是求能使它与各次测量值之差的平方和为最小的 $x_{佳}$ 值。在此，用 $x_{佳}$ 表示真值的最佳估计值，就要求

$$\sum_{i=1}^{n}(x_i-x_{佳})^2$$

对 $x_{佳}$ 的最小值，对上式求一阶导数和二阶导数分别为

$$\dot{f}\left[\sum_{i=1}^{n}(x_i-x_{佳})^2\right]=0,\quad \ddot{f}\left[\sum_{i=1}^{n}(x_i-x_{佳})^2\right]=2n>0$$

满足极小值条件，解一阶导数等于零的等式为

$$-2\sum_{i=1}^{n}(x_i-x_{佳})=0,\quad \sum_{i=1}^{n}x_i=nx_{佳}$$

则

$$x_{佳}=\frac{1}{n}\sum_{i=1}^{n}x_i$$

由以上证明可以看出，真值的最佳估计值是平均值。

3. 粗大误差

粗大误差简称粗差，是实验者粗心大意或由于环境突发性干扰造成的，为坏值，在处理数据时不能计算在内，应予以剔除。具体做法是求出 $\bar{x}$ 和 σ，作区间 $x=(\bar{x}\pm 3\sigma)$，则测量列中不在此区间内的值都是坏值，应剔除掉。

在测量中，若一组等精度测量值中的某值与其他值相差很大，找一下原因，判断是否是粗差引起的。如肯定，则将其剔除；若找不出原因，或无法肯定，则先算出所有测量值（包括可疑坏值）的标准差，然后用大于等于 $|3\sigma|$ 法判断给予剔除。用剩余的数据重新计算 σ，再进行检验，直到没有坏值，这时才能计算、分析测量结果。当怀疑有坏值时要多测几个数据。

例 3.1 对液体温度作多次等精度测量，测量值为 20.42，20.43，20.40，20.43，20.42，20.43，20.39，20.30，20.40，20.43，20.42，20.41，20.39，20.39，20.40。试用 3σ 准则检验该测量列中是否有坏值，并计算检验后的平均值及标准差，写出测量结果表达式。

解 将数据和处理过程列表 3.2。

表 3.2 数据和处理过程表

i	t/℃	$\lvert\delta x\rvert$/℃
1	20.42	0.016
2	20.43	0.026
3	20.40	0.004
4	20.43	0.026
5	20.42	0.016
6	20.43	0.026

续表

i	t/℃	$\lvert\delta x\rvert$/℃
7	20.39	0.014
8	20.30	0.104
9	20.40	0.004
10	20.43	0.026
11	20.42	0.016
12	20.41	0.006
13	20.39	0.014
14	20.39	0.014
15	20.40	0.004
平均值	20.404	

在表中，计算的中间过程可以多取一位。

计算测量列的标准差：$\sigma=0.03$℃，$3\sigma=0.09$℃。

判断和剔除：$i=8$ 时的 $\lvert\delta x\rvert=0.104\geqslant 3\sigma$，所以 $t=20.30$℃ 是坏值，予以剔除。

剔除后 $\bar{t}=20.411$℃，$\sigma=0.016$℃，$\sigma_{\bar{t}}=0.004$℃。测量结果表达式为

$$t=(20.411\pm 0.004)\text{℃}$$

3.1.3　测量结果的评价

(1) 准确度。准确度表示测量值偏离真值的程度，反映系统误差的影响。

(2) 精密度。精密度表示测量值的分散程度，反映随机误差的影响。

(3) 精确度。精确度表示测量值的重复性以及和真值的偏离度，反映系统误差和随机误差的共同影响。如图 3.5 所示，图(a) 表示准确度低，精密度高；图(b) 表示准确度高，精密度低；图(c) 表示精确度高，既准确又精密。在科学实验和测量中，人们希望得到精确度高的测量结果。

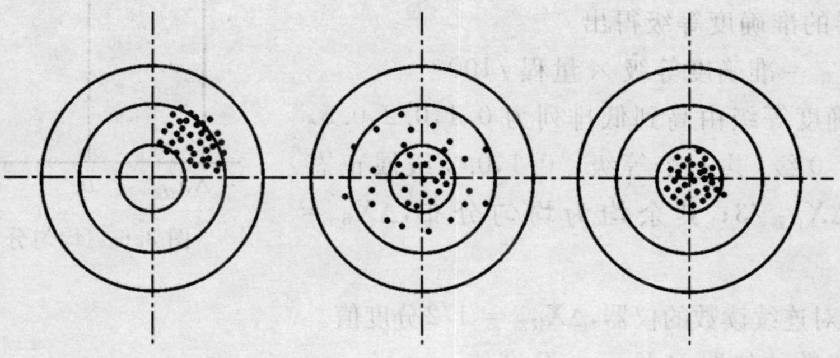

图 3.5　准确度、精密度、精确度示意图

3.2 不确定度

3.2.1 不确定度的定义

不确定度是由于测量误差的存在而造成对被测量值不能确定的程度，用符号 ΔX 表示。

测量结果不确定度不能与测量误差混为一谈。测量误差是被测量的真值与所引用的测量结果之差，显然是未知的。测量的不确定度表示由于测量误差的存在，被测量值不能确定的程度，它是未知的误差的可能数值，是作为一种估计值，用来表述一种客观存在的可能性。在实际工作中遇到的几乎都是不确定度的问题。

测量结果的不确定度一般包含几个分量，按其数值的评定方法，这些分量可归纳为两类：符合统计规律的，称为A类不确定度，记为 ΔX_A；而不符合统计规律的称为B类不确定度，记为 ΔX_B。

一般将不确定度表示为

$$\Delta X = \sqrt{\Delta X_A^2 + \Delta X_B^2} \tag{3.10}$$

相对不确定度表示为

$$E_x = \frac{\Delta X}{X} \times 100\% \tag{3.11}$$

3.2.2 仪器的不确定度

仪器是产品，作为一个结果，它的不可靠量值应该是不确定度 $\Delta X_{仪器}$（以前称仪器误差）。在测量中产生未定系统误差，该误差大多服从均匀分布，如图3.6所示，即误差大小和符号的概率均相等。

仪器不确定度 $\Delta X_{仪器}$ 合成到测量结果的不确定度中为B类分量，即

$$\Delta X_{仪器} = \Delta X_{仪器} / \sqrt{3} \quad (P = 0.683) \tag{3.12}$$

仪器不确定度由以下方式获得。

(1) 由仪器或说明书中给出；

(2) 由仪器的准确度等级得出

$\Delta X_{仪器}$ = 准确度等级 × 量程 /100

仪器的准确度等级由高到低排列为0.1，0.2，0.5，1.0，1.5，2.5，5.0级，共七个等级。0.1，0.2级属正态分布，$\Delta X_B = \Delta X_{仪器}/3$；其余均为均匀分布，$\Delta X_B = \Delta X_{仪器}/\sqrt{3}$。

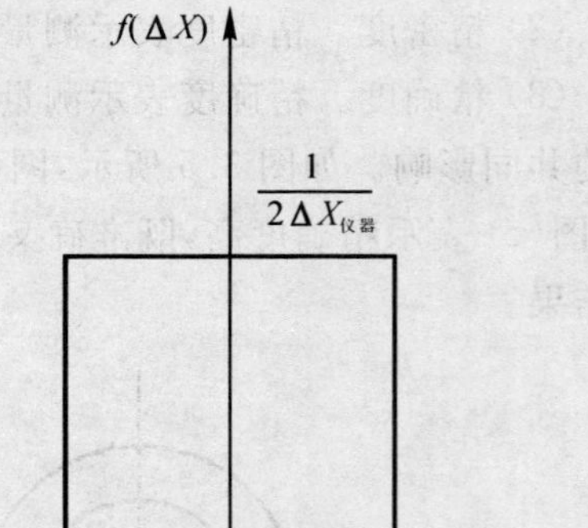

图3.6 均匀分布示意图

(3) 估计。对连续读数的仪器，$\Delta X_{仪器} = 1/2$分度值。

对非连续读数的仪器，$\Delta X_{仪器}$ = 分度值。

对数字式仪表，$\Delta X_{仪器}$ 取末位 ±1 或 ±2。

注：分度值就是仪器最小测量单位的量值。如米尺的分度值是1 mm，JJY分光计的分度值是1′。

3.3 测量结果和不确定度的确定

3.3.1 单次测量

通常都要进行重复多次测量，以便于提高测量精度。在某些精度要求不高或条件不许可的情况下，只需要进行单次测量。在实验中，先重复性测量 3 次，如果测量值相等，说明测一次就行了。测量结果和不确定度如下：

测量结果：

$$x_1$$

不确定度：

$$\Delta X_{\mathrm{B}}=\Delta X_{仪器}/\sqrt{3}\quad（实验中的系统误差均是均匀分布）$$

3.3.2 多次测量

一般选取测量次数 $n\geqslant 6$，以便于满足 $\sigma\approx S$，简化标准差的计算。数据处理前应该消除掉可定系统误差和剔除掉粗大误差，再进行下面的分析计算：

测量结果：

$$\bar{x}=\frac{1}{n}=\sum_{i=1}^{n}x_i$$

不确定度：

$$\Delta X=\sqrt{\Delta X_{\mathrm{A}}^2+\Delta X_{\mathrm{B}}^2}=\sqrt{(\sigma_x)^2+(\frac{\Delta X_{仪器}}{\sqrt{3}})^2}\tag{3.13}$$

3.3.3 间接测量

间接测量值是把直接测量的结果带入函数关系式（即测量公式）计算而得到的。由于直接测量有误差，导致间接测量也有误差。间接测量结果的不确定度取决于直接测量结果的不确定度和测量公式的具体形式，分析如下：

被测量的函数关系式为

$$y=f(x_1,x_2,\cdots,x_n),x_1,x_2,\cdots,x_n\ 为各自独立的直接测量量$$

测量结果为

$$\bar{y}=f(\bar{x}_1,\bar{x}_2,\cdots,\bar{x}_n)$$

不确定度：对被测量的函数关系式进行全微分，求出结果的不确定度。为使微分简化，可具体分为两种形式表示。

(1) 当测量公式为和差形式时

$$y=f(x_1\pm x_2\pm\cdots\pm x_n)$$

直接微分为

$$\mathrm{d}y=\frac{\partial f}{\partial x_1}\mathrm{d}x_1\pm\frac{\partial f}{\partial x_2}\mathrm{d}x_2\pm\cdots\pm\frac{\partial f}{\partial x_n}\mathrm{d}x_n$$

不确定度为

$$\Delta Y=\sqrt{\left(\frac{\partial f}{\partial x_1}\Delta x_1\right)^2+\left(\frac{\partial f}{\partial x_2}\Delta x_2\right)^2+\cdots\left(\frac{\partial f}{\partial x_n}\Delta x_n\right)^2}=\sqrt{\sum_{i=1}^{n}\left(\frac{\partial f}{\partial x_i}\Delta x_i\right)^2}\tag{3.14}$$

例 3.2 求 $Y=3A-B$ 的不确定度表达式。

解 微分为

$$dY=3dA-dB$$

用不确定度符号代替微分符号，即

$$\Delta Y=\sqrt{9(\Delta A)^2+(\Delta B)^2}$$

(2) 当测量公式为乘除、指数等形式时

$$y=f(x_1,x_2,\cdots,x_n)$$

先取对数，再微分求相对不确定度$\frac{\Delta Y}{Y}$，有

$$\ln Y=f(\ln x_1\pm\ln x_2\pm\cdots\pm\ln x_n)$$

$$\frac{dY}{Y}=\frac{\partial\ln f}{\partial x_1}dx_1\pm\frac{\partial\ln f}{\partial x_2}dx_2\pm\cdots\pm\frac{\partial\ln f}{\partial x_n}dx_n$$

$$\frac{\Delta Y}{Y}=\sqrt{\left(\frac{\partial\ln f}{\partial x_1}\Delta x_1\right)^2+\left(\frac{\partial\ln f}{\partial x_2}\Delta x_2\right)^2+\cdots+\left(\frac{\partial\ln f}{\partial x_n}\Delta x_n\right)^2}=\sqrt{\sum_{i=1}^{n}\left(\frac{\partial\ln f}{\partial x_i}\Delta x_i\right)^2}\tag{3.15}$$

例 3.3 求 $Y=3A/B^5$ 的不确定度表达式。

解 对上式取对数为

$$\ln Y=\ln 3+\ln A-5\ln B$$

其微分为

$$\frac{dY}{Y}=\frac{dA}{A}-5\times\frac{dB}{B}$$

用不确定度号代替微分号，即

$$\frac{\Delta Y}{Y}=\sqrt{\left(\frac{\Delta A}{A}\right)^2+25\times\left(\frac{\Delta B}{B}\right)^2}$$

常用函数的不确定度关系式见表 3.3。

表 3.3 常用函数的不确定度关系式

函数	不确定度关系式
$Y=A\pm B$	$\Delta Y=\sqrt{(\Delta A)^2+(\Delta B)^2}$
$Y=AB$ 或 $Y=A/B$	$\frac{\Delta Y}{Y}=\sqrt{\left(\frac{\Delta A}{A}\right)^2+\left(\frac{\Delta B}{B}\right)^2}$
$Y=kA$	$\Delta Y=k\Delta A$
$Y=A^kB^m/C^n$	$\frac{\Delta Y}{Y}=\sqrt{\left(k\frac{\Delta A}{A}\right)^2+\left(m\frac{\Delta B}{B}\right)^2+\left(n\frac{\Delta C}{C}\right)^2}$
$Y=\sqrt[n]{A}$	$\frac{\Delta Y}{Y}=\frac{1}{n}\frac{\Delta A}{A}$
$Y=\ln A$	$\Delta Y=\frac{\Delta A}{A}$
$Y=\sin A$	$\Delta Y=\lvert\cos A\rvert\Delta A$

例 3.4　用一级螺旋测微计（$\Delta X_{仪器}=\pm 0.004\ \text{mm}$）对一钢丝直径 d 进行 6 次测量，测量值见表 3.4。螺旋测微计的零位计数为 $-0.008\ \text{mm}$，要求进行数据处理，写出测量结果。

解　测量数据及处理如表 3.4 所示。

表 3.4　数据和处理过程表

i	1	2	3	4	5	6
d/mm	2.125	2.131	2.121	2.127	2.124	2.126
$\bar{d}_{(0)}$/mm	2.126					
δd/mm	0.001	0.005	0.005	0.001	0.002	0

消除可定系统误差后的平均值为

$$\bar{d}=\bar{d}_{(0)}-d_0=2.134\ \text{mm}$$

A 类不确定度：

测量列的标准差为

$$\sigma=\sqrt{\frac{1}{6-1}\sum_{i=1}^{6}(\delta d)^2}=0.003\ 3\ \text{mm}\qquad(n\geqslant 6)$$

$3\sigma=0.01\ \text{mm}$，经检查测量列中无坏值。

平均值的标准差为

$$\sigma_{\bar{d}}=\frac{\sigma}{\sqrt{6}}=0.001\ \text{mm}$$

$$\Delta X_A=\sigma_{\bar{d}}=0.001\ \text{mm}$$

B 类不确定度：

仪器不确定度为

$$\Delta_{仪器}=0.004\ \text{mm}$$

$$\Delta X_{\text{B}}=\Delta X_{仪器}/\sqrt{3}=\frac{0.004}{\sqrt{3}}\ \text{mm}$$

不确定度为

$$\Delta d=\sqrt{0.001^2+\frac{0.004^2}{3}}=0.002\ \text{mm}$$

相对不确定度为

$$\frac{\Delta d}{d}=\frac{0.002}{2.134}=0.094\%$$

测量结果为

$$d=(2.134\pm 0.002)\ \text{mm}\qquad(P=0.683)$$

$$\frac{\Delta d}{d}=0.094\%$$

3.4　有 效 数 字

有效数字是测量和处理数据的位数法则，位数的多少可以定性表征仪器和测量的精度高低，位数不能随意丢弃或增添。

3.4.1　有效数字的定义

从左端第一个非零数字到右端含一位欠准位的所有数字均为有效数字。如 0.030 50 是 4 位有效数字。

在直接测量中，数据记录到误差发生位，即估读位，如图 3.7 所示。$L_1 = 5.2$ cm，$L_2 = 5.18$ cm。

如图 3.8 所示，若是整刻度，则估读为 0，其读数为

正确　　　　$L = 90.70$ cm，　$E = 0.055\%$

错误　　　　$L = 90.7$ cm，　$E = 0.55\%$

在数据处理中，ΔX 取 1 位，$\Delta X/X$ 取 1 ～ 2 位有效数字，计算的中间过程数值的有效位数可以多取 1 位；测量结果的表达式为测量值的有效末位与 ΔX 取齐。

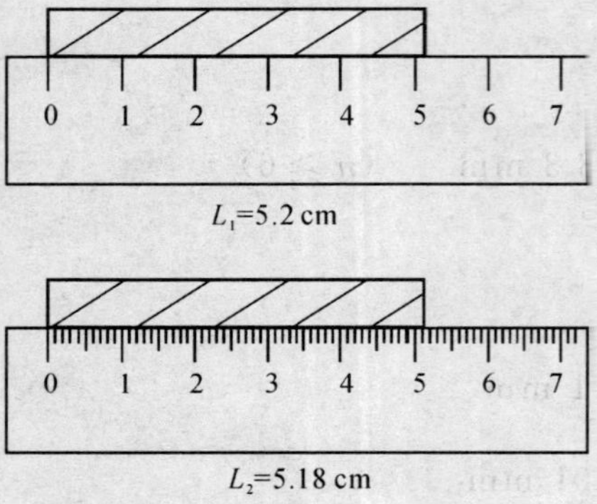

图 3.7　读数示例

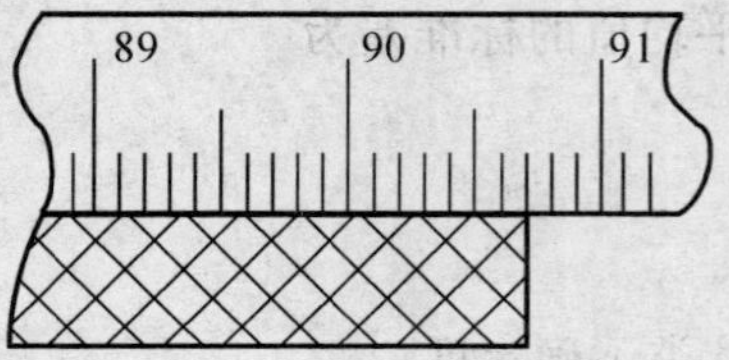

图 3.8　读数示例

例 3.5　已知直接测量 L 的平均值 $\bar{L} = 98.36$ cm，绝对误差 $\Delta L = 0.57$ cm，请写出测量结果的表达式。

解　$L = \bar{L} \pm \Delta L = (98.4 \pm 0.6)$ cm。

3.4.2　有效数字的运算

1. 四舍五入修约法

四舍五入修约法即尾数小于 5 舍，大于 5 进，等于 5 将有效末位数字凑成偶数。所谓尾数就是有效位后面的数字。例如，下面例子中带下画线的数字，在舍取的过程中称为尾数。注意四舍五入修约法的运用：

$0.502\,\underline{501}$		0.503
$0.502\,\underline{499}$		0.502
$0.502\,\underline{5}$	均保留 3 位有效数字 →	0.502
$0.501\,\underline{5}$		0.502
$0.510\,\underline{5}$		0.510

2. 有效数字的四则运算

(1) 加减法。由误差传递公式可知，和或差的绝对误差总是大于或至少约等于最大的分

误差。因此，加减运算对应以末位最高的那个数据的尾数为准，运算过程中其余各量的尾数均比它再低一位，结果的尾数则与它取齐。把它简记为加减运算采取“尾数取齐”的法则。

例 3.6 已知 $w=a+b+c-d$，且 $a=38.206$，$b=13.248$，$c=161.2$，$d=1.3242$，求 w 的值。

解 显然，在 a,b,c,d 中，c 之绝对误差最大，且知其尾数在十分位，计算时均将其余三数保留至百分位即可，于是有

$$w=38.21+13.25+161.2-1.32=211.34=211.3$$

若以计算器计算，其他数据均不舍入，亦可得到同样结果：$w=211.3298=211.3$。

(2) 乘除法。由误差传递公式可知，乘除法的相对误差总是大于或至少等于各分量中最大的相对误差，而测量值相对误差的大小即可大体上决定测量值的有效数字位数。因此，乘除运算时以各测量值中有效数字位数最少的为准，运算过程中其余各量的位数均比它多 1 位，运算结果则可与它保留相同位数，或多保留 1 位。考虑到绝对误差首数小于 3 时取两位的规定，加之相对误差与有效数字位数的对应关系是大体上的，并不十分确定，因此，为慎重起见，人们规定，乘除运算的结果应比参与运算的分量中有效数字位数少的测量值多取 1 位。把它简记为乘除运算采取“多取 1 位”的法则。最后再与误差的尾数取齐。

例 3.7 已知 $w=ab/c$，且 $a=562.312$，$b=1.21$，$c=232.23$，求 w 的值。

解 a,b,c 三数中，b 之位数最少，有三位，因此，a 及 c 在运算时均可取四位，即

$$w=562.3\times1.21/232.2=680.4/232.2=2.930$$

(3) 四则混合运算应按照运算顺序，先确定括号内计算结果的位数(包括繁分数的分子或分母)，然后确定乘除运算结果的位数，最后确定括号外加减运算结果的位数。

3. 有效数字的函数运算法则

对于三角函数、开方运算、对数函数及指数函数等函数运算，一般必须先根据误差传递公式求出误差，然后由误差大小决定运算结果的有效数字位数。现举例说明如下。

(1) 三角函数。

例 3.8 已知 $w=\sin x$，且 $x=18°30'\pm10'$，求 w 的值。

解 因为 $$\Delta w=\cos x\cdot\Delta x=0.94832\times0.0029=0.0028$$

所以 $$w=\sin 18°30'=0.31730=0.3173$$

由误差可知，w 应取 3 位有效数字，并保留 1 个参考位。

(2) 开方运算。

例 3.9 已知 $w=x^{1/n}$，且 $x=8.35\pm0.05$，$n=12$ 为常数，求 w 的值。

解 因为 $$\Delta w=\frac{x^{1/n-1}}{n},\quad \Delta x=\frac{8.35^{\frac{1}{12-1}}}{12}\times0.05=0.0006$$

所以 $$w=8.35^{1/12}=1.19346=1.1935$$

可见，w 应取五位有效数字。

(3) 对数函数。由误差传递公式可以推知，x 的对数 $\ln x$ 或 $\lg x$ 的有效数字位数可以这样确定：其小数点以后所保留的位数应与真数 x 的有效数字位数相同或多 1 位。例如，$\ln 85.2=4.445$，小数点后 3 位，有效数字 4 位；$\lg 9.6=0.982$，小数点后 3 位(比 9.6 多 1 位)，有效数字亦 3 位。

(4) 指数函数。由误差传递公式可知，指数函数 e^x 及10^x 的有效数字位数可以这样确定：当把运算结果写成科学表达式时，a 的尾数与 x 的尾数取齐即可。例如，$e^{0.002\,15}=1.008\,18$；$10^{3.16}=1.45\times10^5$ 等。

有效数字运算中应注意以下事项。

1) 物理公式中的数值，不是由实验测量出的，例如，圆柱体的体积公式 $V=\frac{1}{4}\pi d^2 l$ 中的 1/4 不是测量值，在确定 V 的有效字位数时不必考虑 1/4 的位数。

2) 当一切近似常数(如：$\sqrt{2}$，1/3，π，e 等)与测量值一起运算时，为了防止引入计算误差，一般应比测量值多取 1～2 位数字。

3) 首位是 8 或 9 的 m 位数值的相对误差和首位数是 1 的 $m+1$ 位数值的相对误差相似，因此，在乘除运算中，当计数有效数字位数时，对首位数是 8 或 9 的可多算 1 位。

例如，$9.81\times16.24=159.3$，按 9.81 是 3 位有效数字，结果应取 159，但因为 9.81 的首位数是 9，可将 9.81 算作 4 位数，所以结果取 159.3。

4) 当有多个数值参加运算时，在运算中应比有效数字运算规则规定的多保留 1 位，以防止由于多次取舍引入计算误差，但最后结果仍应按有效数字运算规则取舍。例如

$$3.144\times(3.615^2-2.684)\times12.39=3.144\times(13.068-7.203\,9)\times12.39=$$
$$3.144\times5.864\times12.39=228.43$$

3.4.3 科学计数法

科学计数法即数值部分用有效数字(小数点前只有1位数)表示，数量级用10^n 表示。如果测量结果的数值很大或很小，则应该用科学计数法表示。例如光速写为 $c=2.998\times10^8$ m/s。

在单位变换或一般表达式变换为科学计数法时，有效位数不能改变！

3.4.4 测量结果的表示

做完一个实验，不仅要依据物理量之间的函数关系计算出间接测量量的值，同时还必须给出相应的不确定度、单位和置信概率。测量结果的有效位数取决于测量结果的不确定度，即

$$Y=\bar{Y}\pm\Delta Y=\underline{\qquad\qquad}\times10^n$$

$$E_Y=\frac{\Delta Y}{Y}\times100\%$$

对测量结果的表示，一般作以下规定。

(1) 如果直接测量结果是最终结果，不确定度用一位或二位数字表示均可。如果是作为间接测量的一个中间结果，不确定度最好用两位数。相对不确定度一律用两位数的百分数表示。

(2) 当不确定度值截断时，采取“不舍只入”的办法，以保证其置信概率水平不降低。例如，计算得到不确定度为 0.241 2，截取两位数为 0.25，截取一位数为 0.3。

(3) 测量结果的最末位以保留的不确定度末位相对齐来确定并截断。测量值的截断采取通常的尾数舍入规则。例如，某测量数据计算的平均值为 1.839 49 m，其标准不确定度计算得 0.013 47 m，则测量结果表示为

$$x=(1.835\pm0.014)\ \text{m},\qquad E_x=0.77\%$$

或

$$x=(1.84\pm0.02)\ \text{m},\qquad E_x=1.1\%$$

3.5 数据处理方法

3.5.1 列表法

将记录的数据和处理过程以表格的形式表示。

列表要求如下。

(1) 表的名称写在表格上方居中。

(2) 在表中各行或列的标题栏内，标明物理量的名称、符号和单位。公因子和幂提至标题栏内。

(3) 按递增或递减的规律将数据及处理过程列在表中，应能反映各量之间的函数关系。

(4) 表中数据应按有效数字法则记录。

3.5.2 作图法

将物理量之间的关系在坐标纸上以曲线形式表示出来，这种数据处理的方法称作图法。若用这种方法作的直线表示数据取平均，还可以从图中求得物理量；若要将非线性测量公式作成直线，可进行变量代换，之后再作图，即曲线改直线。作图用纸有直角坐标纸、对数坐标纸、半对数坐标纸、极坐标纸、指数坐标纸，大学实验中大多采用直角坐标纸。

作图规则如下：

选纸。纸的大小以误差位能在图上估读出为依据。

定轴。一般设变量为纵坐标轴，自变量为横坐标轴。在坐标轴的始端标出物理量的符号和单位。

分度。用容易读数的 1,2,5 给坐标轴分度，并且以有效位数均匀标写分度值；原点可以不从 0 开始，使所作直线与两轴约为 45°，并居中充满图纸。

描点。用细铅笔，以 ×，○，△ 等一种小符号标出测量点。

连线。用细铅笔连线。作直线时应通过大部分测量点，未通过的点均匀分布在直线两侧；当作校正曲线时，为每两相邻点连成直线(即作折线)；作曲线时，要用曲线板连成光滑曲线。

求斜率。计算斜率取点时要用区别于描点所用符号以示区别，而且尽可能靠近最大和最小测量数据点。

标图名。图名标在图的上方或下方。

例 3.10 在灵敏电流计的研究实验中，求灵敏电流计的电流常数和内阻的测量公式为 $R_2=\dfrac{R_s}{K_iR_1d}U-R_g$，测量数据如表 3.5 所示。试用作图法求电流计的电流常数 K_i 和内阻 R_g，写出测量结果。

表 3.5 测量数据表

$R_s=0.100\ \Omega, R_1=4\ 350.0\ \Omega, d=40.0\ \text{mm}$

R_2/Ω	400.0	350.0	300.0	250.0	200.0	150.0	100.0	50.0
U/V	2.82	2.49	2.15	1.82	1.51	1.18	0.84	0.56

解 根据实验数据，作 R_2-U 曲线如图 3.9 所示。

在直线上取两点 $A(0.60,60.0)$，$B(2.60,368.0)$，将常数代入测量公式。则电流常数为

$$K_i=\frac{R_s}{R_1 d}\frac{\Delta U}{\Delta R_2}=\frac{0.100}{4350.0\times 40.0}\times\frac{2.60-0.60}{368.0-60.0}=3.73\times 10^{-9}\ \text{A/mm}$$

电流计内阻为

$$R_g=36.0\ \Omega\quad(\text{纵轴的截距})$$

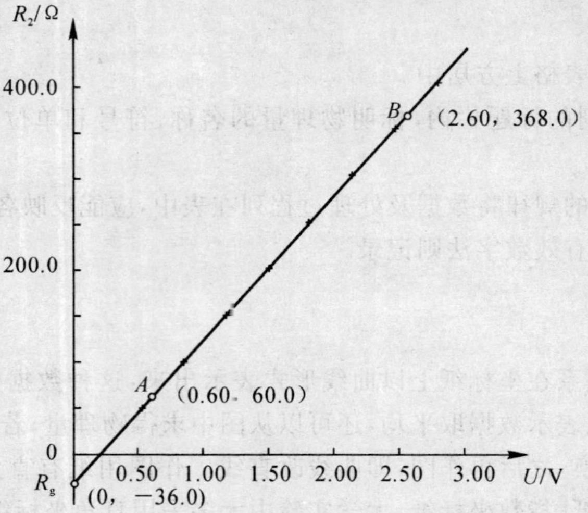

图 3.9 R_2-U 曲线图

3.5.3 逐差法

1. 适用条件

(1) 一元函数多项式

$$y=a_0+a_1x+a_2x^2+\cdots$$

(2) 自变量连续等值变化。

2. 两种方法

(1) 逐项逐差法。自变量等值变化，测得一组数据 $y_1,y_2,\cdots$ 用数据项的后项减前项，用来验证多项式。

一次逐项逐差：$y_i+1-y_i=(\delta y)_i$ 为常数是一次函数；若一次逐差不为常数，可再进行二次逐项逐差。

二次逐项逐差：$(\delta y)_{i+1}-(\delta y)_i=\delta(\delta y)_i$ 为常数是二次函数。

(2) 隔项逐差法。自变量等值变化测得偶数个值，如 $y_1,y_2,\cdots,y_8$。将所测数据从中间一分为二成两半，然后两半的对应项相减得 $y_{i-4}-y_i(\delta y)_i$，再求出平均值。此法用来求物理量，仅用于线性关系。

例 3.11 表 3.6 列出了在杨氏模量实验中，钢丝承受砝码(自变量)连续等值 1 000 g 变化时，其伸长放大量 n_i 以及隔项逐差的值 $(\delta n)_i$。试用该法计算钢丝每承受 1 000 g 载荷时的平均伸长放大量 $\overline{\delta n}$。

表 3.6　数据表

i	1	2	3	4	5	6	7	8
m_i/g	1 000	2 000	3 000	4 000	5 000	6 000	7 000	8 000
n_i/cm	1.42	3.15	4.75	6.35	7.88	9.46	10.94	12.45
$(\delta n)_i = n_{i+4} - n_i$/cm	6.46	6.31	6.19	6.10				

解

$$\overline{\delta n} = \frac{(n_5 - n_1) + (n_6 - n_2) + (n_7 - n_3) + (n_8 - n_4)}{4 \times 4} =$$

$$\frac{6.46 + 6.31 + 6.19 + 6.10}{16} = 1.57 \text{ cm}$$

该方法的优点是充分利用了测量数据。对自变量等值变化的测量数据，若用算术平均值公式 $\bar{x} = \frac{1}{n}\sum_{i=1}^{n} x_i$ 计算测量结果，在本例中是每后项减前项，结果只用了 n_1 和 n_8 两个数据，其余数据均在数据处理中丢失：

$$\overline{\delta n} = \frac{(n_2 - n_1) + (n_3 - n_2) + (n_4 - n_3) + (n_5 - n_4) + (n_6 - n_5) + (n_7 - n_6) + (n_8 - n_7)}{7} =$$

$$\frac{n_8 - n_1}{7}$$

3.5.4　最小二乘法线性拟合

用作图法求出直线的斜率 a 和截距 b，可以确定这条直线所对应的经验公式。但当用作图法拟合直线时，由于作图连线有较大的随意性，尤其当测量数据比较分散时，对同一组测量数据，不同的人去处理，所得结果有差异，因此，这是一种粗略的数据处理方法，求出的 a 和 b 误差较大。用最小二乘法拟合直线，处理数据时任何人去处理同一组数据，只要处理过程没有错误，得到的斜率 a 和截距 b 就是唯一的。

最小二乘法就是将一组符合 $Y = a + bX$ 关系的测量数据，用计算的方法求出最佳的 a 和 b。显然，该问题的关键是如何求出最佳的 a 和 b。

1. 求回归直线

设直线方程为

$$y = a + bx \tag{3.16}$$

要根据测量数据求出最佳的 a 和 b。对满足线性关系的一组等精度测量数据 (x_i, y_i)，假定自变量 x_i 的误差可以忽略，则在同一 x 下，测量点 y_i 和直线上的点的偏差为

$$\begin{cases} d_1 = y_1 - a - bx_1 \\ d_2 = y_2 - a - bx_2 \\ \vdots \\ d_n = y_n - a - bx_n \end{cases}$$

显然最好测量点都在直线上（即 $d_1 = d_2 = \cdots = d_n = 0$），这时求出的 a 和 b 是最理想的，但测量点不可能都在直线上，这样只有考虑 $d_1, d_2, \cdots, d_n$ 为最小，也就是考虑 $d_1 + d_2 + \cdots + d_n$ 为最小，但因 $d_1, d_2, \cdots, d_n$ 有正有负，加起来可能相互抵消，因此不可取；而 $|d_1| + |d_2| + \cdots + |d_n|$

又不好解方程，因而不可行。现在采取一种等效方法，当 $d_1{}^2 + d_2{}^2 + \cdots + d_n{}^2$ 对 a 和 b 为最小时，$d_1, d_2, \cdots, d_n$ 也为最小。取 $d_1{}^2 + d_2{}^2 + \cdots + d_n{}^2$ 为最小值，求 a 和 b 的方法叫最小二乘法。令

$$D = \sum_{i=1}^{n} d_i^2 = \sum_{i=1}^{n} (y_i - a - bx_i)^2 \tag{3.17}$$

D 对 a 和 b 分别求一阶偏导数为

$$\frac{\partial D}{\partial a} = -2\left(\sum_{i=1}^{n} y_i - na - b\sum_{i=1}^{n} x_i\right)$$

$$\frac{\partial D}{\partial b} = -2\left(\sum_{i=1}^{n} x_i y_i - a\sum_{i=1}^{n} x_i - b\sum_{i=1}^{n} x_i^2\right)$$

再求二阶偏导数为

$$\frac{\partial^2 D}{\partial a^2} = 2n, \quad \frac{\partial^2 D}{\partial b^2} = 2\sum_{i=1}^{n} x_i^2$$

显然

$$\frac{\partial^2 D}{\partial a^2} = 2n \geqslant 0, \quad \frac{\partial^2 D}{\partial b^2} = 2\sum_{i=1}^{n} x_i^2 \geqslant 0$$

满足最小值条件，令一阶偏导数为零，即

$$\sum_{i=1}^{n} y_i - na - b\sum_{i=1}^{n} x_i = 0 \tag{3.18}$$

$$\sum_{i=1}^{n} x_i y_i - a\sum_{i=1}^{n} x_i - b\sum_{i=1}^{n} x_i^2 = 0 \tag{3.19}$$

引入平均，即

$$\bar{x} = \frac{1}{n}\sum_{i=1}^{n} x_i, \quad \bar{y} = \frac{1}{n}\sum_{i=1}^{n} y_i, \quad \overline{x^2} = \frac{1}{n}\sum_{i=1}^{n} x_i^2, \quad \overline{xy} = \frac{1}{n}\sum_{i=1}^{n} x_i y_i$$

则

$$\bar{y} a b \bar{x} = 0, \quad \overline{xy} a \bar{x} b \overline{x^2} = 0$$

解得

$$a = \bar{y} b \bar{x} \tag{3.20}$$

$$b = \frac{\overline{xy} - \bar{x}\bar{y}}{\overline{x^2} - \bar{x}^2} \tag{3.21}$$

将 a, b 值带入线性方程 $y = a + bx$，即得回归直线。

2. y, a, b 的标准差

在最小二乘法中，假定自变量误差可以忽略不计，是为了方便推导回归方程。操作中函数的误差大于自变量的误差即可认为满足假定。实际上两者均是变量，都有误差，从而导致结果 y, a, b 的标准差（$n \geqslant 6$）为

$$\sigma_y = \sqrt{\frac{\sum_{i=1}^{n} d_i^2}{n-2}} = \sqrt{\frac{\sum_{i=1}^{n} (y_i - bx_i - a)^2}{n-2}} \tag{3.22}$$

（根式的分母为 $n-2$，是因为有两个变量）

$$\sigma_a = \sqrt{\frac{\sum_{i=1}^{n} x_i^2}{n\sum_{i=1}^{n} x_i^2 - (\sum_{i=1}^{n} x_i)^2}}\sigma_y = \sqrt{\frac{\overline{x^2}}{n(\overline{x^2} - \bar{x}^2)}}\sigma_y \tag{3.23}$$

$$\sigma_b = \sqrt{\frac{n}{n\sum_{i=1}^{n} x_i^2 - (\sum_{i=1}^{n} x_i)^2}}\sigma_y = \sqrt{\frac{1}{n(\overline{x^2} - \bar{x}^2)}}\sigma_y \tag{3.24}$$

3. 相关系数

相关系数是衡量一组测量数据 x_i, y_i 线性相关程度的参量，其定义为

$$r = \frac{\overline{xy} - \bar{x}\bar{y}}{\sqrt{(\overline{x^2} - \bar{x}^2)(\overline{y^2} - \bar{y}^2)}} \tag{3.25}$$

r 值在 $0 < |r| \leqslant 1$ 中。$|r|$ 越接近于 1，x, y 之间线性越好；r 为正，直线斜率为正，称为正相关；r 为负，直线斜率为负，称为负相关。$|r|$ 接近于 0，测量数据点分散或 x_i, y_i 之间为非线性。不论测量数据好坏都能求出 a 和 b，必须有一种判断测量数据好坏的方法，用来判断什么样的测量数据不宜拟合，判断的方法是当 $|r| < r_0$ 时，测量数据是非线性的，r_0 称为相关系数的起码值，与测量次数 n 有关，见表 3.7。

表 3.7　相关系数起码值 r_0

n	r_0	n	r_0	n	r_0
3	1.000	9	0.798	15	0.641
4	0.990	10	0.765	16	0.623
5	0.959	11	0.735	17	0.606
6	0.917	12	0.708	18	0.590
7	0.874	13	0.684	19	0.575
8	0.834	14	0.661	20	0.561

在进行一元线性回归之前应先求出 r 值，再与 r_0 比较，若 $|r| > r_0$，则 x 和 y 具有线性关系，可求回归直线；否则反之。

例 3.12　灵敏电流计的电流常数 K_i 和内阻 R_g 的测量公式为 $R_2 = \frac{R_s}{K_i R_1 d}U - R_g$，测得的数据及其中间处理见表 3.8，要求用最小二乘法求出 K_i 和 R_g，并写出回归方程的表达式。

表 3.8　测量数据表

$R_s = 0.100\ \Omega$，　$R_1 = 4\ 350.0\ \Omega$，　$d = 40.0\ \text{mm}$

i	1	2	3	4	5	6	7	8	平均值
R_2/Ω	400.0	350.0	300.0	250.0	200.0	150.0	100.0	50.0	225.0
U/V	2.82	2.49	2.15	1.82	1.51	1.18	0.84	0.56	1.671 25
$R_2^2/(10^4\,\Omega^2)$	16.00	12.25	9.000	6.250	4.000	2.250	1.000	0.250	6.375
U^2/V^2	7.95	6.20	4.62	3.31	2.28	1.39	0.71	0.31	3.346 25
$R_2U/(10^2\,\Omega\cdot\text{V})$	11.3	8.72	6.45	4.55	3.02	1.77	0.84	0.28	4.615 625

解 测量公式与线性议程表达式 $y=a+bx$ 比较：

$$y=R_2,\quad x=U,\quad b=\frac{R_s}{K_iR_1d},\quad a=-R_g$$

中间过程可多取位，即

$$\bar{x}=1.67125,\quad \bar{y}=225.0,\quad \overline{x^2}=3.346\,25,\quad \overline{y^2}=6.375\times10^4,\quad \overline{xy}=461.562\,5$$

相关系数为

$$r=\frac{\overline{xy}-\bar{x}\bar{y}}{\sqrt{(\overline{x^2}-\bar{x}^2)(\overline{y^2}-\bar{y}^2)}}=0.998$$

查表，当 $n=8$ 时，$r_0=0.834$，两者比较 $r>r_0$，说明 x,y(即 U,R_2）之间线性相关，可以求回归直线。

求回归方程的系数为

$$b=\frac{\overline{xy}-\bar{x}\bar{y}}{\overline{x^2}-\bar{x}^2}=154.619\,230\,4$$

$$a=\bar{y}-b\bar{x}=-33.4$$

代换得

$$R_g=-a=33.4\ \Omega$$

$$\frac{R_s}{K_iR_id}=b=154.619\,230\,4$$

$$K_i=\frac{R_s}{bR_id}=3.717\,0\times10^{-9}\ \mathrm{A/mm}$$

计算标准差为

$$\sigma_y=2.645\,619\,02,\quad \sigma_a=2.300\,545\,589,\quad \sigma_b=1.257\,626\,418$$

计算不确定度为

$$\Delta R_g=\sigma_a=2\ \Omega,\quad \frac{\Delta K_i}{K_i}=\frac{\sigma_b}{b}=0.81\%,\quad \Delta K_i=0.03\times10^{-9}\ \mathrm{A/mm}$$

测量结果表达式：

电流计内阻为

$$R_g=(33\pm2)\ \Omega,\quad \frac{\Delta R_g}{R_g}=6.1\%$$

电流常数为

$$K_i=(3.72\pm0.03)\times10^{-9}\ \mathrm{A/mm},\quad \frac{\Delta K_i}{K_i}=0.81\%$$

回归方程：

$$R_2=155U-33$$

3.5.5 利用 Origin 软件对实验数据的图线绘制和拟合

在所有的数据处理软件中，Microcal Origin 软件无疑是最受广大科技工作者的青睐的。Microcal Origin 是美国 Microcal 公司推出的基于 Windows 平台的数据分析和科技绘图软件，具有处理快速、方便易用、界面友好等优点。

在实验数据处理中，经常需要对实验数据进行图线绘制和拟合，用以描述不同变量之间的关系，找出相应函数的系数。采用手工绘图对实验数据的拟合是一个非常烦琐的过程，而Origin提供了强大的图线绘制和拟合功能，而且拟合形式多样化，包括直线拟合、多项式拟合、一阶指数增长拟合、S 拟合等，并且可对拟合结果进行分析，包括拟合的各项参数及误差等。

下面以"用非平衡电桥研究热敏电阻的温度特性"实验为例介绍利用 Origin 实现对数据计算、图线绘制和拟合的方法。

1. 绘制方法和原理

热敏电阻有正温度系数热敏电阻和负温度系数热敏电阻。负温度系数热敏电阻 R_T 随热力学温度的变化为$R_T = Ae^{B/T}$，式中 A 与 B 为常数，可见负温度系数的电阻的阻值随温度升高按指数规律下降。

为了能够更加精确地测量，可以采用将曲线化直的方法，对上式两边取对数得

$$\ln R_T = B/T + \ln A$$

即 $\ln R_T$ 与 $1/T$ 成线性关系。若通过实验测得若干个 R_T 和对应的 T 值，通过作图法可得出 A 和 B 值，并进一步求得该热敏电阻材料的激活能 E。

可以采用非平衡电桥的方法测量热敏电阻的阻值。如图 3.10 所示为非平衡电桥电路图，当电桥不平衡时，电流计有电流流过。通过基尔霍夫定律列式，最后可得

$$R_T = \frac{R_2R_3E - I_g(R_2R_3R_4 + R_gR_2R_3 + R_gR_2R_4)}{I_g(R_2R_3 + R_3R_4 + R_2R_4 + R_gR_3 + R_gR_4) + R_4E} \tag{3.26}$$

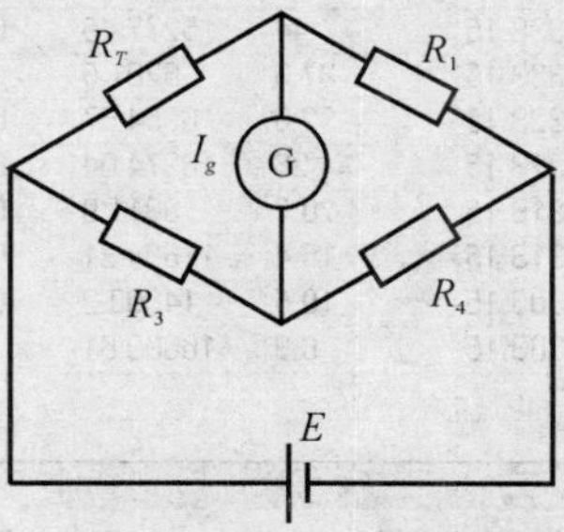

图 3.10　非平衡电桥电路图

从式(3.26)可以看出，I_g 与 R_T 以及 R_T 与 T 是一一对应的，因此，可通过测得 I_g 与 R_T 的关系来获得 R_T 与 T 的关系，即测得热敏电阻的温度特性。

2. 数据输入和计算

首先将实验数据输入到 Origin 的工作表 Worksheet 中，按其默认设置打开一工作表窗口。在本实验中，记录了 30～100℃ 每隔 5℃ 的温度 T 所对应的电流计的示数 I_g，分别将其输入至 $A(X)$ 和 $B(Y)$ 列，并重新命名为 $T(X)$ 和 $I(Y)$。由于最终要获得 R_T 与 T 的关系，因此还需通过 I_g 计算出 R_T，$\ln R_T$ 及 $1/T$。这种计算无疑是非常复杂的，可以用两种途径简单实现：一种是利用 Origin 中能方便地嵌入 Excel 工作簿，先在 Excel 利用函数计算，再导入到 Origin 中；另外一种则是直接在 Origin 中通过类似 C 语言但比 C 语言更加直观的 LabTalk 编程计算。点击 Window/Script Window，调出 LabTalk 程序窗口，在其窗口菜单 Edit 下选择 Script Execution 模式，只有在此模式下，才能执行程序。先单击右键，增加三列，并重命名为 $R(Y)$，$T'(X)$ 和 $\ln R(Y)$，在 LabTalk 程序窗口输入以下命令，命令的前列是对实验的各项参数进行说明：

R2＝22000；R3＝2700；R4＝2600；Rg＝1600；E＝1

a＝R2＊R3＊R4＋Rg＊R2＊R3＋Rg＊R2＊R4；

b＝R2＊R3＋R4＊R2＋R3＊R4＋R4＊Rg＋Rg＊R3；

Datal_R＝(R2＊R3＊E－Datal_A＊0.000001＊a)/(Datal_A＊0.000001＊b＋R4＊E)；

Datal_1nR＝ln(Datal_R)；

Datal_T′ 1/ Datal_T；

计算完毕后，从工作窗口可看到如图 3.11 所示的实验结果截屏图。

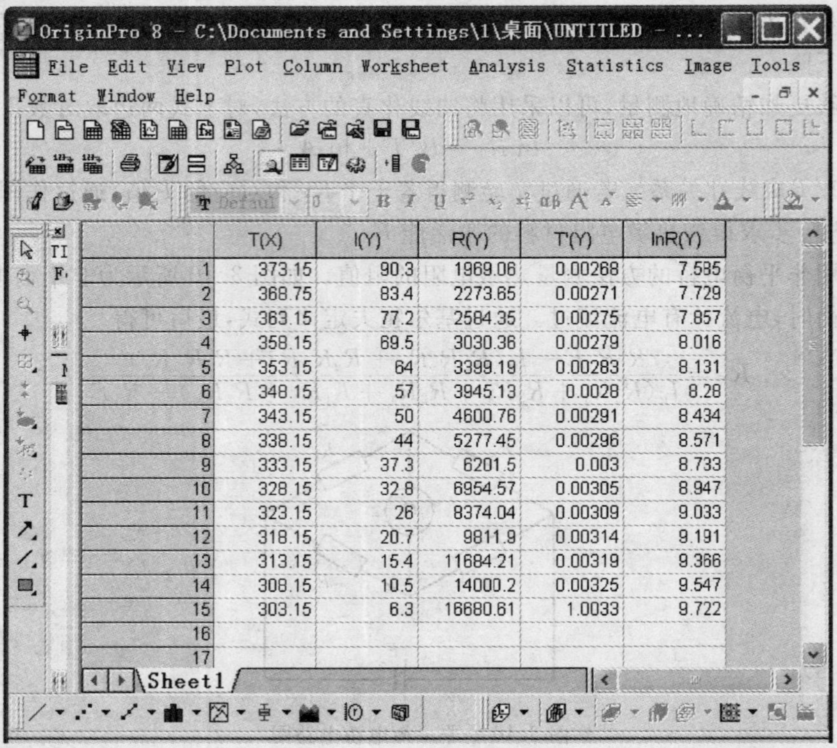

	T(X)	I(Y)	R(Y)	T'(Y)	lnR(Y)
1	373.15	90.3	1969.06	0.00268	7.585
2	368.75	83.4	2273.65	0.00271	7.729
3	363.15	77.2	2584.35	0.00275	7.857
4	358.15	69.5	3030.36	0.00279	8.016
5	353.15	64	3399.19	0.00283	8.131
6	348.15	57	3945.13	0.0028	8.28
7	343.15	50	4600.76	0.00291	8.434
8	338.15	44	5277.45	0.00296	8.571
9	333.15	37.3	6201.5	0.003	8.733
10	328.15	32.8	6954.57	0.00305	8.947
11	323.15	26	8374.04	0.00309	9.033
12	318.15	20.7	9811.9	0.00314	9.191
13	313.15	15.4	11684.21	0.00319	9.366
14	308.15	10.5	14000.2	0.00325	9.547
15	303.15	6.3	16680.61	1.0033	9.722
16					
17					

图 3.11　实验结果截屏图

3. 绘制 R_T-T 图线以及 $\ln R_T-1/T$ 图线

点击菜单 Plot 的 Scatter，在弹出的对话框中设置菜单 Plot 的 Scatter，在弹出的对话框中设置好 X 轴和 Y 轴，随即出现绘图 Graph 窗口下的数据点状分布图。当绘制 R_T-T 图线时，点击 Analysis 菜单下的 Fit Exponential Decay 中的 First Order，此时 Origin 自动调用内置的指数衰减拟合工具，数据点状分布图中新增一条拟合出来的曲线如图 3.12 所示，当绘制 $\ln R_T-1/T$ 图线时，应点击 Analysis 菜单下的 Fit Linear 进行线性拟合，拟合的直线如图3.13 所示，同时弹出结果窗口(ResultLog)显示拟合结果，包括各项参数及其不确定度，斜率为 3 415.84，截距为 －1.539，标准差为 0.014 72，从而得出 $B=3\ 415.84$，$A=e^{-1.539}=0.214\ 5$，由此也可以得出该热敏电阻的电阻随温度变化的规律为 $R_T=0.214\ 5e^{3\ 415.85/T}$，进一步可以计算出该热敏电阻的激活能为 $E=4.173\times10^{-20}$ J。

从以上例子可以看出，Origin 具有对实验数据的强大的绘图和拟合功能，而且操作非常简单，三步可以完成，按照数据输入，调用绘图窗口，点击菜单的相应拟合方式进行拟合，具有一定计算机能力的学生都能很快掌握。当然在具体的实验中，线性拟合可能会出现一些异常值，也可以根据一定的剔除法则，利用 Origin 中的 LabTalk 编程进行异常值的剔除。

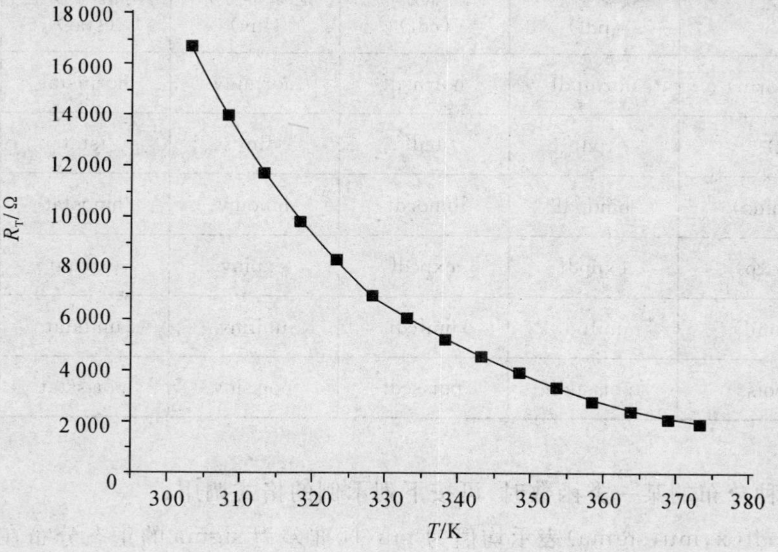

图 3.12 R_T-T 曲线

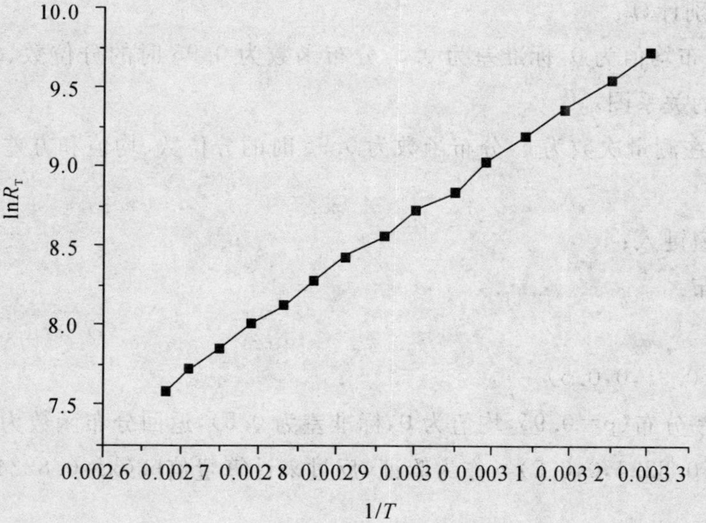

图 3.13 $\ln R_T-1/T$ 曲线

3.5.6 利用 MATLAB 软件对实验数据的处理

实验观测值具有一定的随机性，在大多数情况下，观测结果的随机性主要来源于测量的偶然误差。MATLAB 可以有效地处理这些实验数据。

1. 概率分布

MATLAB 统计工具箱中有 20 余种概率分布，表 3.9 给出常用的几种分布及相应的命令函数。

表 3.9 几种概率分布及相应的 MATLAB 命令函数

分布名称	概率密度(pdf)	概率分布(cdf)	逆概率分布(inv)	均值与方差(stat)	随机数生成(rnd)
正态分布(norm)	normpdf	normcdf	norminv	normstat	normrnd
t 分布(t)	tpdf	tcdf	tinv	tstat	trnd
二项分布(bino)	binopdf	binocdf	binoinv	binostat	binornd
指数分布(exp)	exppdf	expcdf	expinv	expstat	exprnd
均匀分布(unif)	unifpdf	unifcdf	unifinv	unifstat	unifrnd
泊松分布(poiss)	poisspdf	poisscdf	poissinv	poissstat	poissrnd

当需要一种分布的某一类函数时，可按下列示例的格式调用：

P＝normpdf(x,mu,sigma)表示均值为 mu，标准差为 sigma 的正态分布在 x 的概率密度函数。

P＝tcdf(x,n)表示 t 分布(测量次数为 n)在 x 的概率密度函数。

例 3.13 分别计算：

(1)当正态分布均值为 0，标准差为 0.5，分布函数为 0.95 时的分位数、均值和方差，并绘制概率和分位数的关系图。

(2)当 *t* 分布在测量次数为 6，分布函数为 0.95 时的分位数、均值和方差，并绘制概率和置信区间的关系图。

解 在命令窗键入：

```
%①正态分布
clear
x=norminv(0.95,0,0.5)
%计算逆概率分布(p=0.95,均值为 0,标准差为 0.5),返回分布函数为 0.95 的置信区
p=normcdf(0.8224,0,0.5)%作为验证,反过来计算置信区(x=0.8224)的分布函数值
```

返回结果：

```
x=0.8224
p=0.95000
```

结果正好是 0.95。再在命令窗中键入

```
[m,v]=normstat(0,0.5)
%计算均值 m 和方差 v
```

返回：

```
m=0
v=0.2500
```

```
%绘制 p 和 x 的关系图：
x=norminv(0.95,0,0.5)
y=normpdf(x,0,0.5)
t=-5:0.1:5
z=normpdf(t,0,0.5)
plot(t,z,[x,x],[0,y])
text(x,0,'0.8224')
gtext('p=0.95')
```

运行结果如图 3.14 所示。

```
%②t 分布
clear
x=tinv(0.95,6)
y=tpdf(x,6)
t=-5:0.1:5
z=tpdf(t,6)
plot(t,z,[x,x],[0,y])
text(x,0,'1.9432')
gtext('p=0.95')
```

运行结果如图 3.15 所示。读者通过调整 t 分布中的 n 值可以看出：当 n 增大时，t 分布将趋于正态分布。

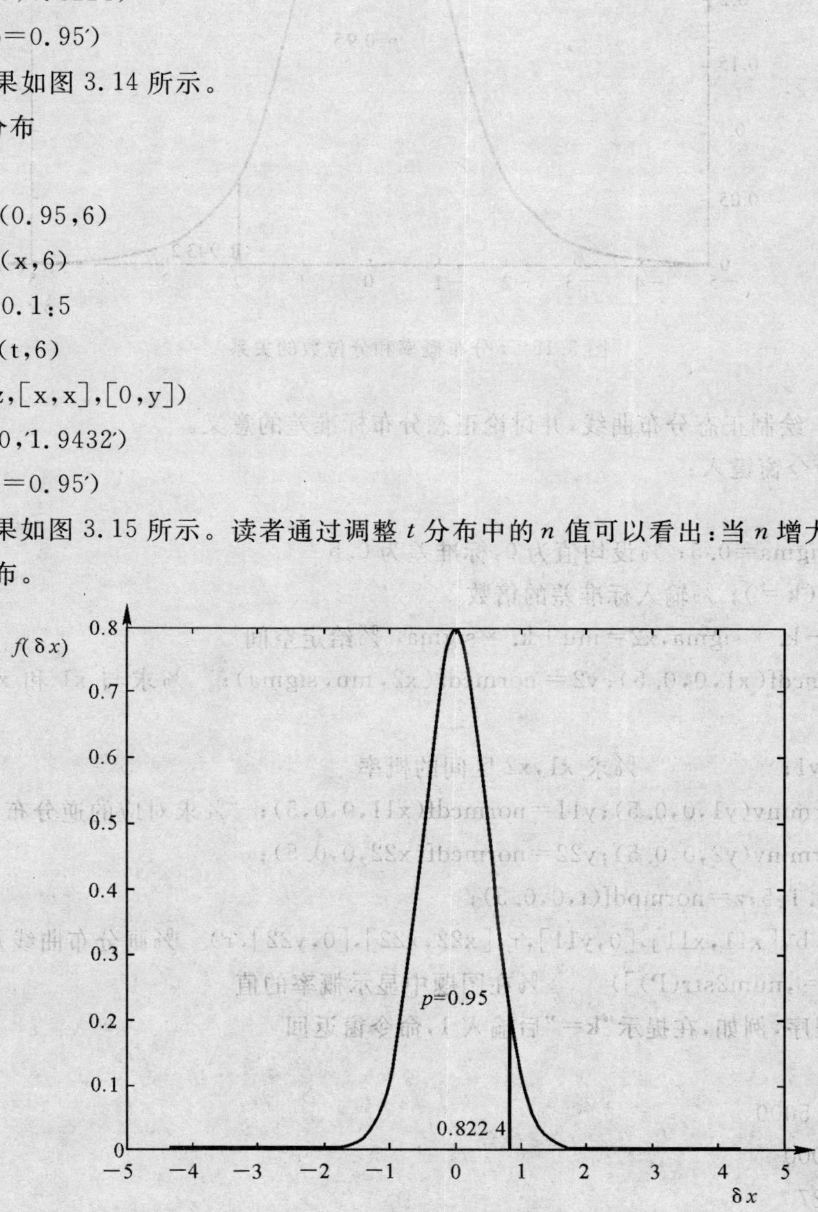

图 3.14　正态分布概率和分位数的关系

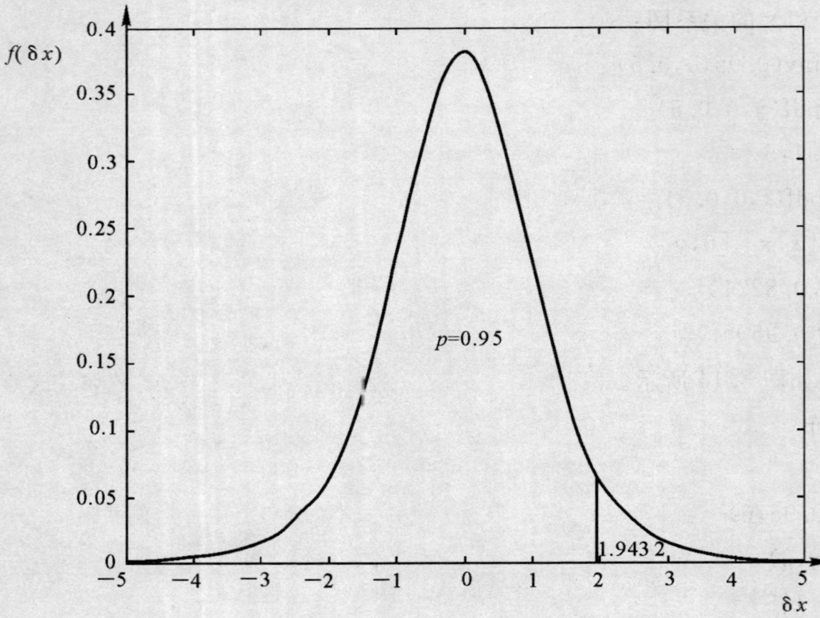

图 3.15　t 分布概率和分位数的关系

例 3.14　绘制正态分布曲线,并讨论正态分布标准差的意义。

解　在命令窗键入:

```
clear
mu=0;sigma=0.5; %设均值为 0,标准差为 0.5
k=input('k='); %输入标准差的倍数
x1=mu-k.*sigma,x2=mu+k.*s gma, %给定空间
y1=normcdf(x1,0,0.5);y2=normcdf(x2,mu,sigma);    %求与 x1 和 x2 对应的概率值
P=y2-y1;              %求 x1,x2 区间的概率
x11=norminv(y1,0,0.5);y11=normcdf(x11,0,0,5);  %求对应的逆分布
x22=norminv(y2,0,0.5);y22=normcdf(x22,0,0.5);
t=-5:0.1:5;z=normpdf(t,0,0.5);
plot(t,z,'b',[x11,x11],[0,y11],'r',[x22,x22],[0,y22],'r')  %画分布曲线及区间
title(['P=',num2str(P)])        %在图题中显示概率的值
```

运行该程序,例如,在提示“k=”后输入 1,命令窗返回

```
k=1
x1=-0.5000
x2=0.5000
p=0.6827
```

再次运行程序,在提示“k=”后输入 2,命令窗返回,有

```
k=2
x1=-1
```

x2＝1

p＝0. 9545

同时，弹出了图形窗，如图 3. 16(a)(b)所示。读者可以改变σ的倍数(即k值)，画出$k=3$时对应区间的概率，由此来理解正态分布标准差的意义。

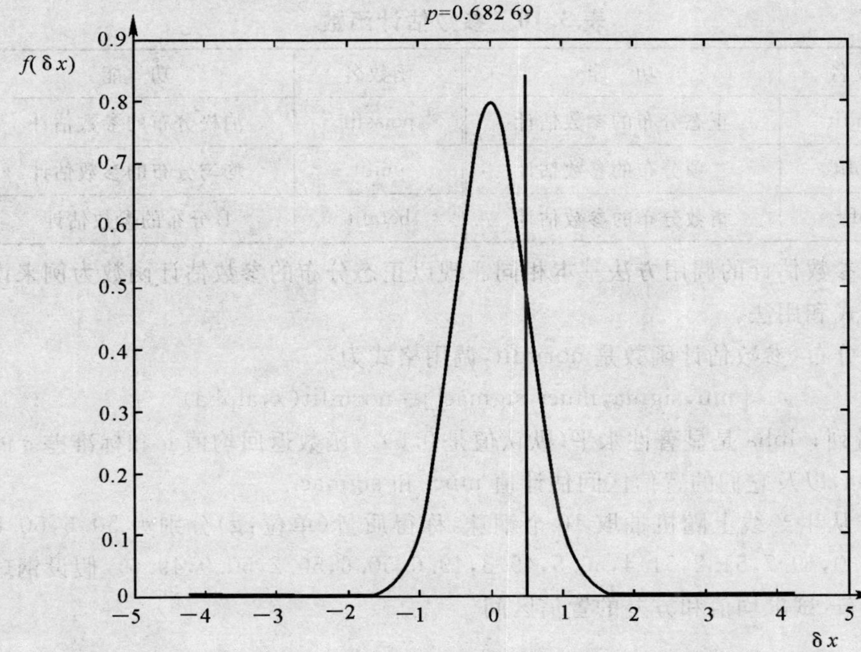

(a)

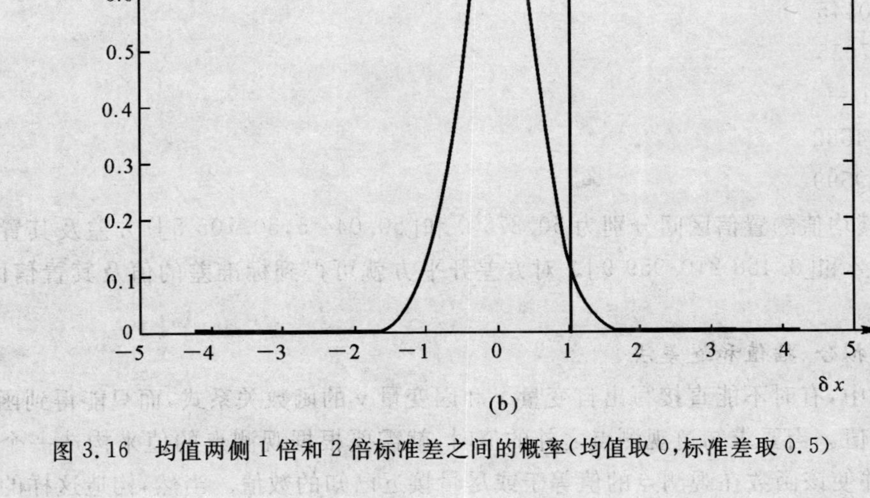

(b)

图 3. 16　均值两侧 1 倍和 2 倍标准差之间的概率(均值取 0，标准差取 0. 5)

2. 参数估计

利用已知的测量列进行统计推断称为参数估计。参数估计可以分为点估计和区间估计，在参数估计中，使用最为广泛的一种方法是极大似然法。MATLAB 的统计工具箱根据极大似然法给出了常用概率分布模型参数的点估计和区间估计值。常用的参数估计函数列于表 3.10。

表 3.10　参数估计函数

函数名	功　能	函数名	功　能
normfit	正态分布的参数估计	poissfit	泊松分布的参数估计
binofit	二项分布的参数估计	unifit	均匀分布的参数估计
expfit	指数分布的参数估计	betafit	B 分布的参数估计

各种分布参数估计的调用方法基本相同。现以正态分布的参数估计函数为例来说明参数估计的调用格式和用法。

对于正态分布，参数估计函数是 normfit，调用格式为

[mu,sigma,muci,sigmaci]=normfit(x,alpha)

其中，x 是测量列；alpha 是显著性水平(默认值是 0.5)。函数返回均值 μ 和标准差 σ 的点估计值 mu 和 sigma，以及它们的置信区间估计值 muci 和 sigmaci。

例 3.15　从生产线上随机抽取 16 个钢珠，称得质量(单位：g)分别为 50.6，50.8，49.9，50.3，50.4，51.0，49.7，51.2，51.4，50.5，49.3，49.6，50.6，50.2，50.9，49.6。假设钢球质量近似服从正态分布，试求均值和方差的置信区间。

提示：

```
x=[50.6,50.8,49.9,50.3,50.4,51.0,49.7,51.2,51.4,50.5,49.3,49.6,50.6,50.2,50.9,49.6];
[mu,sigma,muci,sigmaci]=normfit(x)
```

按回车键后返回

```
mu = 50.3750
sigma = 0.6202
muci =
  50.0445
  50.7055
sigmaci =
   0.4582
   0.9599
```

即，均值及其均值的置信区间分别为 50.375 0 和[50.044 5,50.705 5]；方差及其置信区间分别为 0.620 2 和[0.458 2,0.959 9]。对方差开平方就可得到标准差的值及其置信区间，读者可自行练习。

3. 曲线拟合、插值和逐差法

在实验中，有时不能直接写出自变量 x 和因变量 y 的函数关系式，而只能得到函数在若干个点的函数值。当要求知道观测点之外的值时，就需要根据观测点的值来构造一个函数关系 $y=f(x)$，并使该函数在观测点的值等于或尽量接近已知的数值。当然，构造这样的函数关系

的方法有很多，这里，仅介绍经常要用到的曲线拟合和插值这两种方法。

(1) 曲线拟合。已知离散点上的数据集$[(x_1,y_1),(x_2,y_2),\cdots,(x_n,y_n)]$，求解析函数 $y=f(x)$，并使 $f(x)$ 在原离散点 x_i 上尽可能接近给定 y_i 的值，这一过程叫做曲线拟合。最常用的曲线拟合是最小二乘法曲线拟合，拟合结果可使误差的平方和最小。也就是说，该方法是寻求使误差平方和最小的函数 $f(x)$。

调用格式：p＝polyfit(x,y,n)

此格式求已知数据 x,y 的 n 阶拟合多项式 $f(x)$ 的系数 p。其中，x 必须是单调的。

在求得系数 p 以后，可以利用命令函数 polyval 求拟合多项式 $f(x)$ 在某点(例如 x1)的值 y1。其调用格式为 yi＝polyval(p,xi)。

例 3.16　设在实验中得到下列两组测量列：

X:0.5 1.0 1.5 2.0 2.5 3.0

Y:1.75 2.45 3.81 4.80 7.00 8.60

求拟合多项式 $f(x)$，画出拟合曲线并与实验数据点比较。

解　在命令窗中键入

```
x=[0.5 1.0 1.5 2.0 2.5 3.0];
y=[1.75 2.45 3.81 4.80 7.00 8.60]p=polyfit(x,y,2)
x1=0.5:0.05:3.0;
y1=polyval(p,x1)
plot(x,y,'*b',x1,y1,'-r')
```

运行结果为

p＝0.5614　0.8287 1.1560

即，拟合多项式为 $f(x)=0.5614x^2+0.8287x+1.1560$，拟合曲线如图 3.17 所示。

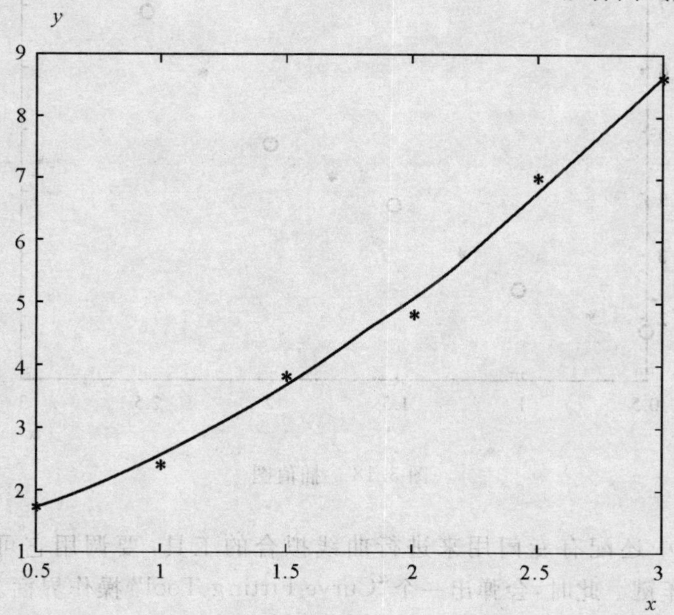

图 3.17　拟合效果

(2) 内插法。内插法也称为插值，就是在已知离散点上数据集[(x1,y1),(x2,y2),…,(xn,yn)]的情况下，找出一解析函数连接自变量相邻的两个点(xi,xi+1)，并求得两点间的数值。

调用格式：yi=interp1(x,y,xi,method)　一维插值

其中，method 表示插值方法：nearest(最邻近插值)；linear(线性插值，默认)；spline(三次样条函数插值)；cubic(三次函数插值)。

例 3.17　以例 3.16 为例，在每两个数据点之间插入一个值，并画出插值图。

解　在命令窗中键入

```
x=[0.5 1.0 1.5 2.0 2.5 3.0];
y=[1.75 2.45 3.81 4.80 7.00 8.60];
x1=linspace(0.7,2.8,5)
% 插入 5 个点
y1=interp1(x,y,x1,'cubic'),
% 三次函数插值
plot(x,y,'bo',x1,y1,'r*')
% 绘图插入的这 5 个点的坐标为
x1 =0.7000    1.2250    1.7500    2.2750    2.8000
y1 =1.9609    3.0265    4.2775    5.9643    8.0275
```

其插值效果图如图 3.18 所示。

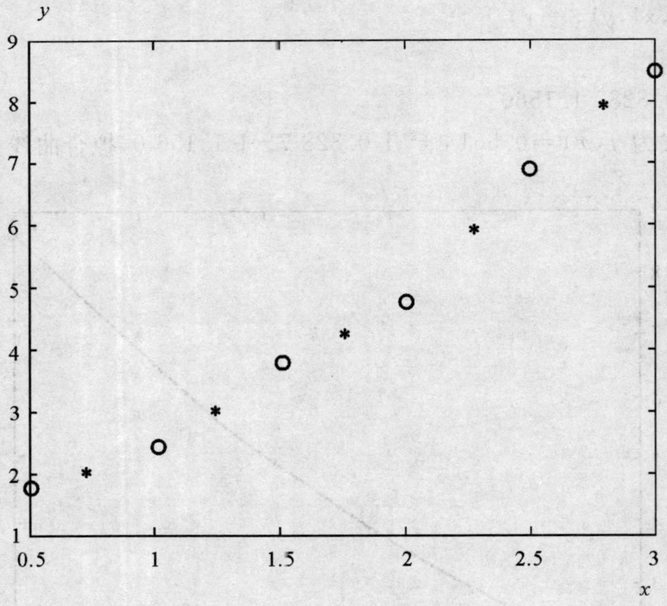

图 3.18　插值图

在 MATLAB 中还配有专门用来进行曲线拟合的工具，要调用它可在命令窗中键入"cftool"，再按下回车键。此时，会弹出一个"Curve Fitting Tool"操作界面。读者可自行了解和应用这个工具，这里不再赘述。

(3) 逐差法。将数据分为两组，L1 为前 4 个数据，L2 为后四个数据；同样，把 T^2 数据也分为两组，分别用 TT1 和 TT2 表示。利用数组的和、差及除法运算规则可以很方便地处理该问题。

在命令窗中键入

L1＝[60.0,70.0,80.0,90.0]；　　% 输入数组 L1

L2＝[100.0,110.0,120.0,130.0]；　% 输入数组 L2

TT1＝[2.434,2.829,3.233,3.633]；% 输入数组 TT1

TT2＝[4.056,4.444,4.836,5.267]；% 输入数组 TT2

DL＝L2－L1　　% 求摆长的两个数组的差，得到由各对应数据差构成的一组新数据

DTT＝TT2－TT1　% 求周期平方的两个数组的差，得到由各对应数据差构成的一组新数据

b＝DTT./DL　　% 使用了数组的除法算符“./”

bm＝sum(b)/4　% 求 b 的平均值，使用了求和命令函数 sum

按下回车键，得到的运行结果为

DL＝40　　40　　40　　40

DTT＝1.6220　　1.6150　　1.6030　　1.6340

b＝0.0405　　0.0404　　0.0401　　0.0409

bm＝0.0405

可以看出，上述结果和前面计算的结果相同。

3.5.7　利用 Excel 软件对实验数据的处理

Microsoft 公司推出的 Microsoft Excel 4.0 for Windows，它是 Windows 环境下具有新一代电脑软件特色的电子表格软件，具有功能强大、易学易用的持点。刚一推出，全美国就有10 000左右用户，而当年全球销售量超过数百万套。它除具有一般电子表格软件功能外，还包括一般绘图、文书处理、数据库管理、立体商业统计图形与宏命令、决策支持分析工具等功能，同时亦有满足一般应用系统开发的用户自定义型功能。用 Excel 软件可较容易开发具体对某个实验的应用系统，而且学员按步骤操作也容易掌握。下面给出一例用 Excel 软件处理光电效应实验数据。

光电效应实验原理如图 3.19 所示。

爱因斯坦光电效应方程为

$$\frac{1}{2}mv^2=h\nu-W \tag{3.27}$$

即光电子动能 $mv^2/2$ 等于光子能量 $h\nu$ 减去光电子从金属极的逸出功 W。现给光电管加反向电压 U 使光电流为 0，U 称为截止电压，那么

$$\frac{1}{2}mv^2=eU \tag{3.28}$$

由式(3.27) 和式(3.28) 可得

$$eU=h\nu-W$$

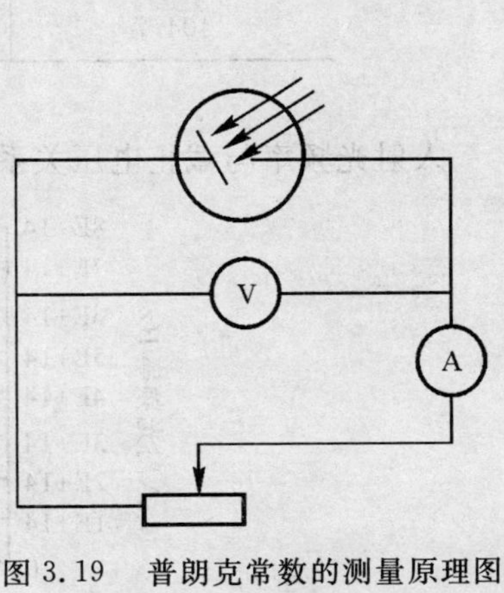

图 3.19　普朗克常数的测量原理图

即

$$U=\frac{h\nu}{e}-\frac{W}{e}$$

现用不同频率的光照射光电管，测出不同频率下的截止电压的大小。从而得出 $U-\nu$ 关系

曲线是满足斜率为 k，截距为 b 的直线方程，从而可求出普郎克常数和逸出功。

$$h = ke, \quad W = -be$$

采用 Excel 5.0 for Windows 软件，步骤如下：

(1)选择"File"菜单中"New"，打开一个新的工作表，在 A_1 ： A_4 单元格中分别输入测量时滤波片波长，在 C_1 ： C_4 单元格中输入所对应的截止电压。

(2)在 B_1 ： B_4 单元格输入公式，求 $v = c/\lambda$，分别求出入射光的频率并填入单元格内。

(3)选择 B_1 ： C_4 单元格。

(4)选择 Insert 中菜单"Chart - As a new sheet"，这时一个标题为"Charwizard - stepl of 5"小窗口就出现了，在框内工作表中被选择的单元格 B_1 ： C_4 被一边界包围，在[Range]框中显示"= B1: C4"。

(5)单击 Next 按钮或按 Enter 键，这时 ChartWizard 提供了图类型选择，选择 XY(Scatter)。

(6)单击 Next 按钮或按 Enter 键，选择"1"，即散点图。

(7)单击 Next 按钮或按 Enter 键，回答"Add A Legend?"(要加图例说明吗?)，回答"No"。

(8)单击"Finish"按键，这时出现一张图。

(9)单击图上点，选择"Insert"菜单中的"TreadLine"，这时出现一个[TreadLine]对话框，在"Options"上保证"Display Equation on the Chart"框被选中，在"Type"选择"Linear"。

(10)单击"OK"或回车，这时一条趋势线及其方程出现在图形上。

利用公式即可求出 h, W。

测量数据见表 3.11。

表 3.11　测量数据

入射光波长/nm	入射光频率/Hz	截止电压/V
577.0	5.199 31E+14	0.510
546.1	5.493 5E+14	0.617
435.8	6.883 89E+14	1.171
404.7	7.412 9E+14	1.459

入射光频率与截止电压关系曲线如图 3.20 所示。

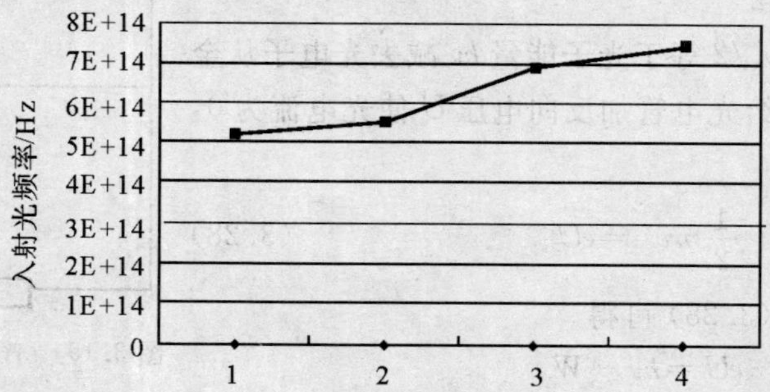

图 3.20　入射光频率与截止电压关系曲线

大学实验很大一部分工作是物理规律(量与量之间关系)的研究,而这些量与量之间关系一般为线性关系,或者可化为线性关系。例如,电子在电场中加速与偏转实验中,通过测出不同加速电压下偏转电压与偏转距离,作出二者的关系曲线,然后对曲线进行比较分析找出规律。又如,伏安法测电阻实验,通过测量流过电阻回路电流和电阻两端的电压,作出电压与电流关系曲线,二者关系为直线,其直线斜率为电阻值。所有这些问题的研究都可以使用 Excel 软件帮助处理数据,其操作非常简单。

由上面例子可以发现,Excel 软件不仅功能强大,而且操作简单,能够解决大学实验中数据处理部分的许多问题。

思　考　题

1. 用精密天平称一物理的质量 m,共称 5 次,结果分别为 3.612 7 g,6.612 2 g,3.612 1g,3.612 0 g 和 3.612 5 g。试求这些数据的平均值、绝对误差及相对误差。

2. 有甲乙丙丁 4 人,用螺旋测微计测量一刚球直径,个人所得的结果分别是甲:(1.283 2±0.000 2) cm;乙:(1.283±0.000 2) cm;丙:(1.28±0.000 2) cm;丁:(1.28±0.000 2) cm。问哪个人表示的正确?其他的结果表达式错在哪里?

3. 用米尺测量一物质的长度,测得的数值为 98.98 cm,98.94 cm,98.96 cm,98.97 cm,99.00 cm,98.95 cm,98.97 cm。求其平均值、绝对误差和相对误差。

4. 在测固体比热实验中,放入量热器的固体的起始温度是 $t_3=(99.5\pm0.2)$℃,固体放入水中后,温度逐渐下降,当达到称定时,$t_2=(99.5\pm0.2)$℃,试求温度降低值 $t_1=t_3-t_2$ 的表达式及相对误差。

5. 用米尺测得正方形某一边的边长为 $a_1=2.01$ cm,$a_2=2.00$ cm,$a_3=2.04$ cm,$a_4=1.98$ cm,$a_5=1.97$ cm,求正方形面积和周长的平均值、绝对误差和相对误差。

6. 一个铅圆柱体,测得其直径 $d=(2.04\pm0.01)$ cm,高度 $h=(4.12\pm0.01)$ cm,质量 $m=(149.18\pm0.05)$ g。

(1)计算铅的密度 ρ 为多少?

(2)计算铅密度 ρ 的相对误差和绝对误差是多少?

7. 按照误差理论和有效数字运算规则,改正以下错误:

(1)$N=(10.800\ 0\pm0.2)$ cm。

(2)有人说 0.287 0 有 5 位有效数字,有人说只有 3 位(因为两个“0”都不算有效数字),请纠正并说明原因。

(3)有人说 8×10^{-5} g 比 8.0 g 测得准确,试纠正并说明原因。

(4)28 cm=280 mm。

(5)$L=(28\ 000\pm8\ 000)$ mm。

(6)$0.022\ 1\times0.002\ 21=0.000\ 488\ 41$。

(7)$(400\times1\ 500)\div(12.60-11.6)=600\ 000$。

8. 试利用有效数字运算规则计算下列各式的结果:

(1)$98.754+1.3=?$

(2)$107.50-2.5=?$

(3)111×0.100=?

(4)237.5÷0.10=?

(5)76.000÷(40.00-2.0)=?

(6)50.00×(18.30-16.3)÷[(103-3.0)×(1.00+0.001)]=?

(7)100.0×(5.6+4.412)÷[(78.00-77.0)×10.000]+110.0=?

9.某同学测量弹簧倔强系数的数据见表3.12。

表3.12　测量数据表

F/g	2.00	4.00	6.00	8.00	10.00	12.00	14.00
y/cm	6.90	10.00	13.05	15.95	19.00	22.05	25.10

其中,F为弹簧所受的作用力,y为弹簧的长度,已知$y-y_0=\frac{1}{k}F$,试用作图法求弹簧的倔强系数k及弹簧的原始长度y_0。

10.伏安法测电阻的数据见表3.13,试求回归直线,并写出测量结果R值。

表3.13　测量数据表

I/mA	2.00	4.00	6.00	8.00	10.00	12.00	14.00	16.00	18.00	20.00
U/V	1.00	2.01	3.05	4.00	5.01	5.99	6.98	8.00	9.00	9.96

11.用双臂电桥对某一电阻作多次等精度测量,测得数据如下:

R/Ω:12.06, 12.10, 12.12, 12.15, 12.16, 12.17, 12.19, 12.21, 12.22, 12.25, 12.26, 12.35, 12.42, 12.83

试用3σ准则判断该测量列中是否有坏值,计算检验后的算术平均值及平均值的标准差,并正确表达测量结果。

第二篇　基本测量仪器与基本器件

第 4 章　基本测量仪器

4.1　力学量测量仪器

最基本的力学量是长度、质量和时间。在实验中最常用的仪器有米尺、游标卡尺、螺旋测微计(又称千分尺)、天平、秒表等。

4.1.1　米尺

实验室常用的米尺有 30 cm,50 cm,100 cm 等几种规格,类型有直尺、钢卷尺等。米尺的最小分度值为 1 mm,一般估读出最小分度值的 1/10。

当测量时,为避免因尺端磨损造成的测量误差,一般不用米尺端边作为测量起始点,通常选择某个整数刻度值与被测物体一端对齐,然后读取物体另一端的刻度值,两个刻度值之差的大小即为待测的长度值。

读数时使米尺贴紧被测物体,视线应正对待读刻度并垂直于米尺,以防止视差引起的读数误差。

4.1.2　游标卡尺

使用米尺测量长度时,虽然可以读到 1/10mm 位,但这一位是估读的。为了提高测量的精度,在主尺(毫米分度尺)上装一个可沿主尺滑动的副尺(称为游标),构成游标卡尺。使用游标卡尺测量长度时,不用估读就可以准确地读出最小分度的 1/10,1/20 和 1/50 等。

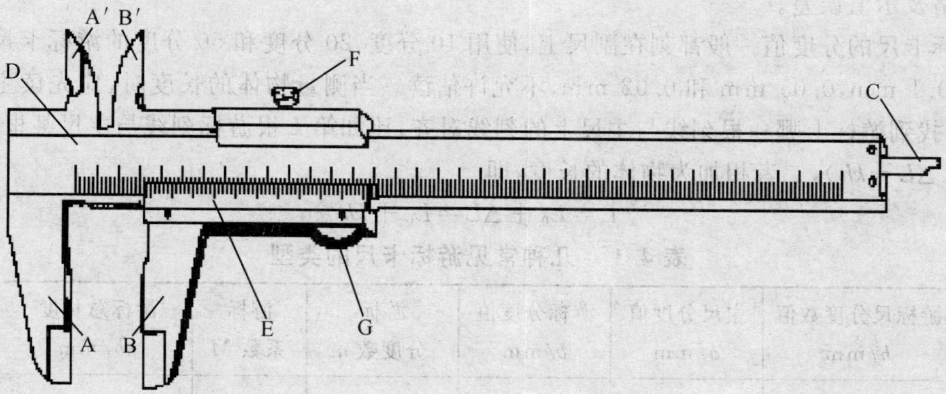

图 4.1　游标卡尺结构示意图

A,B—外量卡钳;A′,B′—内量卡钳;D—主尺;E—游标;C—深度尺;F—紧固螺钉

(1) 游标卡尺的结构及各部分名称如图 4.1 所示,一对外量卡钳用来测量物体的长度、外

径，一对内量卡钳用来测量内径、槽宽等，深度尺 C 可测量孔或槽的深度。游标卡尺是最常用的精密量具，使用时应注意爱护，推游标时不要用力过大。使用游标卡尺时应左手拿待测物体，右手握尺，用拇指按着游标上凸起部位 G，或推或拉，把物体轻轻卡在量卡钳间即可读数，如图 4.2 所示。不要把被夹紧的物体在量卡钳间扭动，以免磨损量卡钳。

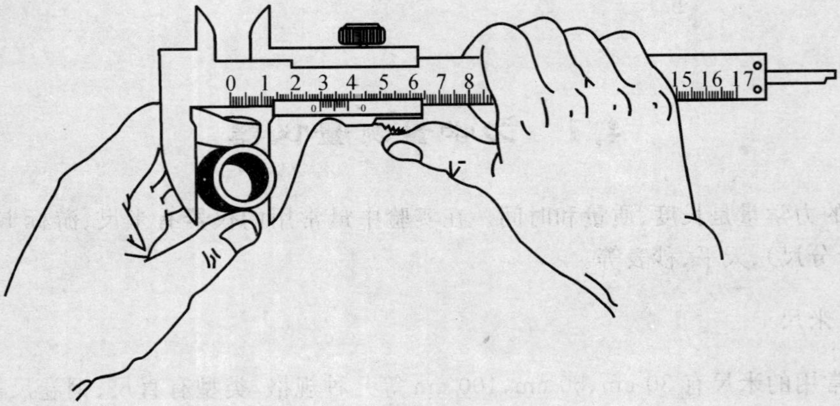

图 4.2　游标卡尺的使用方法

(2) 游标原理和读数方法。游标卡尺的游标有 10 分度、20 分度和 50 分度等几种类型，它们的原理和读数方法都是一样的。如果用 a 表示主尺分度值，n 表示游标的分度数，b 表示游标分度值，则 n 个游标分度与主尺上 $(Mn-1)$ 个分度的长度相等，其中，M(称为游标系数) 等于 1 或 2，因此，每一个游标分度值 b 为

$$b=\frac{(Mn-1)a}{n} \tag{4.1}$$

这样主尺上 M 个分度值 Ma 与游标上一个分度值 b 之差为

$$h=Ma-b=Ma-\frac{(Mn-1)a}{n}=\frac{a}{n} \tag{4.2}$$

h 就是游标卡尺的分度值，它等于主尺分度值的 $1/n$。表 4.1 及表 4.2 所列是几种常见游标卡尺的规格及示值误差。

游标卡尺的分度值一般都刻在副尺上，使用 10 分度、20 分度和 50 分度的游标卡尺，可分别读到 0.1 mm，0.05 mm 和 0.02 mm，不允许估读。当测量物体的长度时，应先读主尺，再读游标(找到游标上哪一根刻线与主尺上的刻线对齐，比如第 k 根游标刻线与主尺某根刻线对齐，那么 $\Delta L=kh$)，二者相加为物体的长度，即

$$L=L_0+\Delta L=L_0+kh \tag{4.3}$$

表 4.1　几种常见游标卡尺的类型

游标尺分度数值 h/mm	主尺分度值 a/mm	游标分度值 b/mm	游标分度数 n	游标系数 M	游标总长度 nb/mm
0.1	1	0.9	10	1	9
	1	1.9	10	2	19

续表

游标尺分度数值 h/mm	主尺分度值 a/mm	游标分度值 b/mm	游标分度数 n	游标系数 M	游标总长度 nb/mm
0.05	1	0.95	20	1	19
	1	1.95	20	2	39
	0.5	0.45	10	1	4.5
0.02	1	0.98	50	1	49
	0.5	0.48	25	1	12

表 4.2　游标卡尺的示值误差　　单位：mm

测量范围	分度值		
	0.02	0.05	0.1
	示值误差		
0 ～ 300	±0.02	±0.05	±0.1
300 ～ 500	±0.04	±0.05	±0.1
500 ～ 700	±0.05	±0.075	±0.1
700 ～ 900	±0.06	±0.10	±0.15
900 ～ 1000	±0.07	±0.125	±0.15

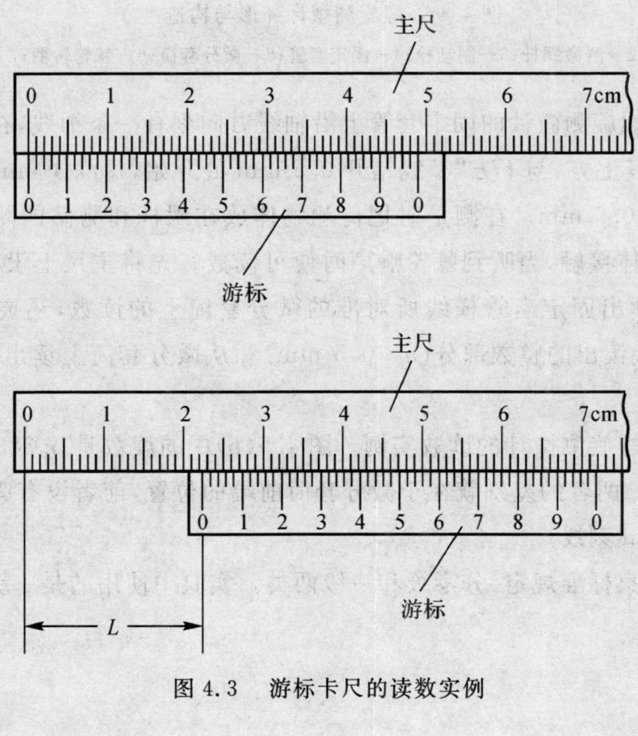

图 4.3　游标卡尺的读数实例

如图 4.3 所示是一个 50 分度的游标卡尺的读数实例。图中游标零线前主尺的毫米整数是 22 mm，游标第 41 刻线与主尺刻线正好对齐，所以，被测物体的长度为 $L=22+41\times0.02=22.82$ mm。

4.1.3 螺旋测微计(千分尺)

螺旋测微计又称千分尺，是一种比游标卡尺更精密的长度测量仪器，常用的 0 ～ 25 mm 规格的螺旋测微计可以用来测量 25 mm 以下的精密零件的尺寸。实验室中常用来测小球的直径、金属丝的直径和薄板的厚度等。

(1) 螺旋测微计的结构。常见的螺旋测微计如图 4.4 所示，其量程为 25 mm，分度值为 0.01 mm。螺旋测微计的测微螺杆的螺距为 0.5 mm，螺杆后端与微分套筒、棘轮(测力装置)相连接。当微分套筒旋转(测微螺杆也随之旋转)一周时，测微螺杆沿轴线方向运动一个螺距(0.5 mm)。微分套筒前沿上一周刻有 50 个等分格线，因此，微分套筒每转过一格，螺杆沿轴线方向运动 0.01 mm(0.5/50 mm)。

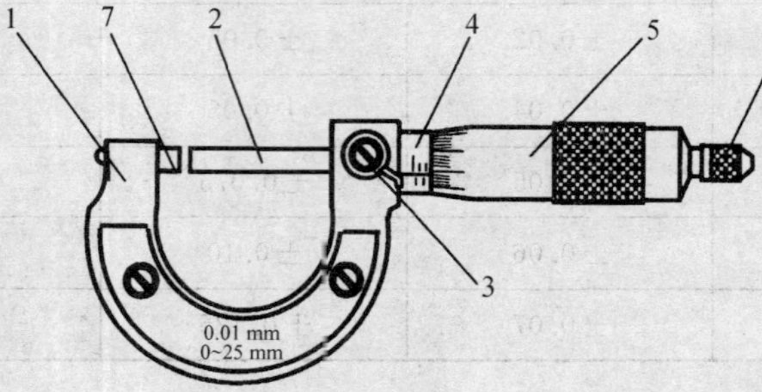

图 4.4　螺旋测微计外形与构造

1—尺架；2—测微螺杆；3—制动栓；4—固定套管；5—微分套筒；6—棘轮转柄；7—测砧

(2) 读数方法。螺旋测微计的固定套管上沿轴线方向刻有一条细线，在其下方刻有 25 分格，每分格 1 mm；在其上方，与下方“0”线错开 0.5 mm 处开始，每隔 1 mm 刻有一条线，这就使得主尺的分度值为 0.5 mm。在测量时把待测物体放在螺杆和测砧的测量面之间，旋转棘轮使测量面与待测物体接触，当听到棘轮响声时便可读数。先将主尺上没有被微分套筒前端遮住的刻度读出，再读出固定套管横线所对准的微分套筒上的读数，还要估读一位，即读到 0.001 mm。把主尺上读出的整数部分($n\times0.5$ mm)和从微分套筒上读出的小于 0.5 mm 的数相加，即是测量值。

如图 4.5 所示是螺旋测微计的读数实例。图 4.5(b)中的读数是 5.383 mm，图 4.5(c)中的读数是 5.883 mm。两者的差别就在于微分套筒前端的位置，前者没有露出 5.5 mm 刻线，而后者露出了 5.5 mm 刻线。

螺旋测微计按国家标准规定，分零级和一级两类。实验中使用的是一级螺旋测微计，其示值误差如表 4.3 所示。

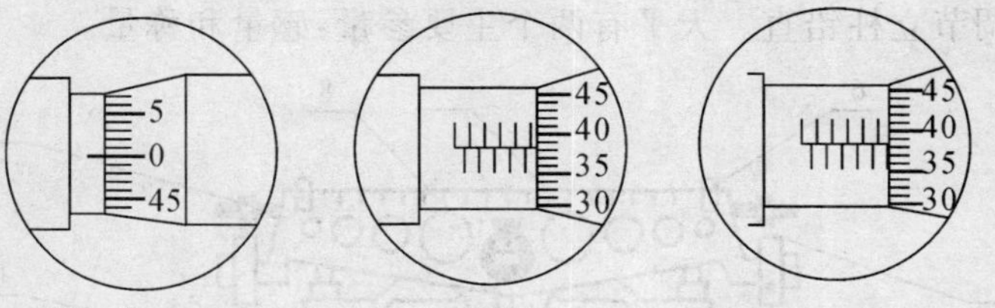

(a)　(b)　(c)

图 4.5　螺旋测微计的读数

表 4.3　一级螺旋测微计的示值误差　　单位:mm

测量范围	0～100	100～150	150～200	200～300	300～400	400～500
示值误差	±0.004	±0.005	±0.006	±0.007	±0.008	±0.010

注:零级螺旋测微计示值误差为上表所列数值的一半。

(3) 注意事项。

1)测量前应检查螺旋测微计零点。旋转棘轮转柄,使测量面接触,当听到棘轮响声时停止旋转,此时微分套筒前沿应与主尺“0”线重合,同时固定套筒的横线应正好与微分套筒“0”线对齐,如图 4.5(a)所示,否则应记下零点读数,并对测量时的读数进行修正。应注意零点读数有正有负,如图 4.6(a)所示的零点读数为正值(+0.010 mm),如图 4.6(b)所示的零点读数为负值(-0.006 mm),因此,待测物体的实际长度就等于测量时的读数减去这个零点读数。

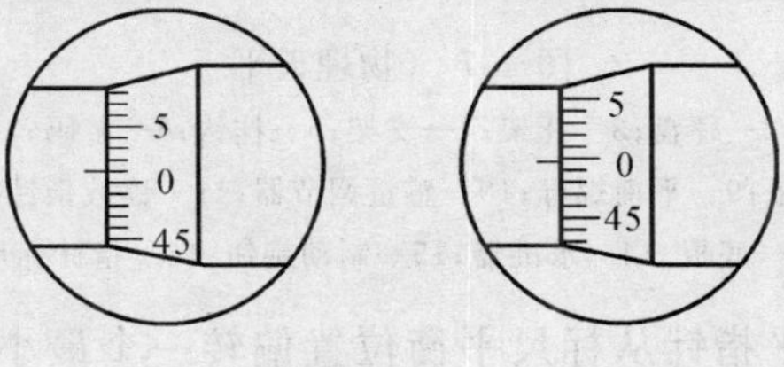

(a)　(b)

图 4.6　螺旋测微计的零点校正

2) 为了保持测量面与被测物体间的接触压力微小和均匀,在校正零点和测量时,应轻轻旋转棘轮,千万不要直接拧微分套筒。

3) 测量完毕后,应使螺杆和测砧间留有一定空隙,以免因热膨胀而损坏螺纹。

4.1.4　物理天平

测量物体质量的常用仪器之一是天平。它是利用杠杆原理制成的称衡物体质量的仪器。根据精度的不同,天平一般分为物理天平和分析天平两类。

1. 物理天平的结构

物理天平的结构如图 4.7 所示。天平横梁上装有三个刀口,中间刀口置于立柱 12 顶端的玛瑙刀垫上,用它作为横梁的支点。两侧刀口各挂一个称盘 2。横梁下面固定一根读数指针 11。横梁摆动时,指针尖端就在立柱下方的标尺前摆动,根据指针在标尺上的读数可判别天平是否平衡。制动旋纽 15 可使横梁升降,横梁下降后制动架就会把它托住,使中间刀口与刀垫分离,两侧刀口减去称盘负荷,以保证刀口不受损伤。横梁两端两个平衡螺母 9 是天平空载时调平衡用的;横梁上的游码 6 和游码标尺 7 用于 1 g 以下的称衡。装在底板上的水平螺丝 1

和水准器 14,用于调节立柱铅直。天平有两个主要参量:感量和称量。

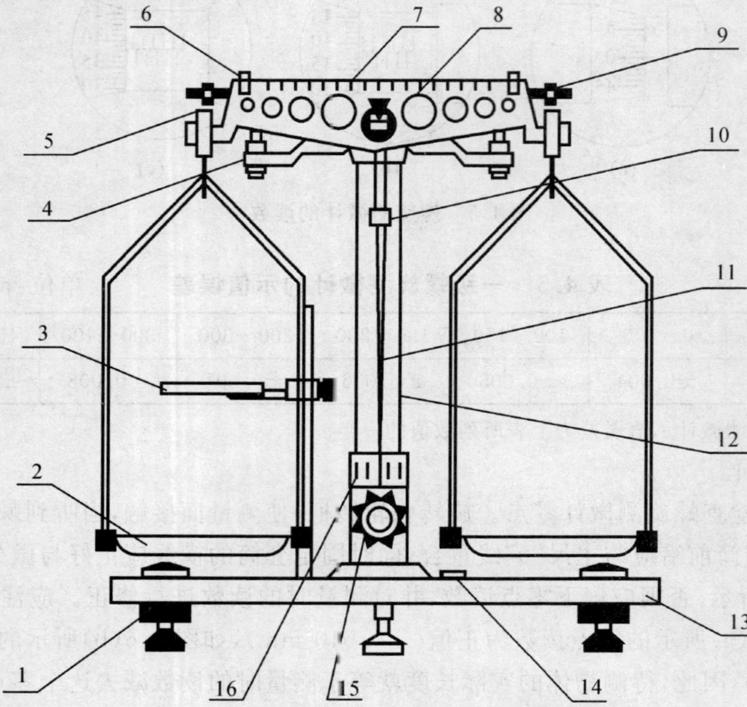

图 4.7 物理天平

1—水平螺丝;2—秤盘;3—托架;4—支架;5—挂钩;6—游码;7—游码标尺;
8—刀口、刀垫;9—平衡螺母;10—感量调节器;11—读数指针;12—立拄;
13—底板;14—水准器;15—制动旋钮;16—指针标尺

(1) 感量。感量就是天平指针从标尺平衡位置偏转一个最小分格时,天平两秤盘上的质量差。感量的大小一般应与天平游码标尺的分度值相适应。感量的倒数称为天平的灵敏度,它表示天平平衡时,在一个秤盘上加单位质量后指针偏转的格数。

(2)称量。称量是天平允许称衡的最大质量。物理天平的称量一般为 500 g,感量为 50 mg,游码标尺的分度值为 0.05 g。读数时,一般估读到 0.01 g(即分度值的 1/5)。

2. 天平的调整与使用

天平是用等臂杠杆原理做成的测量质量的仪器。用天平测物体质量前,应先做好天平的水平调节和零点调节。下面将按天平的操作步骤,具体说明天平的操作规则和注意事项。

(1) 水平调节。调节底板上的水平螺丝,将水准器中气泡调到正中央,以保证立柱铅直。调节的目的是使立柱顶端的刀垫处于水平位置,使刀口处于良好的工作状态。

(2) 零点调节。将游码拨到游码标尺的零线上,调节平衡螺母,使天平空载时支起横梁,指针指在标尺的中央刻线上。

(3) 称衡。称衡的质量不得超过天平的称量。被称物体一般放在左盘(液体、高温物体和腐蚀性的化学药品不能直接放在秤盘上),砝码放在右盘。砝码要用镊子夹取,不准赤手拿取,用后直接放回砝码盒中,以免玷污,影响砝码的准确度。在取放物体、增减砝码以及天平不使用时,都应降下横梁止动,只是在判断天平是否平衡时才启动天平。启动、止动天平动作要轻缓平稳,止动天平最好当指针接近标尺中央刻线时进行。当天平平衡时,待测物体的质量就等于砝码的质量。

3. 注意事项

(1) 使用天平时要缓慢平稳地转动手轮。加减砝码和移动游码前都必须将横梁降下止动。

(2) 被称物体和砝码都应放在秤盘中部,使用多个砝码时,大砝码置中间,小砝码放在周围。

(3) 勿称衡质量超过天平称量范围的物体。

(4) 天平用毕,必须先降下横梁,再取下物体和砝码。砝码放回砝码盒中,将秤盘等清理干净。

(5) 取放砝码必须用镊子,严禁手拿!

4.1.5　电子天平

电子天平由称量传感器、电子线路及数字显示等几个主要部分组成(见图 4.8)。称量传感器一般采用应变式传感器、电容式传感器、电磁平衡式传感器。应变式传感器,结构简单,造价低,但精度有限,目前不能做到很高精度;电容式传感器称量速度快,性价比较高,但也不能达到很高精度;电磁平衡传感器,称量准确可靠,显示快速清晰并且具有自动检测系统、简便的自动校准装置以及超载保护等装置。

电子天平的操作规则如下。

(1) 将天平置于稳定的工作台上避免振动、气流冲击及阳光照射。

(2) 在使用前调整水平仪气泡至中间位置。

(3) 电子天平应按说明书的要求进行预热。

(4) 当称量易挥发和具有腐蚀性的物品时,要盛放在密闭的容器中,以免腐蚀和损坏电子天平。

(5) 经常对电子天平进行自校或定期外校,保证其处于最佳状态。

(6) 如果电子天平出现故障应及时检修。

(7) 操作天平不可过载使用以免损坏天平。

(8) 若长期不用电子天平,则应暂时收藏为好。

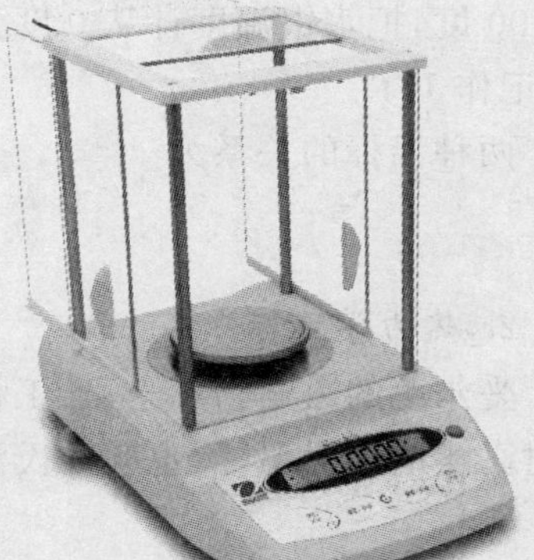

图 4.8　电子天平外观图

4.1.6　秒表

秒表(又叫停表)有各种规格。

机械型的秒表一般有两个针,长针是秒针,短针是分针。表面上的数字分别表示秒和分的数值。这种秒表的分度值是 0.2 s 或 0.1 s。

除机械秒表外,现在还常用电子秒表。电子秒表是一种较先进的电子计时器,目前,电子秒表一般都是利用石英振荡器的振荡频率作为时间基准,采用 6 位液晶数字显示时间。电子秒表的使用功能比机械秒表要多,它不仅能显示分、秒,还能显示时、日、月及星期,并且有1/100 s的功能。一般的电子秒表连续累积时间为 59 min 59.99 s,可读到 1/100 s,平均日差±0.5 s。

4.2 热学量测量仪器

温度是表示物体冷热程度的物理量，从微观上来讲是物体分子热运动的剧烈程度。测量温度的仪器主要分为接触式和非接触式两大类。

4.2.1 温度与温标

温度是衡量物体冷热程度的物理量，是物体分子热运动平均动能的标志。

温度只能通过物体随温度变化的某些特性来间接测量，而用来量度物体温度数值的标尺叫温标。温标规定了温度的读数起点（零点）和测量温度的基本单位。目前，国际上用得较多的温标有经验温标、热力学温标、理想气体温标和国际实用温标。

1. 经验温标

经验温标是利用某种物质的物理特性和温度之间的变化关系来确定的温标。常用的有华氏温标和摄氏温标。

摄氏温标。1740 年，瑞典人摄氏（Celsius）提出在标准大气压下，把冰水混合物的温度规定为 0 度，水的沸腾温度规定为 100 度。根据水这两个固定温度点来对玻璃水银温度计进行分度。两点间 100 等分，每一份称为 1 摄氏度，记作 1℃。

华氏温标。1714 年，德国人法勒海特（Fahrenheit）以水银为测温介质，制成玻璃水银温度计，在标准大气压下，选取氯化铵和冰水的混合物的温度为温度计的零度，人体温度为温度计的 100 度，把水银温度计从 0 度到 100 度按水银的体积膨胀距离分成 100 份，每一份为 1 华氏度，记作 1 ℉。

两种温标的关系为

$$t_{\mathrm{F}}=\frac{9}{5}t_{\mathrm{C}}+32 \tag{4.4}$$

2. 热力学温标

爱尔兰的数学物理学家、工程师开尔文（Lord Kelvin）创立了一种不依赖任何测温介质的绝对真实的绝对温标，也叫开氏温标或热力学温标。热力学温标 T 与摄氏温标 t 的关系为

$$t_{\mathrm{C}}=T_{\mathrm{K}}-273.15 \tag{4.5}$$

开氏温标是根据卡诺循环定出来的，以卡诺循环的热量作为测定温度的工具，即热量起着测温介质的作用。正因为如此，开氏温标叫做热力学温标。卡诺循环描绘了理想热机的基本图案，给出了热机效率的上限，它就像迷雾中的灯塔，具有巨大的理论意义。

3. 理想气体温标

理想气体温标即用任何一种气体，无论定容还是定压所建立的一种温标，在气体压强趋于零时的极限温标称为理想气体温标。

4. 国际实用温标

国际实用温标是一个国际协议性温标，它与热力学温标相接近，而且复现精度高，使用方便。

4.2.2 测温的分类

按照所用方法的不同，温度测量分为接触式测温和非接触式测温两大类。

1. 接触式测温

接触式测温的特点是测温元件直接与被测对象相接触，两者之间进行充分的热交换，最后达到热平衡，这时测温元件的某一物理参数的量值就代表了被测对象的温度值。其优点是直观可靠。但是由于测温元件影响被测温度场的分布、接触不良等都会带来测量误差；另外温度太高和腐蚀性介质对测温元件的性能和寿命都会产生不利影响。

接触式测温仪器可分为膨胀式温度计（包括液体和固体膨胀式温度计、压力式温度计）、电阻式温度计（包括金属热电阻温度计和半导体热敏电阻温度计）、热电式温度计（包括热电偶和PN结温度计）等。

2. 非接触式测温

非接触式测温的特点是感温元件不与被测对象相接触，而是通过辐射进行热交换，故可避免接触测温法的缺点，具有较高的测温上限。此外，非接触测温法热惯性小，可达0.001 s，故便于测量运动物体的温度和快速变化的温度。

非接触式测温仪器可分为辐射温度计、亮度温度计、比色温度计、光导纤维测温术。由于它们都是以光辐射为基础，故也统称为辐射温度计。

4.2.3　接触式测温仪器

1. 膨胀式与压力式温度计

(1) 液体膨胀式温度计。液体膨胀式温度计应用最早，而且当前使用最广泛。它由液体储存器、毛细管和标尺组成。

液体玻璃温度计的测温上限取决于所用液体汽化点的温度，下限受液体凝点温度的限制。为了防止毛细管中液柱出现断续现象，并提高测温液体的沸点温度，常在毛细管中液体上部充入一定压力的气体。

(2)固体膨胀式温度计。它利用线膨胀系数差别较大的两种金属材料制成双层片状元件，当温度变化时使自由端产生位移，用位移标识温度。

(3)压力式温度计。利用密封在容器中的工质受热后体积变化引起的压力变化来指示温度。它由测温包和压力计（刻度成温度示值）组成。

2. 热电偶温度计

两种不同材料的金属丝两端牢靠地接触在一起，组成如图4.9所示的闭合回路，当两个接触点温度T和T_0不相同时，回路中即产生电势，并有电流流通，这种把热能转换成电能的现象称为热电效应，而这种电动势称为热电势。热电动势的理论数值为

$$e_{AB}(T)=\frac{kT}{e}\ln\frac{N_A}{N_B} \tag{4.6}$$

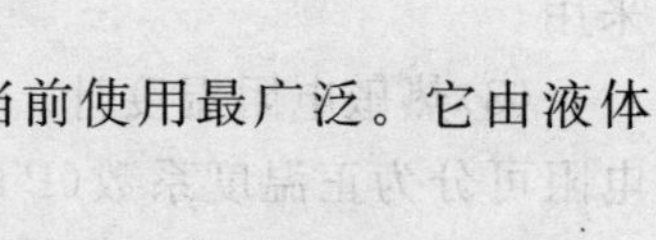

图4.9　热电偶

式中　k——波尔兹曼常数（1.38×10^{-23} J/K）；

T——接触点温度；

e——单位电荷数，为4.802×10^{-10}绝对静电单位；

N_A，N_B——导体A，B在接触点温度T时的自由电子密度。

由式(4.6)可知，热电动势是接触点温度的函数，与两种导体的性质有关。

热电偶就是利用上述原理进行温度测量的，其中，直接用做测量介质温度的一端叫做工作端（也称为测量端），另一端叫做冷端（也称为补偿端）；冷端与显示仪表或配套仪表连接，显示

仪表会指出热电偶所产生的热电势。

热电偶按照结构类型可以分为普通热电偶、铠装热电偶、表面热电偶和快速微型热电偶。

3. 电阻温度计

利用导体和半导体的电阻随温度变化这一性质做成的温度计称为电阻温度计。大多数金属在温度升高1℃时电阻将增加0.4%～0.6%；但半导体电阻一般随温度升高而减小，其灵敏度比金属高，每升高1℃，电阻约减小2%～6%。目前，由纯金属制造的热电阻的主要材料是铂、铜和镍，它们已得到广泛应用。

(1)铂电阻温度计。铂是一种贵金属。它的特点是精度高，稳定性好，性能可靠，尤其是耐氧化性能很强。铂在很宽的温度范围内约1 200℃以下都能保证上述特性。铂很容易提纯，复现性好，有良好的工艺性，可制成很细的铂丝(0.02 mm或更细)或极薄的铂箔。与其他材料相比，铂有较高的电阻率，因此普遍认为是一种较好的热电阻材料。但是，铂电阻的电阻温度系数比较小，在还原介质中工作易被沾污变脆，且价格昂贵。

(2)铜电阻温度计。在一般测量精度要求不高、温度较低的场合，普遍地使用铜电阻。它可用来测量－50～150℃的温度，在这个温度范围内，铜电阻和温度成线性关系。铜的电阻率小，当制成相同阻值的电阻时，铜电阻丝要细，这样机械强度就不高；或者铜电阻丝就要长，使体积增大。此外铜很容易氧化，它的工作上限为150℃。但铜电阻价格低，因此，仍被广泛采用。

(3)热敏电阻温度计。热敏电阻是由金属氧化物或半导体作为电阻体的感温元件。热敏电阻可分为正温度系数(PTC)、负温度系数(NTC)和临界温度系数(CTR)三种。NTC常用于温度测量，PTC和CTR常用于温度开关器件。

热敏电阻把温度量转换成电阻值，这样就可以通过测量电阻来测量温度。测量电阻通常可利用欧姆表或电桥。

4.2.4 非接触式测温仪器

非接触式测温主要是利用光辐射来测量物体温度的。任何物体受热后都将有一部分的热能转变为辐射能，温度越高，则发射到周围空间的能量就越多。辐射能以波动形式表现出来，其波长的范围极广，从X光、紫外光、可见光、红外光一直到电磁波。而在温度测量中主要是可见光和红外光，因为，此类能量被接收以后，多转变为热能，使物体的温度升高，所以一般就称为热辐射。

1. 辐射温度计

(1)全辐射温度计。全辐射温度计是利用物体的温度与总辐射出射度全光谱范围内的积分辐射能量的关系来测量温度的。

(2)部分辐射温度计。为了提高仪表的灵敏度，有时热敏元件不是采用热电堆，而是采用光电池、光敏电阻以及其他的一些红外探测元件，这些元件和热电堆相比具有光谱选择性，它们仅能对某一波长范围的光谱产生效应，因此，它们对测量的要求是，只能使工作光谱仅限于一定的光谱范围内。这类辐射温度计为部分辐射温度计。

2. 亮度温度计

亮度温度计是利用各种物体在不同温度下辐射的单色亮度不同这一原理而制造的。所谓单色亮度实际上也是对应一定波长范围的，只是波长区域比较窄。但是亮度可以达到很高的精度,可以作为基准,标准仪表都采用单色亮度温度计。

亮度温度计测得的温度不是物体的真实温度,而是亮度温度,其定义为当绝对黑体的单色亮度等于某被测物体的亮度时,绝对黑体的温度就是这个被测物体的亮度。

(1)灯丝隐灭式光学温度计。利用物体辐射的单色亮度和仪表内部的高温灯泡中的灯丝进行灯丝亮度的比较,当两者的亮度相同时,灯丝则隐没在背景之中,这时灯丝的亮度将与被测温度一致,而灯丝的温度可根据其流过的电流大小来确定。其使用方便,测量范围广。但是由于是依靠人眼观测确定灯丝隐灭的,主观误差大。

(2)光电亮度温度计。光电亮度温度计是用光电元件代替了人眼,使测量的精度得到较大提高的。它由光学系统、光调制系统、单色器、光敏元件、放大显示部分组成。

3. *颜色温度计*

颜色温度计就是通过两个光谱能量比的方法来测量温度的,也称为比色温度计。

用这种方法测量非黑体温度时得到的"颜色温度"和真实温度有差异。人们将颜色温度定义为绝对黑体辐射的两个波长 λ_1 和 λ_2 的亮度比等于非黑体的相应亮度变化时,绝对黑体的温度就称为这个非黑体的颜色温度。

颜色温度计和光电亮度温度计相似,也包含有光路系统、调制系统、单色器、光敏元件、放大器、显示仪表等。它一般用一个开孔的旋转调制盘进行调制。在开孔上附有两种颜色的滤光片,多选用红色和蓝色。经调制后的单色红光、蓝光交替照在光敏元件上,使光敏元件输出相应的红光和蓝光的信号再放大并经过运算后送到显示仪表。

4.3　电学量测量仪器

4.3.1　电子测量仪器概述

电子测量仪器是将被测量转换成可供直接观察的指示值或等效信息的器具,包括各类指示仪器、比较仪器、记录仪器、传感器和变送器等。利用电子技术对各种待测量进行测量的设备,统称为电子测量仪器。为了正确地选择测量方法,使用测量仪器和估计测量结果,本节将对电子测量仪器的一般情况,包括它的主要功能、主要性能指标和分类作一些概括介绍。

1. *测量仪器的功能*

各类测量仪表一般具有物理量的变换、信号的传输和测量结果的显示三种最基本的功能。

(1)变换功能。对于电压、电流等电学量的测量,是通过测量各种电效应来达到目的的。例如,作为模拟式仪表最基本构成单元的动圈式检流计(电流表),就是将流过线圈的电流强度,转化成与之成正比的转矩而使仪表指针偏转初始位置一个角度,根据角度偏转大小(这可通过刻度盘上的刻度获得)得到被测电流的大小,这就是一种基本的变换功能。对非电量测量,更须将各种非电物理量如压力、位移、温度、湿度、亮度、颜色、物质成分等,通过各种对之敏感的敏感元件(通常称为传感器),转换成与之相关的电压、电流等,而后再通过对电压、电流的测量,得到被测物理量的大小。随着测量技术的发展和需要,现在往往将传感器、放大电路及其他有关部分构成独立的单元电路,将被测量转换成模拟的或数字的标准电信号,送往测量和处理装置,这样的单元电路常称为变送器,它是现代测量系统中极为重要的组成部分。

(2)传输功能。在遥测遥控等系统中,现场测量结果经变送器处理后,需要经过较长距离的传输才能送到测试终端和控制台。不管采用有线的还是无线的方式,传输过程中造成的信号失真和外界干扰等问题都会存在。因此,现代测量技术和测量仪器都必须认真对待测量信息的传输问题。

(3)显示功能。测量结果必须以某种方式显示出来才有意义。因此,任何测量仪器都必须具备显示功能。例如,模拟式仪表通过指针在仪表度盘上的位置显示测量结果;数字式仪表通过数码管、液晶或阴极射线管显示测量结果。除此而外,一些先进的仪器如智能仪器等还具有数据记录、处理及自检、自校、报警提示等功能。

2. 测量仪表的主要性能指标

从获得的测量结果角度评价测量仪表的性能,主要包括以下几个方面。

(1)精度。精度是指测量仪器的读数或测量结果与被测量真值相一致的程度。目前,对于精度还没有一个公认的定量的数学表达式,因此,常作为一个笼统的概念来使用,其含义是精度高,表明误差小;精度低,表明误差大。因此,精度不仅用来评价测量仪器的性能,也是评定测量结果最主要、最基本的指标。精度又可用精密度、准确度和精确度三个指标加以表征。

1)精密度(δ)。精密度说明仪表指示值的分散性,表示在同一测量条件下对同一被测量进行多次测量时,得到的测量结果的分散程度。它反映了随机误差的影响。精密度高,意味着随机误差小,测量结果的重复性好。例如某电压表的精密度为0.1 V,即表示用它对同一电压进行测量时,得到的各次测量值的分散程度不大于0.1 V。

2)准确度(ε)。准确度说明仪表指示值与真值的接近程度。所谓真值是指待测量在特定状态下所具有的真实值的大小。准确度反映了系统误差(例如仪器中放大器的零点漂移、接触电位差等)的影响。准确度高则说明系统误差小,例如某电压表的准确度是0.1 V,则表明用该电压表测量电压时的指示值与真值之差不大于0.1 V。我国电工仪表的分级,就是按准确度来确定的。

3)精确度(τ)。精确度是精密度和准确度的综合反映。精确度高,说明精密度和准确度都高,也就意味着系统误差和随机误差都小,因而最终测量结果的可信赖度也高。

在具体的测量实践中,可能会有这样的情况:准确度较高而精密度较低,或者情况相反,相当精密但欠准确。当然,理想的情况是既准确又精密,即测量结果精确度高。要获得理想的结果,应满足三个方面的条件:即性能优良的测量仪器、正确的测量方法和正确细心的测量操作。为了加深对精密度、准确度和精确度三个概念的理解,可以以射击打靶为例加以比喻。如图4.10所示,以靶心比作被测量真值,以靶上的弹着点表示测量结果。其中图(a)弹着点分散而偏斜,对应测量中心既不精密,也不准确,即准确度很低。图(b)弹着点仍较分散,但总体而言大致都围绕靶心,属于准确而欠精密。图(c)弹着点密集但明显偏向一方,属于精密度高而准确度差。图(d)弹着点相互很接近且都围绕靶心,属于既精密又准确,因而是准确度很高的情况。

(2)稳定性。稳定性通常用稳定度和影响量两个参数来表征。稳定度也称稳定误差,是指在规定的时间区间,其他外界条件恒定不变的情况下,仪器示值变化的大小。造成这种示值变化的原因主要是仪器内部各元器件的特性、参数不稳定和老化等因素。稳定度可用示值绝对变化量与时间一起表示。例如,某数字电压表的稳定度为$(0.008\%U_m + 0.003\%U_x)/8h$,其含义是在8h内,测量同一电压,在外界条件维持不变的情况下,电压表的示值可能发生$0.008\%U_m+0.003\%U_x$的上下波动,其中U_m为该量程满度值,U_x为示值。稳定度也可用示值的相对变化率与时间一起表示。例如,XFC-6标准信号发生器,在220 V电源电压和20℃

环境温度下，频率稳定度小于等于 $2\times10^{-4}/10$ min；XD6B 超低频信号发生器，正弦波幅度稳定度小于等于 0.3%/1h 等。

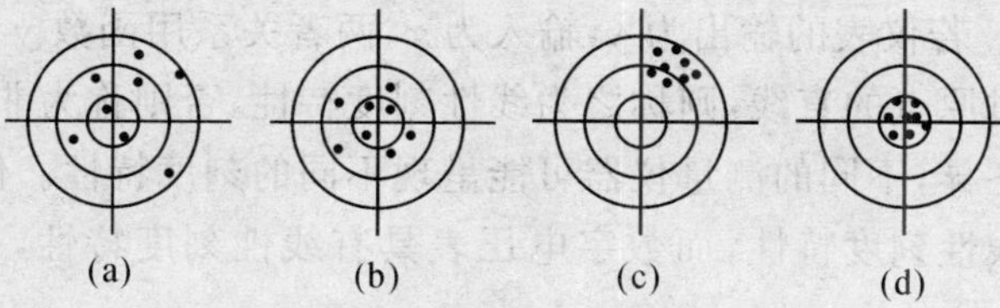

图 4.10　精密度、准确度、精确度示意图

由于电源电压、频率、环境温度、湿度、气压、振动等外界条件变化而造成仪表示值的变化量，称为影响量或影响误差，一般用示值偏差和引起该偏差的影响量一起表示。如 EE1610 晶体振荡器在环境温度从 10℃变化到 35℃时，频率漂移小于等于 1×10^{-9} 等。

(3)输入阻抗。前面曾提到测量仪表的输入阻抗对测量结果的影响。像电压表、示波器等类仪表，测量时并接于待测电路两端，如图 4.11 所示。不难看出，测量仪表的接入改变了被测电路的阻抗特性，这种现象称为负载效应。为了减小测量仪表对待测电路的影响，提高测量精度，通常对这类测量仪表的输入阻抗都有一定要求。仪表的输入阻抗一般用输入电阻 R_i 和输入电容 C_i 表示。例如，SX2172 交流电压表在 1～300 V 的测量范围内的输入阻抗为 $R_i=10$ MΩ，$C_i<35$ pF；SR37A 型示波器不经探头的输入阻抗为 $R_i=1$ MΩ，$C_i=16$ pF。顺便指出，对信号源等供给量仪器，还要考虑输出阻抗，在高频尤其是微波测量等场合，还必须注意阻抗的匹配。

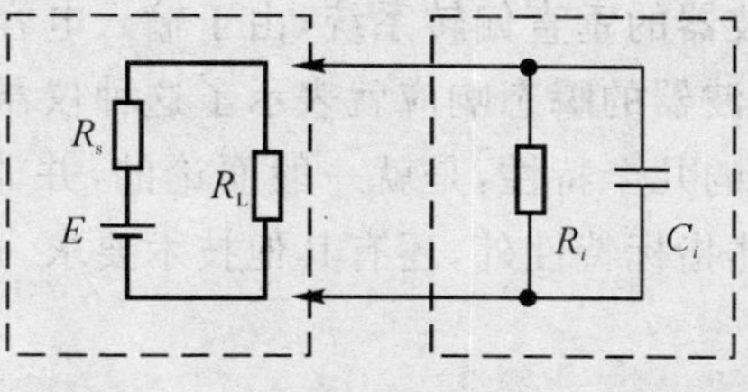

图 4.11　测量仪表的负载效应

(4)灵敏度。灵敏度表示测量仪表对被测量变化的敏感程度，一般定义为测量仪表指示值(指针的偏转角度、数码的变化、位移的大小等)增量 Δy 与被测量增量 Δx 之比。例如，示波器在单位输入电压的作用下，示波管荧光屏上光点偏移的距离就定义为它的偏转灵敏度，单位为 cm/V，cm/mV 等。对示波器而言，偏转灵敏度的倒数称为偏转因数，单位为 V/cm，mV/cm 或 mV/div(每格)等。由于习惯用法和测量电压读数的方便，也常把偏转因数当做灵敏度。例如，SR37A 型双踪示波器的最高偏转灵敏度是 2 mV/cm，表示输入电压变化 2 mV 时，示波器荧光屏上光点产生 1 cm 的位移，显然，这里的偏转灵敏度实际上是偏转因数，不过，这样一般不会引起人们的误解。灵敏度的另一种表述方式叫做分辨力或分辨率，定义为测量仪表所能区分的被测量的最小变化量，该参数在数字式仪表中经常使用。例如，SX1842 型数字电压表的分辨力为 1 μV，表示该电压表显示器上最末位跳变 1 个字时，对应的输入电压变化量为 1 μV，亦即这种电压表能区分出最小为 1 μV 的电压变化。可见，分辨力的值愈小，其灵敏度愈高。由于各种干扰和人的感觉器官的分辨能力等因素，不必也不应该苛求仪器有过高的灵敏度，否则，将导致测量仪器有过高的成本以及实际测量操作的困难，通常规定分辨力为允许绝

对误差的 1/3 即可。

(5) 线性度。线性度是测量仪表输入输出特性之一，表示仪表的输出量（示值）随输入量（被测量）变化的规律。若仪表的输出为 y，输入为 x，两者关系用函数 $y=f(x)$ 表示，如果 $y=f(x)$ 为 yOx 平面上过原点的直线，则称之为线性刻度特性，否则称为非线性刻度特性。由于各类测量仪器的原理各异，不同的测量仪器可能呈现不同的刻度特性。例如，常用的万用表的电阻挡具有上凸的非线性刻度特性，而数字电压表具有线性刻度特性，分别如图 4.12(a)(b) 所示。

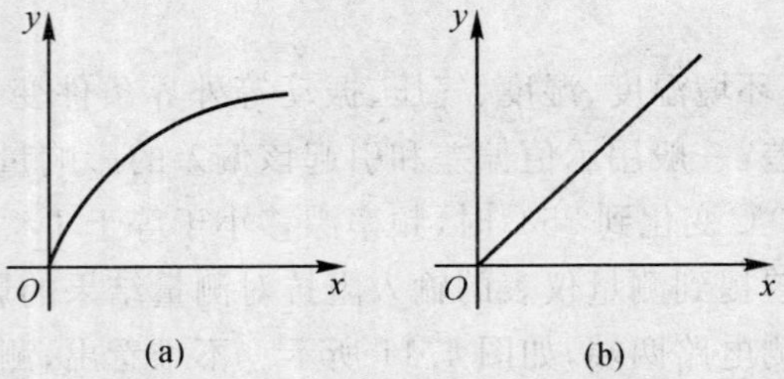

图 4.12　万用表和数字电压表的刻度特性曲线

仪器的线性度可用线性误差来表示，例如 SR46 双线示波器垂直系统的幅度线性误差小于等于 5。

(6)动态特性。测量仪表的动态特性表示仪表的输出响应随输入变化的能力。例如，模拟电压表由于动圈式表头指针惯性、轴承摩擦、空气阻尼等因素的作用，使得仪表的指针不能瞬间稳定在固定值上。又如示波器的垂直偏转系统，由于输入电容等因素的影响，造成输出波形对输入信号的滞后与畸变，示波器的瞬态响应就表示了这种仪器的动态特性。

最后指出，上述测量仪器的几个特性 是就一般而论的，并非所有仪器都用上述特性加以考核。有些测量仪器除了上述指标特性外，还有其他技术要求，这些具体问题都将在后边有关章节中一一加以说明。

3. 电子测量仪器的分类

电子测量仪器的分类方法不一，如果按其功能，大致可分为以下几类。

(1)电平测量仪器。它包括各种模拟式电压表、毫伏级电压表，数字式电压表，电压标准等。

(2)电路参数测量仪器。它包括各类电桥、品质因数测试仪（Q 表）、电阻表、晶体管或集成电路参数测试仪、图示仪等。

(3)频率、时间、相位测量仪器。它主要有电子计数式频率计、石英钟、数字式相位计、波长计等。

(4)波形测量仪器。它主要指各类示波器，例如通用示波器、多踪示波器、多扫描示波器、取样示波器，以及记忆和数字存储示波器等。

(5)信号分析仪器。它包括失真度仪、谐波分析仪、频谱分析仪等。

(6)模拟电路特性测试仪器。它包括扫频仪、噪声系数测试仪、网络特性分析仪等。

(7)数字电路特性测试仪器。它主要指逻辑分析仪。这类仪器内部多带有微处理器或通过接口总线与外部计算机相连，是数据测量中不可缺少的设备。

(8)测试用信号源。它包括各类低频和高频信号发生器、脉冲信号发生器、函数发生器、扫频仪和噪声信号发生器等。由于它们的主要功能是作为测试用信号源，因此也叫供给量仪器。

4.3.2　稳压电源

1. 稳压电源介绍

稳压电源就是其输出电压相对稳定，它与人们的日常生活密切相关，也称为稳定电源、稳压器等。随着电子技术的发展，电子系统的应用领域越来越广泛，电子设备的种类也越来越多，对稳压电源的要求更加灵活多样。电子设备的小型化和低成本化，使稳压电源向轻、薄、小和高效率的方向发展。设计上，稳压电源也从传统的晶体管串联调整稳压电源向高效率、体积小、质量轻的开关型稳压电源迅速发展。

日常工作中，电子工程师通常根据稳压电源中稳压器的稳定对象，把稳压器分为直流稳压器和交流稳压器两种，并且直流稳压器输出电压是直流，交流稳压器输出电压是交流，两者一般都用市电供电。因此，人们就可以把稳压电源按稳压器的类型分为直流稳压电源和交流稳压电源两大类。

2. 交流稳压电源分类和特点

能够提供一个稳定的交流电压和频率的电源称为交流稳压电源。市面上的交流稳压电源大致分为以下几种。

(1)参数调整(谐振)型交流稳压电源。这类稳压电源，稳压的基本原理是 LC 串联谐振，早期出现的含有磁饱和型稳压器的稳压电源就属于这一类。它的优点是结构简单，所需元器件较少，稳压范围相当宽，可靠性高，抗干扰和抗过载能力强。缺点是能耗大，噪声大，笨重且造价高。

(2)自耦(变比)调整型交流稳压电源。

1) 机械调压型。以伺服电机带动炭刷在自耦变压器的绕组滑动面上移动，改变输出电压(U_o)对输入电压(U_i)的比值，以实现稳压电源输出电压的调整和稳定。它的特点是结构简单，造价低，输出波形失真小。但由于炭刷滑动，接点易产生电火花，造成电刷损坏以致烧毁而失效，且电压调整速度慢。

2) 改变抽头型交流稳压电源。将自耦变压器做成多个固定抽头，通过继电器或可控硅(固态继电器)作为开关器控件，自动改变抽头位置，从而实现输出电压的稳定。这种类型的稳压电源，优点是电路简单，稳压范围宽(130～280 V)，效率高(≥ 95%)，价格低。缺点是稳压精度低(±(8%～10%))，工作寿命短。它适用于家庭给空调器供电。

3) 大功率补偿型净化型稳压器(含精密型稳压器)。此种稳压电源用补偿环节实现输出电压的稳定，易实现微机控制。它的优点是抗干扰性能好，稳压精度高(≤±1%)、响应快(40～60 ms)、电路简单、工作可靠。缺点是带计算机、程控交换机等非线性负载时有低频振荡现象；输入端电流失真度大，源功率因数较低；输出电压对输入电压有相移。由于具有稳压、抗干扰、响应速度快、价格适中等优点，应用比较广泛。

(3)开关型交流稳压电源。它应用于高频脉宽调制技术，与一般开关电源的区别是它的输出量必须是与输入端同频、同相的交流电压。它的输出电压波形有准方波、梯型波、正弦波等。市场上的不间断电源(UPS)抽掉其中的蓄电源和充电器，就是一台开关型交流稳压电源。开关型交流稳压电源的稳压性好，控制功能强，易于实现智能化，是具有前途的交流稳压电源。但因其电路复杂，价格较高，所以推广较慢。

3. 直流稳压电源分类和特点

直流稳压电源按习惯可分为化学电源、线性稳压电源和开关型稳压电源。

(1)化学电源。平常所用的干电池、铅酸蓄电池、镍镉、镍氢、锂离子电池均属于化学电源,各有其优缺点。随着科学技术的发展,又产生了智能化电池;在充电电池材料方面,美国研制人员发现锰的一种碘化物,用它可以制造出便宜、小巧、放电时间长、多次充电后仍保持性能良好的环保型充电电池。

(2)线性直流稳压电源(LPS)。线性直流稳压电源指调整管工作在线性状态下的直流稳压电源。线性直流稳压电源主要包括工频变压器、输出整流滤波器、控制电路、保护电路等(见图 4.13)。

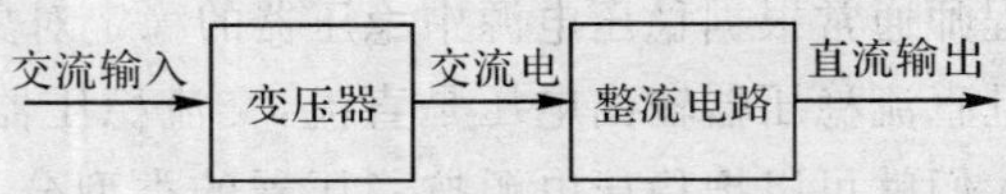

图 4.13 线性直流稳压电源的组成示意图

线性直流稳压电源是先将交流电经过变压器变压,再经过整流电路整流滤波得到未稳定的直流电压,要达到高精度的直流电压,必须经过电压反馈调整输出电压,可以达到很高的稳定度,波纹也很小,而且没有开关稳压电源具有的干扰与噪声。但是它的缺点是需要庞大而笨重的变压器,所需的滤波电容的体积和质量也相当大,而且电压反馈电路是工作在线性状态下,调整管上有一定的电压降,当输出较大工作电流时,致使调整管的功耗太大,转换效率低,还要安装很大的散热片。

(3)开关型直流稳压电源。开关型直流稳压电源是利用现代电力电子技术,控制开关晶体管开通和关断的时间比率,维持稳定输出电压的一种电源。它的电路形式主要有单端反激式,单端正激式、半桥式和全桥式等。基本的开关型直流稳压电源主要包括输入电网滤波器、输入整流滤波器、逆变器、输出整流滤波器、控制电路、保护电路等(见图 4.14)。

图 4.14 开关型直流稳压电源的组成示意图

开关型直流稳压电源的优点是体积小,质量轻,稳定可靠。缺点相对于线性直流稳压电源的纹波较大(一般 $\leqslant 1\% U_{P-P}$)。下面分类介绍几种开关型直流稳压电源。

1) AC/DC 电源。该类型电源也称一次电源,它自电网取得能量,经过高压整流滤波得到一个直流高压,供 DC/DC 变换器在输出端获得一个或几个稳定的直流电压,功率从几瓦至几千瓦均有产品,用于不同场合。

2) DC/DC 电源。在通信系统中也称二次电源,它是由一次电源或直流电池组提供一个直流输入电压,经 DC/DC 变换以后在输出端获得一个或几个直流电压。

3) 通信电源。通信电源其实质上就是 DC/DC 变换器式电源,只是它一般以直流 48 V 或24 V供电,并用后备电池作 DC 供电备份,将 DC 供电电压变换成电路工作电压。它一般又分中央供电、分层供电和单板供电三种,单板供电可靠性最高。

4) 电台电源。电台电源输入 AC 220 V/110 V,输出 DC 13.8 V,功率由所供电台功率而定。为防止 AC 电网断电影响电台工作，而需要电池组作为备份，因此，此类电源除输出一个 13.8 V直流电压外，还具有对电池充电自动转换功能。

5）模块电源。随着科学技术的飞速发展，对电源可靠性、容量、体积比要求越来越高，模块电源越来越显示其优越性，它工作频率高、体积小、可靠性高，便于安装和组合扩容，越来越被广泛采用。

6）特种电源。电流电源、400 Hz 输入的 AC/DC 电源等，可归于此类，可根据特殊需要选用。

4. SS 系列稳压电源

(1)面板介绍(见图 4.15)。SS系列可跟踪直流稳压电源可提供 2～4 路电压输出，广泛用于国防、科研、大专院校和工矿企业的实验室，也适用于计算机系统、自动控制系统等场合的直流供电。

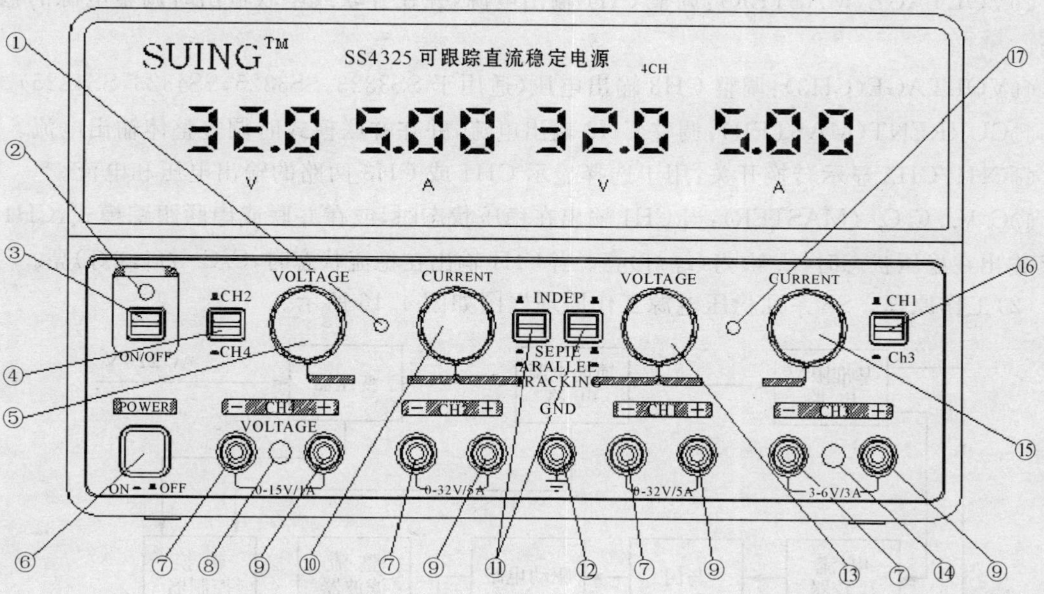

图 4.15　SS系列可跟踪直流稳压电源面板示意图

① C. V. /C. C. (SLAVE)：当 CH2 输出在稳压状态时，C. V. 灯(绿灯)亮。在并联跟踪方式或 CH2 输出在恒流状态时，C. C. 灯(红灯)亮。

② OUTPUT 指示灯：在输出状态下指示灯亮。

③ OUTPUT 开关：打开或关闭输出。

④ CH2/CH4 显示转换开关：用于选择显示 CH2 或 CH4 两路的输出电压和电流。

⑤ VOLTAGE(SLAVE)：独立模式时，调整 CH2 输出电压。

⑥ POWER：电源开关。置 ON 电源接通可正常工作，置 OFF 电源关断。

⑦“—”输出端子：每路输出的负极输出端子(黑色)。

⑧ VOLTAGE(CH4)：调整 CH4 输出电压(适用于 SS4323，SS4325)。

⑨“＋”输出端子：每路输出的正极输出端子(红色)。

⑩ CURRENT(SLAVE)：独立模式时，调整 CH2 输出电流。

⑪TRACKING:两个键可选择 INDEP(独立)、SERIES(串联)或 PARALLEL(并联)的跟踪模式。

a. 当两个按键都未按下时,电源工作在 INDEP(独立)模式。CH1 和 CH2 输出完全独立。

b. 当只按下左键,不按下右键时,电源工作在 SERIES(串联)跟踪模式。CH1 输出端子的负端与 CH2 输出端子的正端自动连接,此时 CH1 和 CH2 的输出电压和输出电流完全由主路调节旋钮控制,电源输出电压为 CH1 和 CH2 两路输出电压之和。显示电压即为 CH1 和 CH2 两路的输出电压读数之和。

c. 当两个键同时按下时,电源工作在 PARALLEL(并联)跟踪模式。CH1 输出端子与 CH2 输出端子自动并接,输出电压与输出电流完全由主路 CH1 控制,电源输出电流为 CH1 与 CH2 两路之和。显示电流即为 CH1 和 CH2 两路的输出电流读数之和。

⑫GND 端子:大地和电源接地端子(绿色)。

⑬VOLTAGE(MASTER):调整 CH1 输出电源,并在并联或串联输出时调整电源的输出电压。

⑭VOLTAGE(CH3):调整 CH3 输出电压(适用于 SS3323,SS3325,SS4323,SS4325)。

⑮CURRENT(MASTER):调整 CH2 输出电流,并在并联模式时调整整体输出电流。

⑯CH1/CH3 显示转换开关:用于选择显示 CH1 或 CH3 两路的输出电压和电流。

⑰C. V. /C. C. (MASTER):当 CH1 输出在稳压状态时,或在并联或串联跟踪模式,CH1 或 CH2 输出在稳压状态时,C. V. 灯(绿灯)亮。当 CH1 输出在稳流状态时,C. C. 灯(红灯)亮。

(2)工作原理。SS 系列稳压电源工作原理框图如图 4.16 所示。

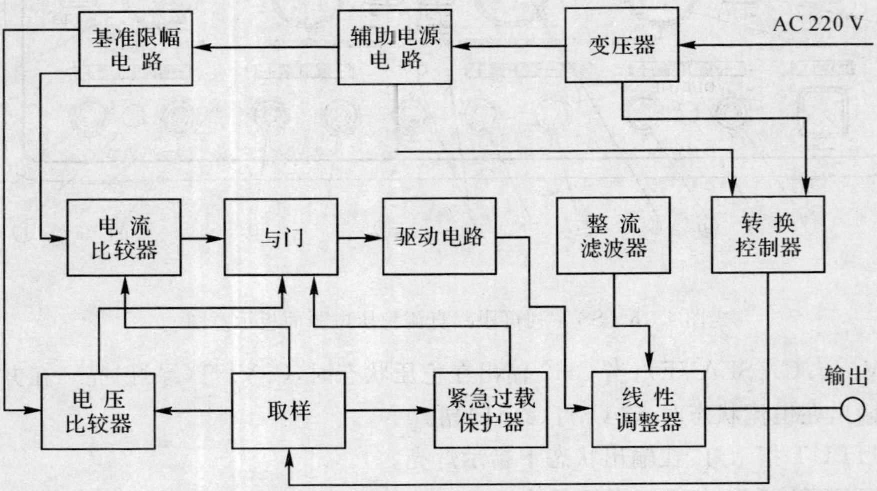

图 4.16 SS 系列稳压电源工作原理框图

1)转换控制器。转换控制器控制继电器 K1,K2 的动作,达到换挡目的。随着输出电压的变化,模/数转换器输出不同的数码,控制继电器动作,调整整流器的输入电压。

2)调整电路。调整电路是串联线性调整器,由比较放大电路来控制,使输出电压(电流)保持稳定。

a. 稳压工作。当稳压工作时,电压比较器处于控制优先状态,当输入电压或负载变化时,输出电压发生相应变化,此变化量经取样电阻送入电压比较放大器反相输入端与同相输入端设置的基准电压进行比较、放大控制调整器，以使输出电压趋于原来数值，达到稳压目的。当电源负载过大且超过预置电流时，采样电阻上的电压将增大，此电压值送到电流比较放大器反相输入端与同相输入端预置的电流基准进行比较放大，输出一低电平，控制线性调整器，使输出电流恒定在预置的电流值上，从而使电源和负载得到保护。

b. 稳流工作。在稳流工作中，电流比较器处于控制优先状态，当负载加大到恒流点设定值时，稳流比较放大器对线性调整器起控，电路的工作状态由恒压转换为恒流，稳流状态的工作过程与稳压工作时过流保护的工作过程完全相同。

(3)操作说明。

1)独立输出。

CH1 和 CH2 电源供应器当在额定电流时，分别可供给 0 至额定值的电压输出。当其设定在独立模式时，CH1 和 CH2 为完全独立的两组电源，可单独或两组同时使用，独立输出模型如图 4.17 所示。

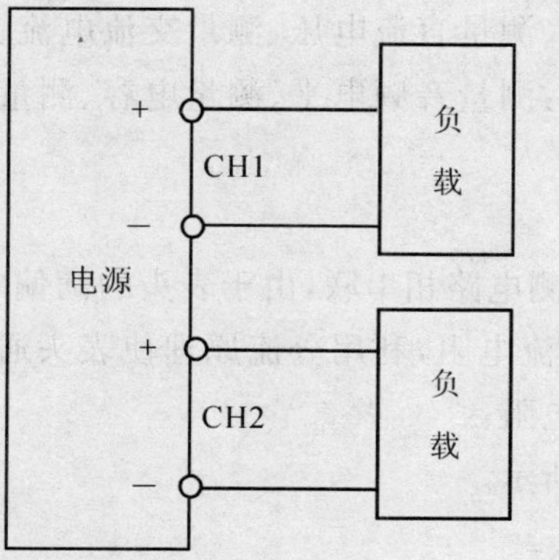

图 4.17　独立输出模式

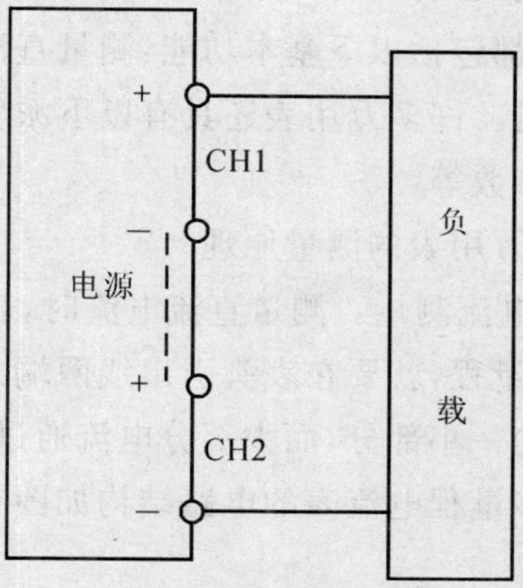

图 4.18　单电源串联输出模式

2)串联跟踪输出。当选择串联跟踪模式时，CH2 输出端正极将自动与 CH1 输出端子的负极相连接。而最大输出电压(串联电压)即由两组(CH1 和 CH2)输出电压串联成一组连续可调的直流电压。调整 CH1 电压控制旋钮即可实现 CH2 输出电压与 CH1 输出电压同时变化。如图 4.18 所示提供 2 倍主控输出电压。如图 4.19 所示提供一组共地的正负对称直流电源。

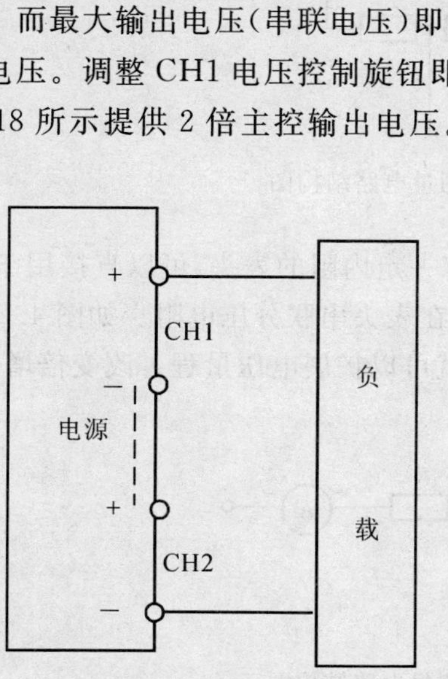

图 4.19　正/负对称电源

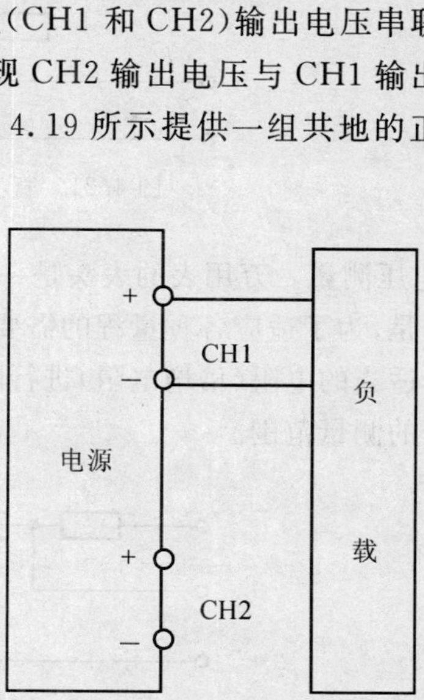

图 4.20　并联跟踪输出

3)并联输出。在并联跟踪模式下,CH1 输出端正极和负极会自动地与 CH2 输出端正极和负极两两相互连接在一起,如图 4.20 所示。

4.3.3 万用表

万用表是万用电表的简称,它是电子测量中一个必不可少的工具。万用表品种繁多,功能各异,可以分为模拟万用表和数字万用表。模拟万用表采用微安表头作为测量指示,传统意义上的万用表即是模拟万用表。数字万用表采用液晶或 LED 数码显示屏作为测量指示,是一种数字化的新型测量仪表。对于初学者,建议使用模拟万用表,因为它对熟悉一些电子知识原理很有帮助。

1. 万用表的测量原理

万用表实质上是电压表、电流表、电阻表的有机组合。使用时根据需要,通过转换开关进行转换。因此,也有人将万用表称之为"三用表"。万用表的功能较多,各型号万用表的功能不尽相同,但都包括以下基本功能:测量直流电流、测量直流电压、测量交流电流、测量交流电压及测量电阻。许多万用表还具有以下派生功能:测量音频电平、测量电容、测量电感及测量晶体管直流参数等。

(1)模拟万用表的测量原理。

1) 直流电流测量。测量直流电流时 表与被测电路相串联,由于表头的满偏电流很小,因此,为了扩大量程,就要在表头引出线两端并上分流电阻,利用分流原理使表头通过的电流仅为被测电流的一小部分,而大部分电流通过分流电阻。

常用的多量程电流表的电路结构如图 4.21 所示。

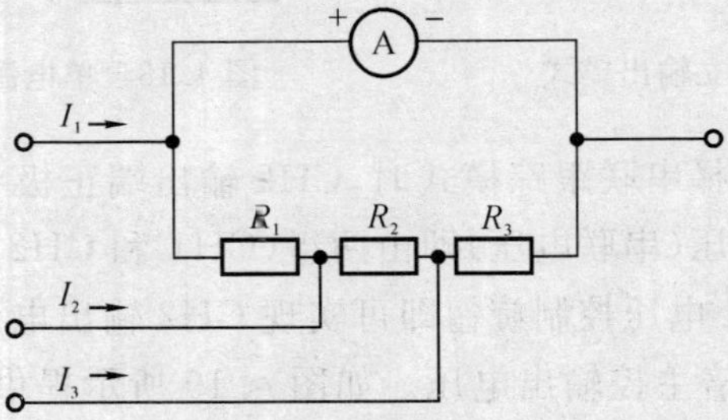

图 4.21 直流电流测量电路结构图

2) 直流电压测量。万用表的表头是一个具有一定内阻的表头,可以直接用于测量很低的直流电压。但是,为了适应各种量程的需要,必须在表头串联分压电阻。如图 4.22 所示,在表头上串联一个适当的电阻(倍增电阻)进行降压,就可以扩展电压量程。改变倍增电阻的阻值,就能改变电压的测量范围。

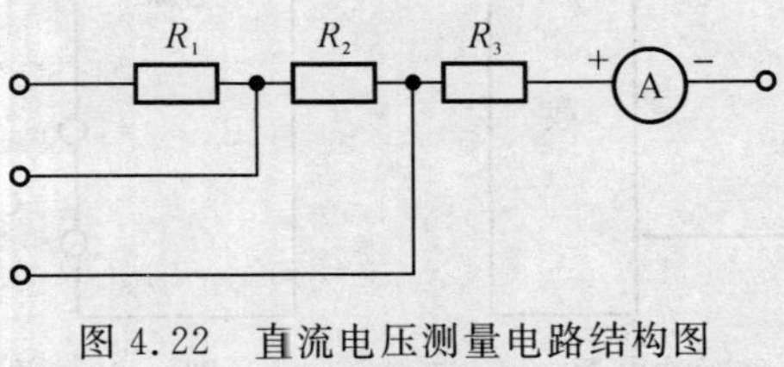

图 4.22 直流电压测量电路结构图

3）交流电压、电流测量。万用表的表头是一个动圈式直流电流表头，它不能直接测量交流电压。为了使直流表头能够指示交流电压，必须把交流电压经变换器变成表头所能接受的直流量。因此，测量交流电量时，须加装一个并、串式半波整流电路，将交流进行整流变成直流后再通过表头，如图 4.23 所示，这样就可以根据直流电量的大小来测量交流电压。扩展交流电压量程的方法与直流电压量程相似。

4)电阻测量。电阻是一种无源元件，它没有驱动表头指针偏转的能量，测量时必须借助于附加直流电源。万用表常用的测直流电阻原理如图 4.24 所示，在表头上并联和串联适当的电阻，同时串接一节电池，使电流通过被测电阻，根据电流的大小，就可测量出电阻值。改变分流电阻的阻值，就能改变万用表的量程。

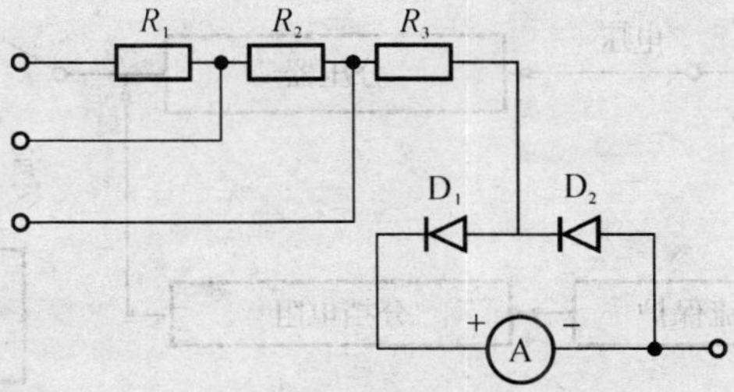

图 4.23　交流电压测量电路结构图

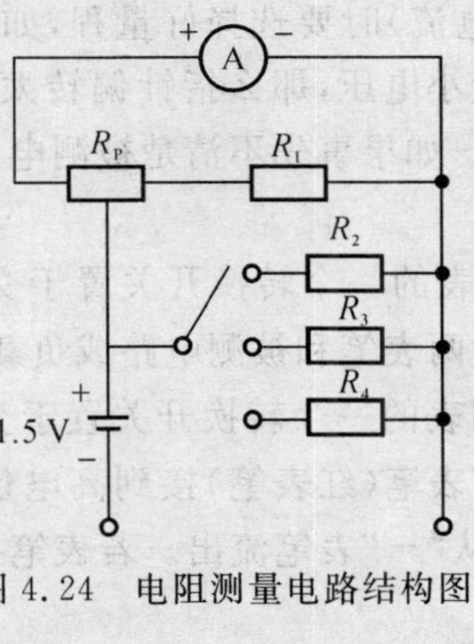

图 4.24　电阻测量电路结构图

(2)数字万用表的测量原理。数字万用表的基本组成方框图如图 4.25 所示。

除了如图 4.25 所示的基本组成部分之外，数字万用表通常还有蜂鸣器电路、二极管检测电路、三极管 h_{FE} 测量电路、低电压指示电路等(如 DT830A 型)。有的表还设有电容测量电路、温度测量电路、自动延时关机电路等(如 DT890C＋，M890D，KT105 等型号)，更新型的还有电感、频率测量电路(如 DT930F＋，KT102，VC9808 等型号)。

2. 万用表的使用及注意事项

(1)模拟万用表的使用及注意事项。

1) 熟悉表盘上各符号的意义及各个旋钮和选择开关的主要作用进行机械调零，根据被测量的种类及大小，选择转换开关的挡位及量程，找出对应的刻度线，选择表笔插孔的位置。

2) 根据测试目的选择插孔或转换开关的位置，由于使用中测量电压、电流和电阻等交替地进行，一定不要忘记换挡。切不可用测量电流或测量电阻的挡位去测电压。如果用直流电流或电阻去测量 220 V 的交流电压，万用表则会立刻烧坏。

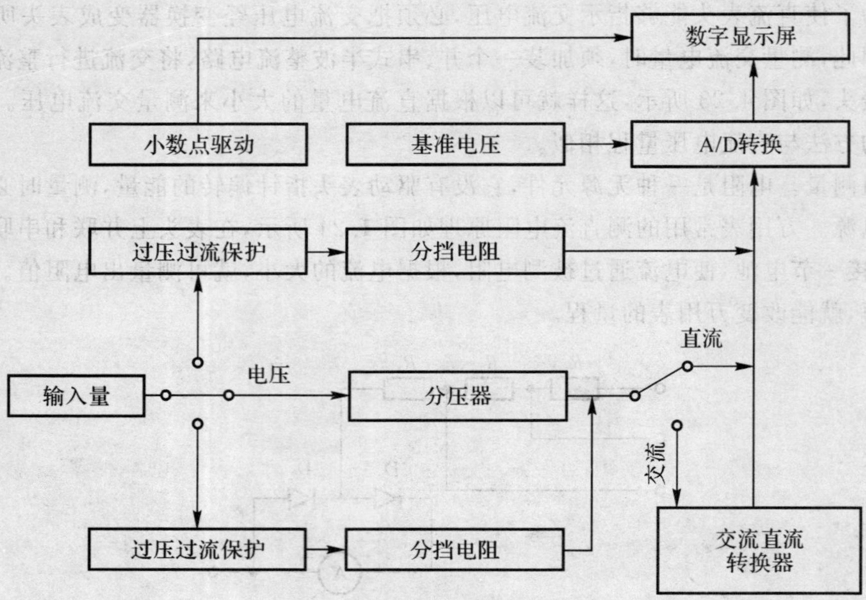

图 4.25　数字万用表的基本组成

3）测量电压。测量电压(或电流)时要选择好量程，如果用小量程去测量大电压，则会有烧表的危险；如果用大量程去测量小电压，那么指针偏转太小，无法读数。量程的选择应尽量使指针偏转到满刻度的 2/3 左右。如果事先不清楚被测电压的大小，则应先选择最高量程挡，然后逐渐减小到合适的量程。

a. 交流电压的测量。将万用表的一个转换开关置于交、直流电压挡，另一个转换开关置于交流电压的合适量程上，万用表两表笔和被测电路或负载并联即可。

b. 直流电压的测量。将万用表的一个转换开关置于交、直流电压挡，另一个转换开关置于直流电压的合适量程上，且"＋"表笔(红表笔)接到高电位处，"－" 表笔(黑表笔)接到低电位处，即让电流从"＋"表笔流入，从"－"表笔流出。若表笔接反，表头指针会反方向偏转，容易撞弯指针。

4）测量电流。测量直流电流时，将万用表的一个转换开关置于直流电流挡，另一个转换开关置于 50 μA～500 mA 的合适量程上，电流的量程选择和读数方法与电压一样。测量时必须先断开电路，然后按照电流从"＋"到"－"的方向，将万用表串联到被测电路中，即电流从红表笔流入，从黑表笔流出。如果误将万用表与负载并联，则因表头的内阻很小，会造成短路烧毁仪表。其读数方法如下：实际值＝指示值×量程/满偏。

5）测量电阻。用万用表测量电阻时，应按下列方法操作：选择合适的倍率挡。万用表电阻挡的刻度线是不均匀的，因此，倍率挡的选择应使指针停留在刻度线较稀的部分为宜，且指针越接近刻度尺的中间，读数就越准确。一般情况下，应使指针指在刻度尺的 1/3～2/3 间。

a. 电阻表调零。测量电阻之前，应将 2 个表笔短接，同时调节"电阻调零旋钮"，使指针刚好指在电阻表刻度线右边的零位。如果指针不能调到零位，说明电池电压不足或仪表内部有问题。并且每换一次倍率挡，都要再次进行电阻表调零，以保证测量准确。

b. 读数。表头的读数乘以倍率，就是所测电阻的电阻值。

6）关于测试表笔的使用。万用表有红、黑表笔，一般红表笔为“＋”，黑表笔为“－”，表笔插放万用表插孔时须严格按颜色和正负插入。如果位置接反或接错，将会有测试错误或烧坏表头的可能性。测直流电压或直流电流时，切记注意正负极性。

7）如何正确读数。万用表使用前应检查指针是否在零位上，如不指零位，可调正表盖上的机械调节器，手动调至零位。万用表有多条标尺，一定要认清对应的读数标尺，不能把交流和直流标尺任意混用。

一般情况下，万用表同一测量项目有多个量程，例如，直流电压量程有 1 V，10 V，15 V，25 V，100 V，500 V 等，量程选择应使指针指在满刻度的 2/3 附近。测电阻时，应将指针指向该挡中心电阻值附近，这样才能尽量确保测量准确无误差。

（2）数字万用表的使用及注意事项。以 VC9800 系列万用表为例，介绍万用表的使用。该系列仪表可用来测量直流电压和交流电压、直流电流和交流电流、电阻、电容、二极管、三极管、通断测试及频率等参数。

1）操作面板说明。该系列仪表面板图如图 4.26 所示，各部分使用说明见图注。

图 4.26　VC9807A＋型万用表表盘

1—液晶显示器：显示仪表测量的数值；2—POWER 电源开关：启动及关闭电源；
3—背光开关：启动及关闭背光源；4—旋钮开关：用于改变测量功能及量程；
5—20 A 测试插座；6—小于 200 mA 电流、电容以及电导测试插座；
7—h_{FE}测试插座；8—保持开关；9—通断测试指示灯；
10—公共地、测试附件正极插座；11—电压、电阻、频率二极管测试插座

2）直流电流测量。

a. 将黑表笔插入“COM”插孔，红表笔插入“mA”插孔中（最大量程为 200 mA），或将红表笔插入“20 A”中（最大量程为 20 A）。

b. 将量程开关转至相应的 DCA 量程上，然后将仪表串入被测电路中，被测电流值及红表笔所接点的电流极性将同时显示在屏幕上。

注意：

a. 如果事先对被测电流范围没有概念，应将量程开关转到最高的挡位，然后根据显示值转到相应的挡位上。

b. 如测量时高位显示“1”，表明已经超过测量范围，须将量程开关调高一挡。

c. 最大输入电流为 2 A，或者 10 A(视红表笔插入位置而定)，过大的电流会将保险丝熔断，在测量 10 A 时要注意，该挡位没有保护，连续测量最大电流会使电路发热，影响测量精度甚至损坏仪表。

3) 直流电压测量。

a. 将黑表笔插入“COM”插孔，红表笔插入 V/Ω/Hz 插孔。

b. 将量程开关转至相应的 DCV 量程上，然后将测试表笔跨接在被测电路上，红表笔所接的该点电压与极性将同时显示在屏幕上。

注意：

a. 如果事先对被测电压范围没有概念，应将量程开关转到最高的挡位，然后根据显示值转到相应的挡位上。

b. 未测量时小电压挡有残留数字，属正常现象，不影响测试；如测量时高位显示“1”，表明已经超过量程，须将量程开关转至较高挡位上。

c. 输入电压切勿超过 1 000 V，如超过，则有损坏仪表电路的危险。

d. 当测量高电压电路时，须注意避免触及高电压电路。

4) 交流电流测量。

a. 将黑表笔插入“COM”插孔，红表笔插入“mA”插孔中(最大量程为 200 mA)，或红表笔插入“20 A”中(最大量程为 20 A)。

b. 将量程开关转至相应的 ACA 量程上，然后将仪表串入被测电路中。

注意：

a. 如果事先对被测电流范围没有概念，应将量程开关转到最高的挡位，然后根据显示值转到相应的挡位上。

b. 如测量时高位显示“1”，表明已经超过测量范围，须将量程开关调高一挡。

c. 最大输入电流为 200 mA，或者 20 A(视红表笔插入位置而定)，过大的电流会将保险丝熔断，在测量 20 A 时要注意，该挡位没有保护，连续测量最大电流会使电路发热，影响测量精度甚至损坏仪表。

5) 交流电压测量。

a. 将黑表笔插入“COM”插孔，红表笔插入 V/Ω/Hz 插孔。

b. 将量程开关转至相应的 ACV 量程上，然后将测试表笔跨接在被测电路上。

注意：

a. 如果事先对被测电压范围没有概念，应将量程开关转到最高的挡位，然后根据显示值转到相应的挡位上。

b. 未测量时小电压挡有残留数字，属正常现象，不影响测试；如测量时高位显示“1”，表明已经超过量程，须将量程开关转至较高挡位上。

c. 输入电压切勿超过 750 V/ms，如超过，则有损坏仪表电路的危险。

d. 当测量高电压电路时，须注意避免触及高电压电路。

6）电阻测量。

a. 将黑表笔插入“COM”插孔，红表笔插入 V/Ω/Hz 插孔。

b. 将量程开关转至相应的电阻量程上，然后将测试表笔跨接在被测电阻上。

注意：

a. 如果电阻值超过所选的量程值，将会显示“1”，这时应将开关转高一挡；当电阻值超过 1 MΩ以上时，读数需几秒钟才能稳定，这在测量高阻时是正常的。

b. 在测低阻时，应先将表笔短路，测得引线电阻，然后在实测时应减去。

c. 测量在线电阻时，要确认被测电路中所有电源开关已关断，且所有电容已完全放电时才可进行。

d. 请勿在使用电阻量程时输入电压。

7）电容测量。

a. 将量程开关置于相应的电容量程上，将测试附件或者表笔插入“COM”和“mA”插座中，注意“COM”端对应于正极接红表笔，“mA”端对应于负极接黑表笔。

b. 将测试表笔跨接在电容两端进行测量，必要时注意极性。

注意：

a. 如被测电容超过所选量程的最大值，显示器将只会显示“1”，此时应将开关转高一挡。

b. 在测试电容之前，显示器可能尚有残留读数，属正常现象，它不会影响测试结果。

c. 大电容挡测量严重漏电或击穿电容时，将显示一数字值且不稳定。

d. 在测试电容容量之前，应对电容充分地放电，以防损坏仪表。

8）三极管 h_{FE}。

a. 将量程置于 h_{FE} 挡，将测试附件插入“COM”和“mA”插孔中，注意“COM”端对应于正极接红表笔，“mA”端对应于负极接黑表笔。

b. 判定所测晶体管为 NPN 型或者 PNP 型，将发射极、基极、集电极分别插入相应插孔。

9）二极管及通断测试。

a. 将黑表笔插入“COM”插孔，红表笔插入 V/Ω/Hz 插孔。

b. 将量程开关置于→⊢ ·))) 挡，并将表笔连接到待测试二极管，红表笔接二极管正极，读数为二极管正向压降的近似值。

10）频率测量。

a. 将表笔或屏蔽电缆接入“COM”和 V/Ω/Hz 输入端。

b. 将量程开关转到频率挡上，将表笔或电缆跨接在信号源或被测负载上。

注意：

a. 输入超过 10 V/ms 时，可以读数，但不保证准确度。

b. 在噪声环境下，测量小信号时最好使用屏蔽电缆。

c. 在测量高压电路时，千万不要触及高压电路。

d. 禁止输入超过 250 V 直流或交流峰值的电压，以免损坏仪表。

11）数据保持。按下保持开关，当前数据就会保持在屏幕上。

12）自动断电。当仪表停止使用约(20±10) min 后，仪表便自动断电进入休眠状态，若要重新启动电源，再按两次"POWER"键，就可重新接通电源。

13)背光显示。按下"B/L"开关时背光灯亮，约过10 s后，背光灯自动关闭。

4.3.4 示波器

示波器是一种用途十分广泛的电子测量仪器。它能把肉眼看不见的电信号变换成看得见的图像，便于人们研究各种电现象的变化过程。示波器利用狭窄的、由高速电子组成的电子束，打在涂有荧光物质的屏面上，就可产生细小的光点。在被测信号的作用下，电子束就好像一支笔的笔尖，可以在荧光屏上描绘出被测信号的瞬时值的变化曲线。利用示波器能观察各种不同信号幅度随时间变化的波形曲线，还可以用它测试各种不同的电量，如电压、电流、频率、相位差、调幅度等。

1. 示波器的工作原理

(1)示波器的组成。普通示波器有五个基本组成部分：显示电路、垂直(Y轴)放大电路、水平(X轴)放大电路、扫描与同步电路、电源供给电路。普通示波器的原理功能方框图如图4.27所示。

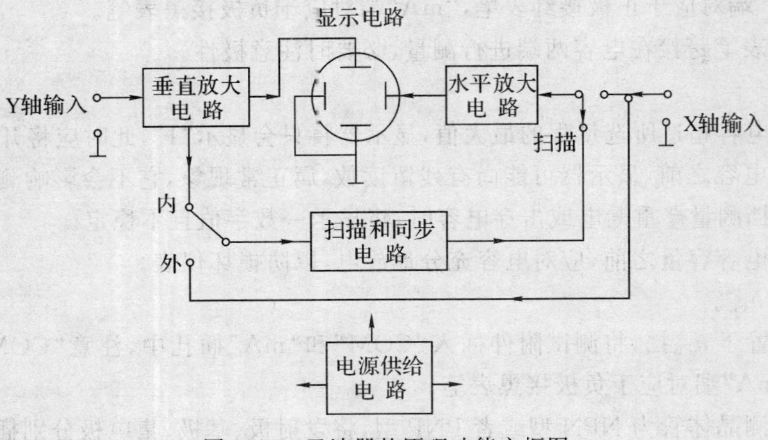

图 4.27　示波器的原理功能方框图

1) 显示电路。显示电路包括示波管及其控制电路两个部分。示波管是一种特殊的电子管，是示波器一个重要组成部分。示波管的基本原理如图4.28所示。由图可见，示波管由电子枪、偏转系统和荧光屏3个部分组成。

a. 电子枪。电子枪用于产生并形成高速、聚束的电子流，去轰击荧光屏使之发光。它主要由灯丝H、阴极K、控制极G、第一阳极A_1、第二阳极A_2组成。除灯丝外，其余电极的结构都为金属圆筒，且它们的轴心都保持在同一轴线上。阴极被加热后，可沿轴向发射电子；控制极相对阴极来说是负电位，改变电位可以改变通过控制极小孔的电子数目，也就是控制荧光屏上光点的亮度。

第一阳极对阴极而言加有约几百伏的正电压。在第二阳极上加有一个比第一阳极更高的正电压。穿过控制极小孔的电子束，在第一阳极和第二阳极高电位的作用下，得到加速，向荧光屏方向作高速运动。由于电荷的同性相斥，电子束会逐渐散开。通过第一阳极、第二阳极之间电场的聚焦作用，使电子重新聚集起来并交汇于一点。适当控制第一阳极和第二阳极之间电位差的大小，便能使焦点刚好落在荧光屏上，显现一个光亮细小的圆点。改变第一阳极和第二阳极之间的电位差，可起调节光点聚焦的作用，这就是示波器的“聚焦”和“辅助聚焦”调节的原理。

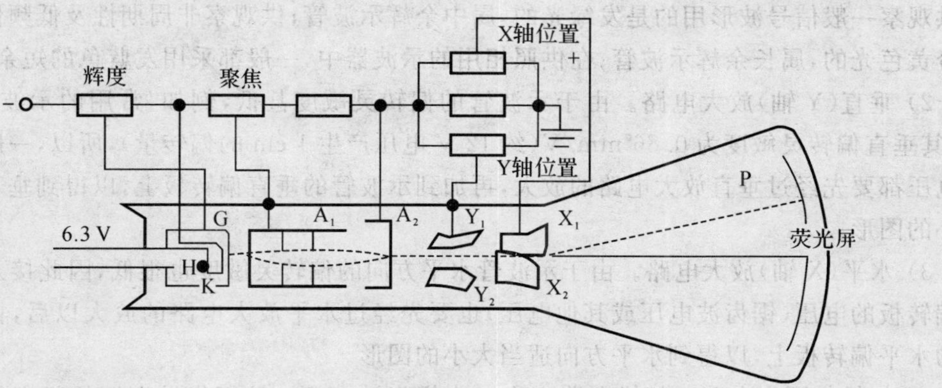

图 4.28　示波管内部结构示意图

b. 偏转系统。示波管的偏转系统大都是静电偏转式，它由两对相互垂直的平行金属板组成，分别称为水平偏转板和垂直偏转板，分别控制电子束在水平方向和垂直方向的运动。当电子在偏转板之间运动时，如果偏转板上没有加电压，偏转板之间无电场，离开第二阳极后进入偏转系统的电子将沿轴向运动，射向屏幕的中心。如果偏转板上有电压，偏转板之间则有电场，进入偏转系统的电子会在偏转电场的作用下射向荧光屏的指定位置。

如图 4.29 所示，如果两块偏转板互相平行，并且它们的电位差等于零，那么通过偏转板空间的，具有速度 v 的电子束就会沿着原方向（设为轴线方向）运动，并打在荧光屏的坐标原点上。如果两块偏转板之间存在着恒定的电位差，则偏转板间就形成一个电场，这个电场与电子的运动方向相垂直，于是电子就朝着电位比较高的偏转板偏转。这样，在两偏转板之间的空间，电子就沿着抛物线在这一点上作切线运动。最后，电子降落在荧光屏上的 A 点，这个 A 点距离荧光屏原点(O)有一段距离，这段距离称为偏转量，用 y 表示。偏转量 y 与偏转板上所加的电压 U_y 成正比。同理，在水平偏转板上加有直流电压时，也发生类似情况，只是光点在水平方向上偏转。

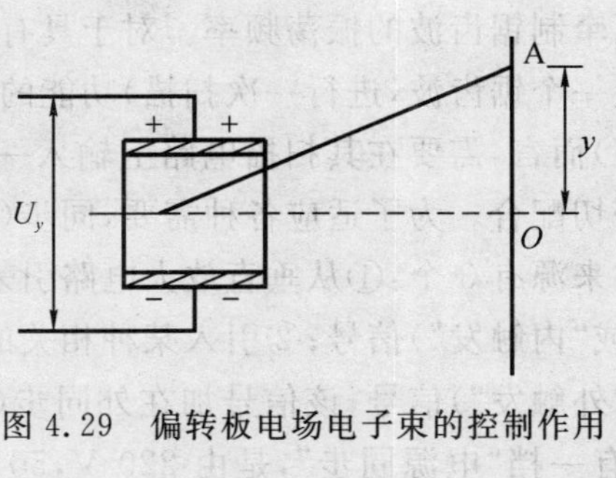

图 4.29　偏转板电场电子束的控制作用

c. 荧光屏。荧光屏位于示波管的终端，它的作用是将偏转后的电子束显示出来，以便观察。在示波器的荧光屏内壁涂有一层发光物质，当荧光屏上受到高速电子冲击时，就显现出荧光。此时光点的亮度决定于电子束的数目、密度及其速度。当改变控制极的电压时，电子束中电子的数目将随之改变，光点亮度也就改变。当使用示波器时，不宜让很亮的光点固定出现在示波管荧光屏一个位置上，否则该点荧光物质将因长期受电子冲击而烧坏，从而失去发光能力。

涂有不同荧光物质的荧光屏，在受电子冲击时将显示出不同的颜色和不同的余辉时间，通常供观察一般信号波形用的是发绿光的，属中余辉示波管；供观察非周期性及低频信号用的是发橙黄色光的，属长余辉示波管；在供照相用的示波器中，一般都采用发蓝色的短余辉示波管。

2）垂直（Y轴）放大电路。由于示波管的偏转灵敏度甚低，例如，常用的示波管13SJ38J型，其垂直偏转灵敏度为0.86 mm/V（约12 V电压产生1 cm的偏转量），所以，一般的被测信号电压都要先经过垂直放大电路的放大，再加到示波管的垂直偏转板上，以得到垂直方向适当大小的图形。

3）水平（X轴）放大电路。由于示波管水平方向的偏转灵敏度也很低，因此接入示波管水平偏转板的电压（锯齿波电压或其他电压）也要先经过水平放大电路的放大以后，再加到示波管的水平偏转板上，以得到水平方向适当大小的图形。

4）扫描与同步电路。扫描电路产生一个锯齿波电压。该锯齿波电压的频率能在一定的范围内连续可调。锯齿波电压的作用是使示波管阴极发出的电子束在荧光屏上形成周期性的、与时间成正比的水平位移，即形成时间基线。这样，才能把加在垂直方向的被测信号按时间的变化波形展现在荧光屏上。

5）电源供给电路。电源供给电路供给垂直与水平放大电路、扫描与同步电路以及示波管与控制电路所需的负高压、灯丝电压等。

由示波器的原理功能方框图可见，被测信号电压加到示波器的Y轴输入端，经垂直放大电路加于示波管的垂直偏转板。示波管的水平偏转电压，虽然多数情况都采用锯齿电压（用于观察波形时），但有时也采用其他的外加电压（用于测量频率、相位差等时），因此在水平放大电路输入端有一个水平信号选择开关，以便按照需要选用示波器内部的锯齿波电压，或选用外加在X轴输入端上的其他电压来作为水平偏转电压。

此外，为了使荧光屏上显示的图形保持稳定，要求锯齿波电压信号的频率和被测信号的频率保持同步。这样，不仅要求锯齿波电压的频率能连续调节，而且在产生锯齿波的电路上还要输入一个同步信号。这样，对于只能产生连续扫描（即产生周而复始、连续不断的锯齿波）一种状态的简易示波器（如国产SB10型等示波器）而言，需要在其扫描电路上输入一个与被观察信号频率相关的同步信号，以牵制锯齿波的振荡频率。对于具有等待扫描（即平时不产生锯齿波，当被测信号来到时才产生一个锯齿波，进行一次扫描）功能的示波器（如国产ST－16型示波器、SR－8型双踪示波器等）而言，需要在其扫描电路上输入一个与被测信号相关的触发信号，使扫描过程与被测信号密切配合。为了适应各种需要，同步（或触发）信号可通过同步或触发信号选择开关来选择，通常来源有3个：①从垂直放大电路引来被测信号作为同步（或触发）信号，此信号称为“内同步”（或“内触发”）信号；②引入某种相关的外加信号为同步（或触发）信号，此信号称为“外同步”（或“外触发”）信号，该信号加在外同步（或外触发）输入端；③有些示波器的同步信号选择开关还有一挡“电源同步”，是由220 V，50 Hz电源电压，通过变压器次级降压后作为同步信号。

（2）波形显示的基本原理。由示波管的原理可知，当一个直流电压加到一对偏转板上时，将使光点在荧光屏上产生一个固定位移，该位移的大小与所加直流电压成正比。如果分别将两个直流电压同时加到垂直和水平两对偏转板上，则荧光屏上的光点位置就由两个方向的位移所共同决定。

如果将一个正弦交流电压加到一对偏转板上时，光点在荧光屏上将随电压的变化而移动。如图 4.30 所示可知，当垂直偏转板上加一个正弦交流电压时，在时间 $t=0$ 的瞬间，电压为 U_0（零值），荧光屏上的光点位置在坐标原点 0 上，在时间 $t=1$ 的瞬间，电压为 U_1（正值），荧光屏上光点在坐标原点 0 点上方的 1 上，位移的大小正比于电压 U_1；在时间 $t=2$ 的瞬间，电压为 U_2（最大正值），荧光屏上的光点在坐标原点 0 点上方的 2 点上，位移的距离正比于电压 U_2；以此类推，在时间 $t=3$，$t=4$，…，$t=8$ 的各个瞬间，荧光屏上光点位置分别为 3，4，…，8 点。在交流电压的第二个周期、第三个周期 …… 都将重复第一个周期的情况。如果此时加在垂直偏转板上的正弦交流电压的频率很低，仅为 1 ～ 2 Hz，那么，在荧光屏上便会看见一个上下移动着的光点。这光点距离坐标原点的瞬时偏转值将与加在垂直偏转板上的电压瞬时值成正比。如果加在垂直偏转板上的交流电压频率在 10 ～ 20 Hz 以上，则由于荧光屏的余辉现象和人眼的视觉暂留现象，在荧光屏上看到的就不是一个上下移动的点，而是一根垂直的亮线了。该亮线的长短在示波器的垂直放大增益一定的情况下决定于正弦交流电压峰-峰值的大小。如果在水平偏转板上加一个正弦交流电压，则会产生相类似的情况，只是光点在水平轴上移动罢了。

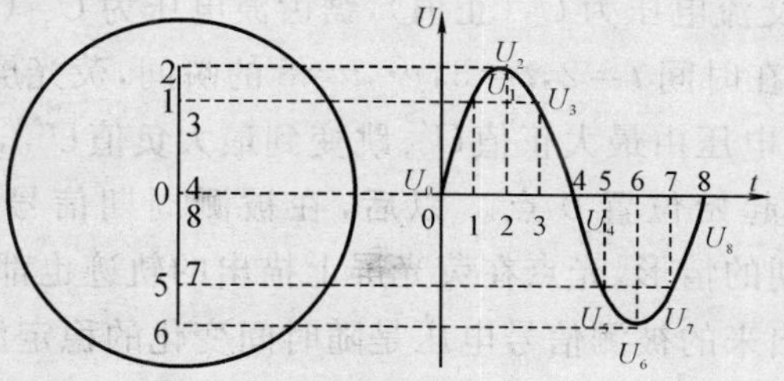

图 4.30　交流电压与光点位移

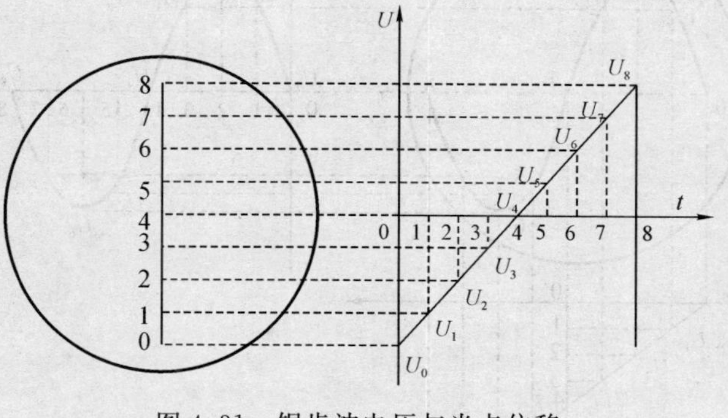

图 4.31　锯齿波电压与光点位移

如果将一随时间线性变化的电压（如锯齿波电压）加到一对偏转板上，则光点在荧光屏上又会怎样移动呢？如图 4.31 所示，当水平偏转板上有锯齿波电压时，在时间 $t=0$ 瞬间，电压为 U_0（最大负值），荧光屏上光点在坐标原点左侧的起始位置（零点上），位移的距离正比于电压 U_0；在时间 $t=1$ 的瞬间，电压为 U_1（负值），荧光屏上光点在坐标原点左方的 1 点上，位移的距离正比于电压 U_1；以此类推，在时间 $t=2$，$t=3$，…，$t=8$ 的各个瞬间，荧光屏上光点的对应位置是 2，3，…，8 各点。在 $t=8$ 这个瞬间，锯齿波电压由最大正值 U_8 跃变到最大负值 U_0，则荧光屏上光点从 8 点极其迅速地向左移到起始位置零点。如果锯齿波电压是周期性的，则在锯齿波电压的第二个周期、第三个周期 …… 都将重复第一个周期的情形。如果此时加在水平偏转板上的锯齿波电压频率很低，仅为 1 ～ 2 Hz，在荧光屏上便会看见光点自左边起始位置零点向右边 8 点处匀速地移动，随后光点又从右边 8 点处极其迅速地移动到左边起始位置零点，上述这个过程称为扫描。当在水平轴加有周期性锯齿波电压时，扫描将周而复始地进行下去。光点距离起始位置零点的瞬时值，将与加在偏转板上的电压瞬时值成正比。如果加在偏转板上的锯齿波电压频率在 10 ～ 20 Hz 以上，则由于荧光屏的余辉现象和人眼的视觉暂留现象，就看到一根水平亮线，该水平亮线的长度，在示波器水平放大增益一定的情况下决定于锯齿波电压值，锯齿波电压值是与时间变化成正比的，而荧光屏上光点的位移又是与电压值成正比的，因此，荧光屏上的水平亮线可以代表时间轴。在此亮线上的任何相等的线段都代表相等的一段时间。

如果将被测信号电压加到垂直偏转板上，锯齿波扫描电压加到水平偏转板上，而且被测信号电压的频率等于锯齿波扫描电压的频率，则在荧光屏上将显示出一个周期的被测信号电压随时间变化的波形曲线（见图 4.32）。由图 4.32 所示可见，在时间 $t=0$ 的瞬间，信号电压为 U_0（零值），锯齿波电压为 U'_0（负值），荧光屏上光点在坐标原点左面，位移的距离正比于电压 U'_0；在时间 $t=1$ 的瞬间，交流电压为 U_1（正值），锯齿波电压为 U'_1（负值），荧光屏上光点在坐标的第 Ⅱ 象限中。同理，在时间 $t=2, t=3, \cdots, t=8$ 的瞬间，荧光屏上光点分别位于 2，3，…，8 点。在 $t=8$ 瞬间，锯齿波电压由最大正值 U'_8 跳变到最大负值 U'_0，因而荧光屏上的光点也从 8 点极其迅速地向左移到起始位置 0 点。以后，在被测周期信号的第二个周期、第三个周期 …… 都重复第一个周期的情形，光点在荧光屏上描出的轨迹也都重叠在第一次描出的轨迹上。所以，荧光屏上显示出来的被测信号电压是随时间变化的稳定波形曲线。

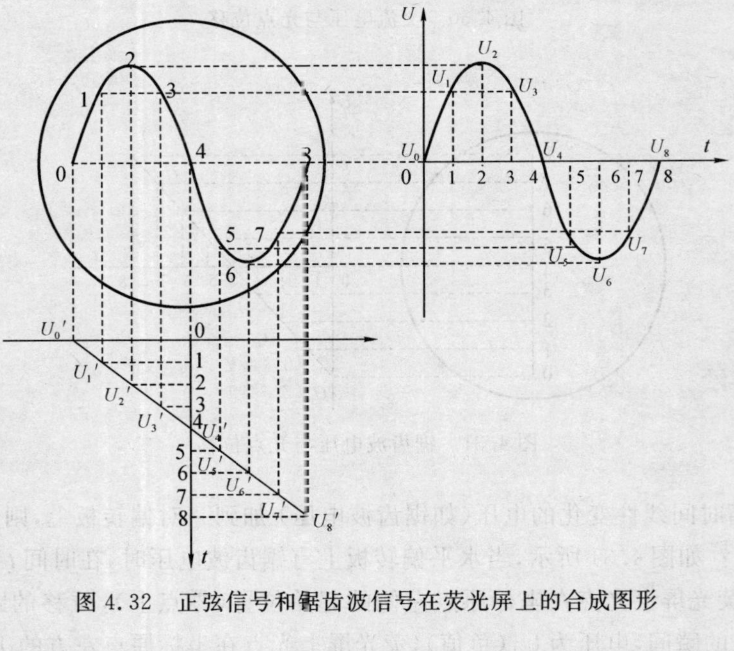

图 4.32　正弦信号和锯齿波信号在荧光屏上的合成图形

若被测信号电压的频率等于锯齿波电压频率整数倍数时，则荧光屏上将显示出周期为整数的被测信号稳定波形。而当被测信号电压的频率与锯齿波电压的频率不成整数倍数时，则荧光屏上不能获得稳定的波形，如图 4.33 所示。在图 4.33 中第一次扫描时，屏上显示的是 0～1这段波形曲线；第二次扫描时，屏上显示 1～2 这段波形曲线；第三次扫描时，屏上显示 2～3这段波形曲线；……可见，每次荧光屏上显示的波形曲线都不同，因此图形不稳定。

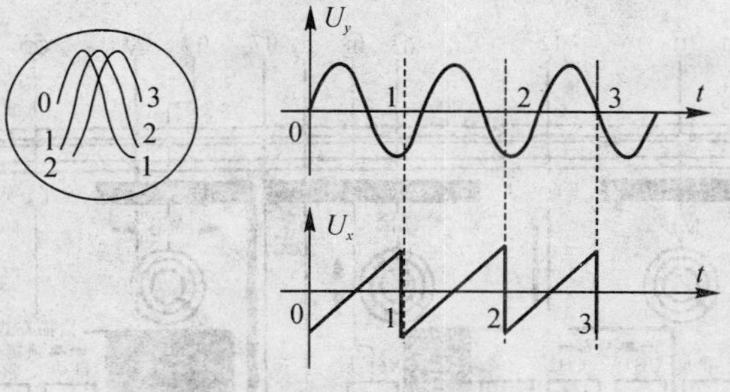

图 4.33　不稳定波形的形成原因

由上述可见，为使荧光屏上的图形稳定，被测信号电压的频率应与锯齿波电压的频率保持整数比的关系，即同步关系。为了实现这一点，就首先要求锯齿波电压的频率连续可调，以便适应观察各种不同频率的周期信号。其次，由于被测信号频率和锯齿波振荡信号频率的相对不稳定性，即使把锯齿波电压的频率临时调到与被测信号频率成整倍数关系，也不能使图形一直保持稳定。因此，示波器中都设有同步装置。也就是在锯齿波电路的某部分加上一个同步信号来促使扫描的同步，对于只能产生连续扫描（即产生周而复始连续不断的锯齿波）一种状态的简易示波器（如国产 SB—10 型示波器等）而言，需要在其扫描电路上输入一个与被观察信号频率相关的同步信号，当所加同步信号的频率接近锯齿波频率的自主振荡频率（或接近其整数倍）时，就可以把锯齿波频率“拖入同步”或“锁住”。对于具有等待扫描（即平时不产生锯齿波，当被测信号来到时才产生一个锯齿波进行一次扫描）功能的示波器（如国产 ST—16 型示波器、SBT—5 型同步示波器、SR—8 型双踪示波器等）而言，需要在其扫描电路上输入一个与被测信号相关的触发信号，使扫描过程与被测信号密切配合。这样，只要按照需要来选择适当的同步信号或触发信号，便可使任何欲研究的过程与锯齿波扫描频率保持同步。

2. 示波器的使用方法

示波器虽然分成好几类，各类又有许多种型号，但是一般的示波器除频带宽度、输入灵敏度等不完全相同外，在使用方法的基本方面都是相同的。本章以 YB4328D 型双踪示波器为例介绍。

(1)面板装置。YB4328D 型双踪示波器的面板图如图 4.34 所示。其面板装置按其位置和功能通常可划分为 3 大部分：显示、垂直（Y 轴）、水平（X 轴）。现分别介绍这各个部分控制装置的作用。

① 电源开关（POWER）。按下此开关，仪器电源接通，指示灯亮。

② 亮度（INTENSITY）。光迹亮度调节，顺时针旋转光迹增亮。

③ 聚焦（FOCUS）。调整光点或波形清晰度。

④ 光迹旋转（TRACE ROTATION）。调节光迹与水平线平行。

⑤ 探极校准信号（PROBE ADJUST）。此端口输出幅度为 0.5 V，频率为 1 kHz 的方波信号，用以校准 Y 轴偏转系数和扫描时间系数。

⑥ 耦合方式（AC GND DC）。垂直通道 1 的输入藕合方式选择，AC：信号中的自流分量被隔开，用以观察信号的交流成分；DC：信号与仪器通道直接藕合，当需要观察信号的直流分量或被测信号的频率较低时应选用此方式；GND：输入端处于接地状态，用以确定输入端为零电位时光迹所在位置。

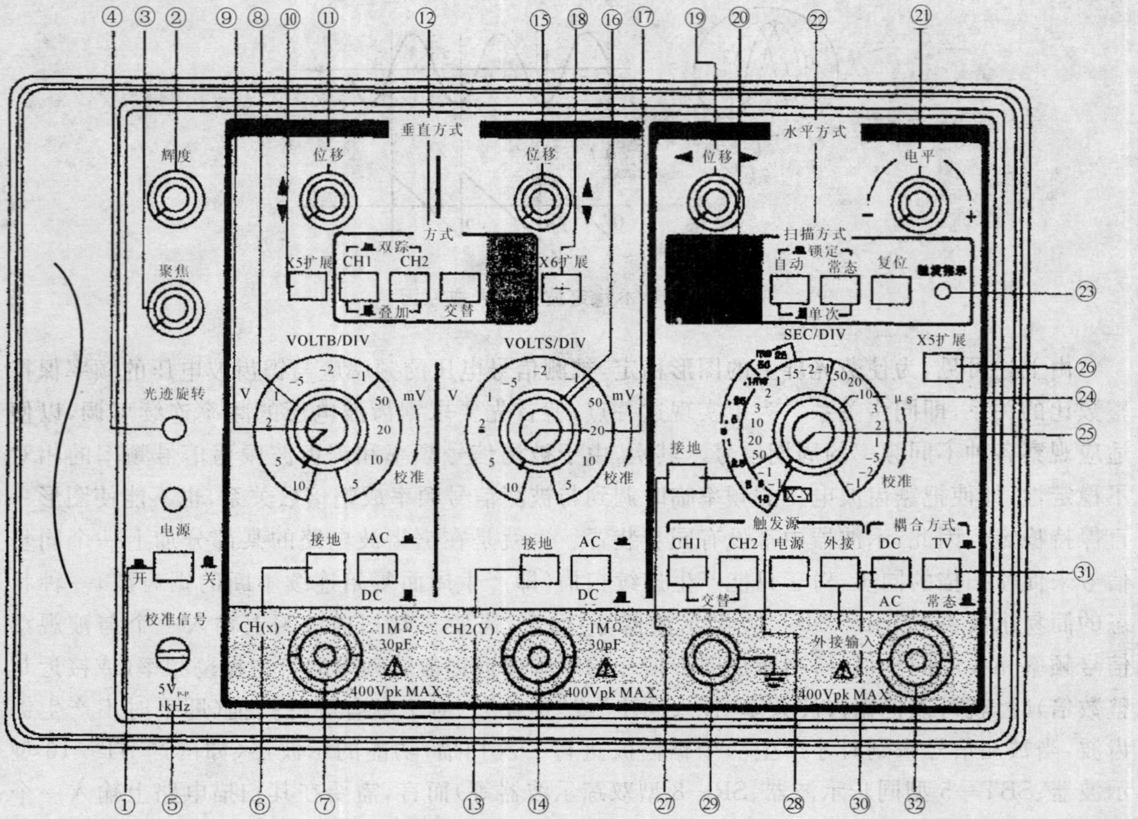

图 4.34　YB4328D 型双踪示波器面板示意图

⑦ 通道 1 输入插座 CH1(X)。双功能端口，当常规使用时，此端口作为垂直通道 1 的输入口；当仪器工作在 X－Y 方式时此端口作为水平轴信号输入口。

⑧ 通道 1 灵敏度选择开关(VOLTS/DIV)。选择垂直轴的偏转系数，从 5 mV/ div～10 V/div 分 11 个挡级调整，可根据被测信号的电压幅度选择合适的挡级。

⑨ 微调(VARIABLE)。用以连续调节垂直轴的偏转系数，调节范围大于等于 2.5 倍，该旋钮顺时针旋转时为校准位置，此时可根据 VOLTS/DIV 开关度盘位置和屏幕显示幅度读取该信号的电压值。

⑩ 通道扩展开关(PULL × 5)。按入此开关，增益扩展 5 倍。

⑪垂直位移(POSITION)。用以调节光迹在垂直方向的位置。

⑫垂直方式(MODE)。选择垂直系统的工作方式。

CH1：只显示 CH1 通道的信号。

CH2：只显示 CH2 通道的信号。

交替：用于同时观察两路信号，此时两路信号交替显示。该方式适合于在扫描速率较快时使用。

断续：两路信号断续工作，适合于扫描速率较慢时同时观察两路信号。

叠加：用于显示两路信号相加的结果，当 CH2 极性开关被按入时，两信号相减。

CH2 反相：此按键未按下时，CH2 的信号为常态显示；按下此键时，CH2 的信号被反相。

⑬耦合方式(AC GND DC)。作用于 CH2，功能同控制件⑥。

⑭通道 2 输入插座。垂直通道时，在 X－Y 方式时，作为 Y 轴输入口。

⑮垂自位移(POSITION)。用以调节光迹在垂直方向的位置。

⑯通道 2 灵敏度选择开关。其功能同⑧。

⑰微调。功能同⑨。

⑱通道 2 扩展(×5)。功能同⑩。

⑲水平位移(POSITION)。用以调节光迹在水平方向的位置。

⑳极性(SLOPE)。用以选择被测信号在上升沿或下降沿触发扫描。

㉑电平(LEVEL)。用以调节被测信号在变化至某一电平时触发扫描。

㉒扫描方式(SWEEP MODE)。选择产生扫描的方式。

自动(AUTO)：当无触发信号输入时，屏幕上显示扫描光迹；一旦有触发信号输入，电路自动转换为触发扫描状态，调节电平可使波形稳定地显示在屏幕上。此方式适合观察频率在 50Hz 以上的信号。

常态(NORM)：无信号输入时，屏幕上无光迹显示；有信号输入，且触发电平旋钮在合适位置上时，电路被触发扫描。当被测信号频率低于 50 Hz 时，必须选择该方式。

锁定：仪器工作在锁定状态后，无须调节电平即可使波形稳定地显示在屏幕上。

单次：用于产生单次扫描，在进入单次状态后，按动复位键，电路工作在单次扫描方式，扫描电路处于等待状态；当触发信号输入时，扫描只产生一次，下次扫描须再次按动复位键。

㉓触发指示。该指灯具有两种功能指示，当仪器工作在非单次扫描方式时，该灯亮表示扫描电路工作在被触发状态；当仪器工作在单次扫描方式时，该灯亮表示扫描电路在准备状态，此时若有信号输入将产生一次扫描，指示灯随之熄灭。

㉔扫描速率(SEC/DIV)。根据被测信号的频率高低，选择合适的挡级。当扫速“微调”置校准位置时，可根据度盘的位置和波形在水平轴的距离读出被测信号的时间参数。

㉕微调(VARIABLE)。用于连续调节扫描速率，调节范围大于等于 2.5 倍。顺时针旋转为校准位置。

㉖扫描扩展开关(×5)。按下此按键，水平速率扩展 5 倍。

㉗慢扫描开关。用于观察低频脉冲信号。

㉘触发源(TRIGGER SOURCE)。用于选择不同的触发源。

CH1：当双踪显示时，触发信号来自 CH1 通道；当单踪显示时，触发信号则来自被显示的通道。

CH2：当双踪显示时，触发信号来自 CH2 通道；当单踪显示时，触发信号则来自被显示的通道。

交替：在双踪交替显示时，触发信号交替来自于两个 Y 通道。此方式用于同时观察两路不相关的信号。

电源：触发信号来自于市电。

外接：触发信号来自于触发输入端口。

㉙⊥。机壳接地端。

㉚AC/DC。外触发信号的耦合方式，当选择外触发源，且信号频率很低时，应将开关置DC位置。

㉛常态/TV (NORM/TV)。一般测量此开关置常态位置，当须观察电视信号时，应将此开关置TV位置。

㉜外触发输入(EXT INPUT)。当选择外触发方式时，触发信号由此端口输入。

(2)使用前的检查、调整和校准。示波器初次使用前或久藏复用时，有必要进行一次能否工作的简单检查和进行扫描电路稳定度、垂直放大电路直流平衡的调整。示波器在进行电压和时间的定量测试时，还必须进行垂直放大电路增益和水平扫描速度的校准。示波器能否正常工作的检查方法、垂直放大电路增益和水平扫描速度的校准方法，由于各种型号示波器的校准信号的幅度、频率等参数不一样，因而检查、校准方法略有差异。

(3)使用步骤。用示波器能观察各种不同电信号幅度随时间变化的波形曲线，在这个基础上示波器可以应用于测量电压、时间、频率、相位差和调幅度等电参数。下面介绍用示波器观察电信号波形的使用步骤。

1) 选择Y轴耦合方式。根据被测信号频率的高低，将Y轴输入耦合方式选择"AC－地－DC"开关置于AC或DC。

2) 选择Y轴灵敏度。根据被测信号的大约峰-峰值(如果采用衰减探头，应除以衰减倍数；在耦合方式取DC挡时，还要考虑叠加的直流电压值)，将Y轴灵敏度选择V/div开关(或Y轴衰减开关)置于适当挡级。实际使用中如无须读测电压值，则可适当调节Y轴灵敏度微调(或Y轴增益)旋钮，使屏幕上显现所需要高度的波形。

3) 选择触发(或同步)信号来源与极性。通常将触发(或同步)信号极性开关置于"＋"或"－"挡。

4) 选择扫描速度。根据被测信号周期(或频率)的大约值，将X轴扫描速度t/div(或扫描范围)开关置于适当挡级。实际使用中如无须读测时间值，则可适当调节扫速t/div微调(或扫描微调)旋钮，使屏幕上显示测试所需周期数的波形。如果需要观察的是信号的边沿部分，则扫描速度t/div开关应置于最快扫描速挡。

5) 输入被测信号。被测信号由探头衰减后(或由同轴电缆不衰减直接输入，但此时的输入阻抗降低、输入电容增大)，通过Y轴输入端输入示波器。

6) 触发(或同步)扫描。缓缓调节触发电平(或同步)旋钮，屏幕上显现稳定的波形，根据观察需要，适当调节电平旋钮，以显示相应起始位置的波形。

3. 示波器的使用

(1)电压的测量。利用示波器所做的任何测量，都是归结为对电压的测量。示波器可以测量各种波形的电压幅度，既可以测量直流电压和正弦电压，又可以测量脉冲或非正弦电压的幅度。更有用的是它可以测量一个脉冲电压波形各部分的电压幅值，如上冲量或顶部下降量等。这是其他任何电压测量仪器都不能比拟的。

1) 直接测量法。所谓直接测量法就是直接从屏幕上量出被测电压波形的高度，然后换算成电压值。当定量测试电压时，一般把Y轴灵敏度开关的微调旋钮转至"校准"位置上，这样，就可以从"V/div"的指示值和被测信号占取的纵轴坐标值直接计算被测电压值。因此，直接测量法又称为标尺法。

a. 交流电压的测量。将 Y 轴输入耦合开关置于“AC”位置，显示出输入波形的交流成分。如果交流信号的频率很低时，则应将 Y 轴输入耦合开关置于“DC”位置。

将被测波形移至示波管屏幕的中心位置，用“V/div”开关将被测波形控制在屏幕有效工作面积的范围内，按坐标刻度片的分度读取整个波形所占 Y 轴方向的度数 H，则被测电压的峰—峰值 V_{P-P} 可等于“V/div”开关指示值与 H 的乘积。如果使用探头测量时，应把探头的衰减量计算在内，即把上述计算数值乘 10。

例如，示波器的 Y 轴灵敏度开关“V/div”位于 0.2 挡级，被测波形占 Y 轴的坐标幅度 H 为 5 div，则此信号电压的峰-峰值为 1 V。如是经探头测量，仍指示上述数值，则被测信号电压的峰-峰值就为 10 V。

b. 直流电压的测量。将 Y 轴输入耦合开关置于“地”位置，触发方式开关置“自动”位置，使屏幕显示一水平扫描线，此扫描线便为零电平线。

将 Y 轴输入耦合开关置“DC”位置，加入被测电压，此时，扫描线在 Y 轴方向产生跳变位移 H，被测电压即为“V/div”开关指示值与 H 的乘积。

直接测量法简单易行，但误差较大。产生误差的因素有读数误差、视差和示波器的系统误差（衰减器、偏转系统、示波管边缘效应）等。

2）比较测量法。比较测量法就是用一已知的标准电压波形与被测电压波形进行比较求得被测电压值。

将被测电压 U_x 输入示波器的 Y 轴通道，调节 Y 轴灵敏度选择开关“V/div”及其微调旋钮，使荧光屏显示出便于测量的高度 H_x 并做好记录，且“V/div”开关及微调旋钮位置保持不变。去掉被测电压，把一个已知的可调标准电压 U_s 输入 Y 轴，调节标准电压的输出幅度，使它显示与被测电压相同的幅度。此时，标准电压的输出幅度等于被测电压的幅度。比较法测量电压可避免垂直系统引起的误差，因而提高了测量精度。

(2)时间的测量。示波器时基能产生与时间成线性关系的扫描线，因而可以用荧光屏的水平刻度来测量波形的时间参数，如周期性信号的重复周期、脉冲信号的宽度、时间间隔、上升时间（前沿）和下降时间（后沿）、两个信号的时间差等。

将示波器的扫速开关“t/div”的“微调”装置转至校准位置时，显示的波形在水平方向刻度所代表的时间可按“t/div”开关的指示值直读计算，从而较准确地求出被测信号的时间参数。

(3)频率的测量。用示波器测量信号频率的方法很多，下面介绍常用的两种基本方法。

1）周期法。对于任何周期信号，可用前述的时间间隔的测量方法，先测定其每个周期的时间 T，再求出频率 $f=1/T$。

例如，示波器上显示的被测波形，一周期为 8 div，“t/div” 开关置“1μs” 位置，其“微调” 置“校准” 位置。则其周期和频率为

$$T=1\ \mu\text{s/div}\times 8\ \text{div}=8\ \mu\text{s}$$

$$f=1/8\ \mu\text{s}=125\ \text{kHz}$$

因此，被测波形的频率为 125 kHz。

2）李萨茹图形法测频率。将示波器置 X－Y 工作方式，被测信号输入 Y 轴，标准频率信号输入“X 外接”，慢慢改变标准频率，使这两个信号频率成整数倍时，例如，$f_x:f_y=1:2$，则在荧光屏上会形成稳定的李萨茹图形。

李萨茹图形的形状不但与两个偏转电压的相位有关，而且与两个偏转电压的频率也有

关。用描迹法可以画出 U_x 与 U_y 的各种频率比、不同相位差时的李萨茹图形，几种不同频率比的李萨茹图形如图 4.35 所示。

利用李萨茹图形与频率的关系，可进行准确的频率比较来测定被测信号的频率。其方法是分别通过李萨茹图形引水平线和垂直线。所引的水平线和垂直线不要通过图形的交叉点或与其相切。若水平线与图形的交点数为 m，垂直线与图形的交点数为 n，则

$$f_y / f_x = m / n$$

当标准频率 f_x（或 f_y）为已知时，由上式可以求出被测信号频率 f_y（或 f_x）。显然，在实际测试工作中，当用李萨茹图形进行频率测试时，为了使测试简便正确，在条件许可的情况下，通常尽可能调节已知频率信号的频率，使荧光屏上显示的图形为圆或椭圆。这时被测信号频率等于已知信号频率。

由于加到示波器上的两个电压相位不同，荧光屏上图形会有不同的形状，但这对确定未知频率并无影响。

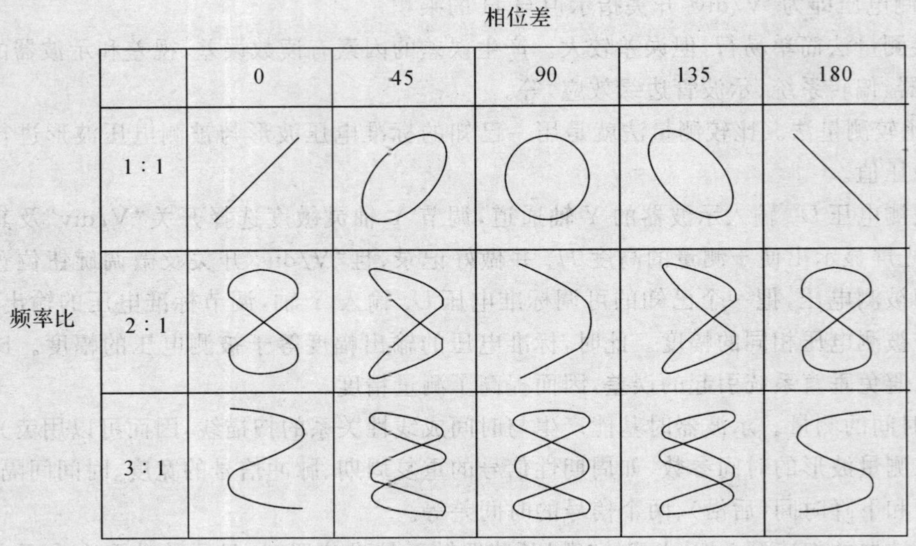

图 4.35　常用频率比的李萨茹图形

李萨茹图形法测量频率是相当准确的，但操作较费时；同时，它只适用于测量频率较低的信号。

4. 数字示波器

1972 年，美国尼科莱特公司研制成功世界上首台数字示波器。数字示波器是将被测模拟信号进行模数转换、存储，再以数字或模拟信号方式显示的一种示波器。随着数字化技术的迅速发展和广泛使用，经过多年的发展，使早期数字示波器产品的取样率低、存在较大死区时间、屏幕刷新率低等不足得到很大改善，对原来难以观测的调制信号、视频信号等复合信号的观测越来越容易。数字示波器功能完善、指标较高，是一种最常用、最直观的，用于观察波形、研究脉冲参数的仪器，它适用于各行各业，实时带宽指标已全面超过模拟示波器，在其他功能指标上也大幅度超过模拟示波器，正以其不断完善的功能赢得越来越多示波器使用者的青睐。

(1)数字示波器的工作原理。由于融合了当代众多先进技术，采用集成放大器和晶体振荡器及微处理器等元件，数字示波器具有更高更稳定的性能，其综合技术指标和性能已赶上并超

过传统的模拟示波器，正在越来越多的领域取代模拟示波器。目前，数字示波器正在普遍推广应用，本身带有自动测量功能，不仅可以显示波形，还可以对波形的很多参数提供测量数据，就像可以显示波形的数字表，因此，它可以定量地显示波形幅度的大小，可以存储波形，并对存储的信号进行多种分析、计算处理。

数字示波器可分为数字存储示波器（DSO）、数字荧光示波器（DPO）和数字取样示波器（DSAO）等。数字示波器的工作原理如图 4.36 所示。

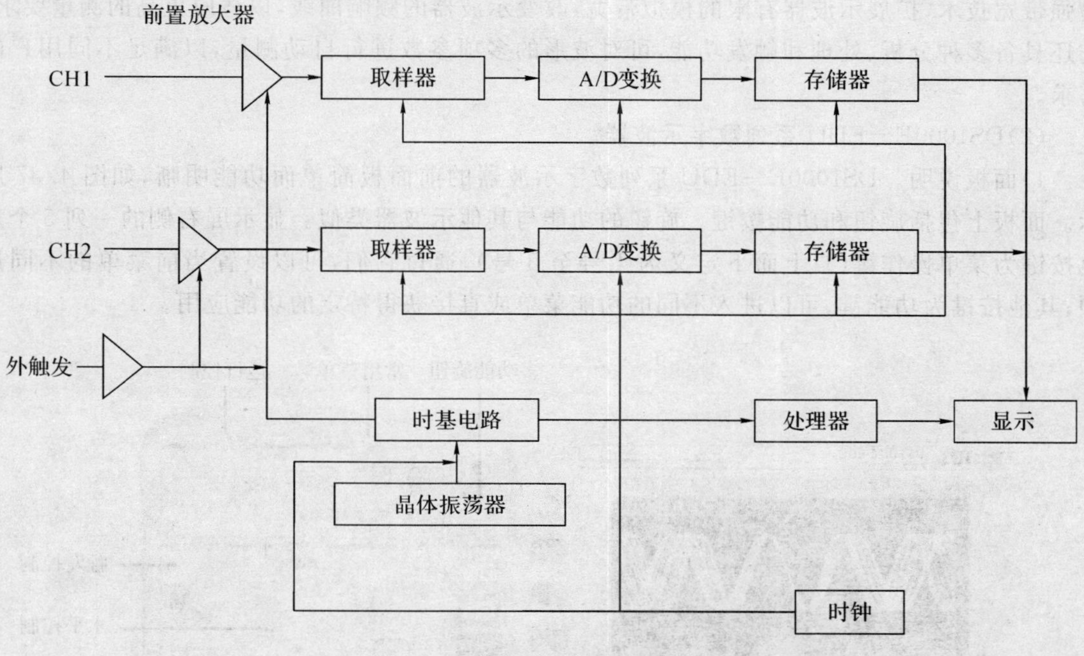

图 4.36　数字示波器工作原理图

数字示波器是可将被测模拟信号进行模数转换、存储，再以数字或模拟信号方式进行显示的一种示波器，它主要用于观察、分析、测量非重复信号、重复信号、单次信号和单次触发信号等。这类仪器使用微处理器，利用模数转换器和数字式存储器采集和存储波形。数字示波器的工作原理是对输入信号由时基电路控制，按一定时间间隔采样，通过模数转换器量化后，对这些瞬时值或采样值进行变换，以二进制码的形式，将波形数据在快速存储器中存储，经触发功能电路进行条件判定、触发，结束采集过程，再以数字或模拟方式进行显示，重现波形。具体方法是用比较器来构成 A/D 比较转换，比较器检查采样电压是高于还是低于其参考电压。如果高于其参考电压，则该比较器的输出有效；反之，则输出无效。不论输出是否有效，都送往编码变换器，把该采样电压值变为一个“数字量”，这样生成代表每一个采样电压值的二进制字，以二进制码的形式，将波形数据在快速存储器中存储，经触发功能电路进行条件判定、触发，结束采集过程；再以数字或模拟方式进行显示，重现波形。

A/D 转换器是数字示波器波形存储的关键部件，它的位数不仅决定了数字示波器的最大采样速率以及分辨率，同时也对其幅值的测量精度带来影响。与模拟示波器不同的是，数字示波器采用了晶体振荡器来控制时基电路，使其能够具备更高的时间测量准确度。随着目前电子信号的频段越做越高，对实时示波器也提出了更高的要求。为提高示波器的性能，很多厂家采用了新的技术，最显著的是数字信号处理技术（Digital Signal Processing，DSP），应用 DSP 技术可以帮助数字示波器扩展至硬件所不能达到的性能。例如，当需测量的信号速度很快，频率很高时，数字示波器受到采样速率的限制，所采集到的点数有限，无法构成连贯的波形，这时可应用 DSP 技术中的线性插值算法或者 $\sin x/x$ 算法，对直流信号或者正弦波信号进行波形重构，根据算法在取样点之间补充波形，以达到扩展示波器的取样速率功能；又如，对于模拟带宽已经固定的数字示波器来说，为测量更高频率的信号，或者为了获得更平衡的波形，可通过增强带宽技术，扩展示波器有限的模拟带宽，改变示波器的频响曲线，以适应更高的测量要求。它还具备多种分析、处理和触发功能，可对波形的多项参数进行自动测量，以满足不同用户的需求。

(2)DS1000E－EDU 系列数字示波器。

1)面板说明。DS1000E—EDU 系列数字示波器的前面板简单而功能明晰，如图 4.37 所示。面板上包括旋钮和功能按键。旋钮的功能与其他示波器类似。显示屏右侧的一列 5 个灰色按键为菜单操作键（自上而下定义为 1 号至 5 号），通过它们，可以设置当前菜单的不同选项；其他按键为功能键，可以进入不同的功能菜单或直接获得特定的功能应用。

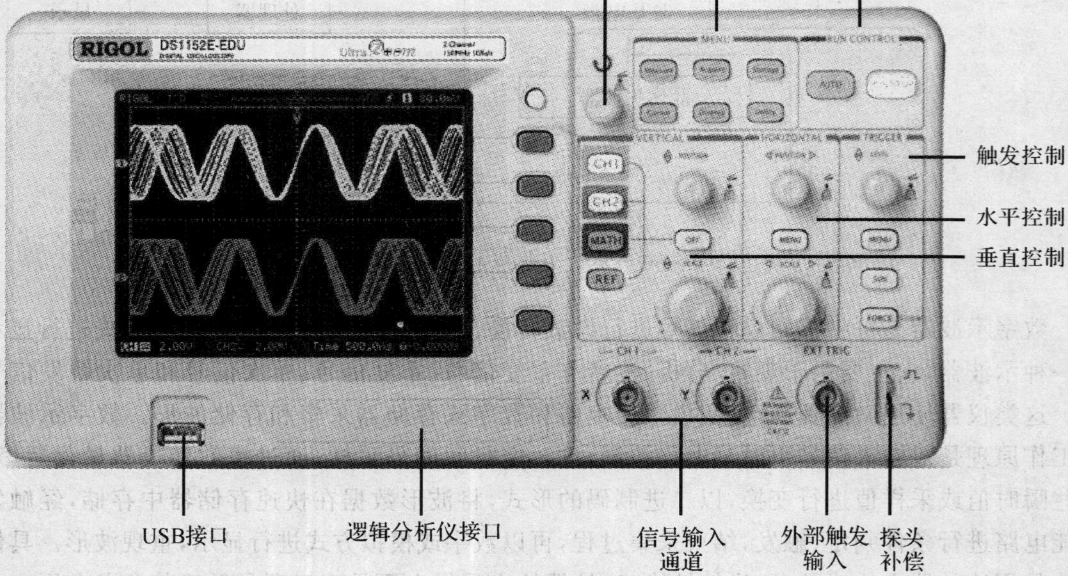

图 4.37　DS1000E—EDU 系列数字示波器前面板图

2)显示说明。当只有模拟通道打开时，显示界面如图 4.38 所示；当模拟和数字通道同时打开时，显示界面如图 4.39 所示。

4.3.5　信号发生器

信号发生器又叫信号源，它是为电子测量提供符合一定技术要求的电信号的仪器。信号发生器可产生不同波形、频率和幅度的信号，用来测试放大器的放大倍数、频率特性以及元器件的参数，还可以用来校准仪表以及为各种电路提供交流电压。

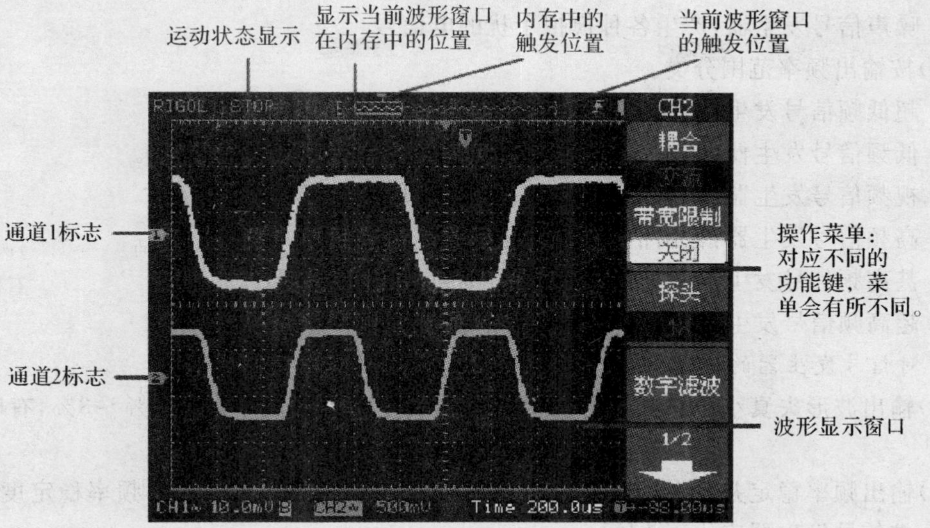

图 4.38　模拟通道打开

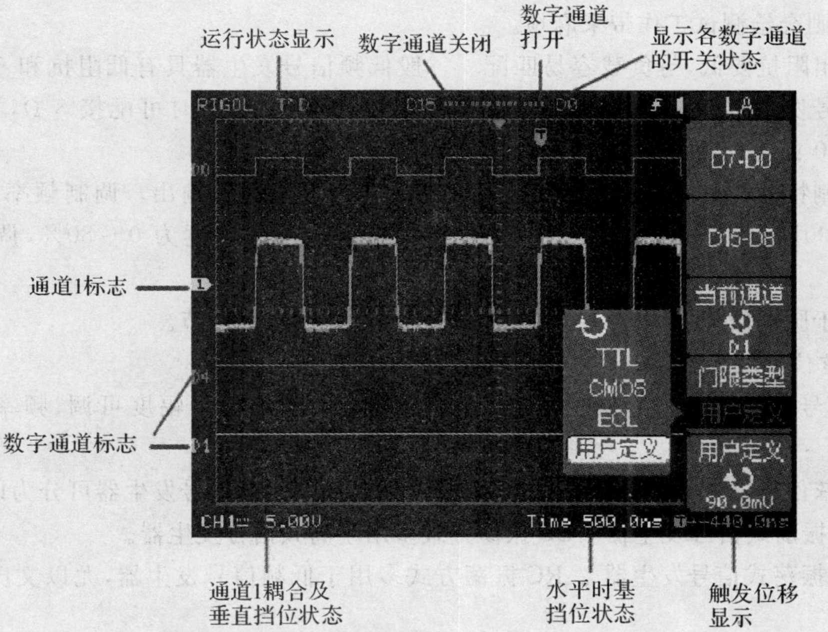

图 4.39　模拟和数字通道同时打开

1. 信号发生器的分类

信号发生器用途广泛，种类繁多，有各种各样的分类方法，常见的分类方法有以下几种。

(1)按输出波形分类。

1) 正弦信号发生器：产生正弦波或受调制的正弦波。

2) 脉冲信号发生器：产生不同脉宽的重复脉冲或脉冲链。

3) 函数信号发生器：产生幅度与时间成一定函数关系的信号，包括正弦波、三角波、方波等各种信号。

4）噪声信号发生器：产生各种模拟干扰的电信号。

(2)按输出频率范围分类。

1）超低频信号发生器：输出信号频率范围为1/1 000～1 000 Hz。

2）低频信号发生器：输出信号频率范围为1 Hz～200 kHz～1 MHz。

3）视频信号发生器：输出信号频率范围为20 Hz～10 MHz。

4）高频信号发生器：输出信号频率范围为200 kHz～30 MHz。

5）甚高频信号发生器：输出信号频率范围为30—300 MHz。

6）超高频信号发生器：输出信号频率范围为300 MHz以上。

2. 对信号发生器的一般要求

(1)输出波形失真小。正弦信号发生器的非线性失真系数不超过1%～3%，有时要求低于0.1%。

(2)输出频率稳定并且在一定范围内连续可调。一般信号发生器的频率稳定度为1%～10%，标准信号发生器应优于1%。

(3)输出电压稳定并且在一定范围内连续可调。一般最小输出电压可达毫伏级，最大可达几十伏级，对于低频信号发生器，要求在整个频率范围内输出电压幅度不变，一般要求变化小于1 dB，否则会给测试工作带来麻烦。

(4)输出阻抗要低，与负载容易匹配。一般低频信号发生器具有低阻抗和600 Ω输出阻抗；高频信号发生器多为50 Ω或75 Ω输出阻抗；有功率输出时可配接8 Ω，16 Ω，150 Ω，600 Ω，5 000 Ω等。

(5)调制特性：对高频信号发生器一般要求有调幅和调频输出。调制频率：调幅一般为100Hz和400Hz，调频为10Hz～110kHz。调制特性：调幅幅度为0～80%，调频频率不低于75kHz。

(6)对于脉冲信号发生器，输出脉冲信号的脉冲宽度应可调节。

3. 正弦信号发生器

正弦信号发生器是信号源中最常见的一种，它能输出一个幅度可调、频率可调的正弦信号。

(1)正弦信号发生器的分类。根据信号产生的方式，正弦信号发生器可分为以下几种。

1）LC振荡式信号发生器。LC振荡方式多用于高频信号发生器。

2）RC振荡式信号发生器 。RC振荡方式多用于低频信号发生器，尤以文氏电桥振荡器最常见。

3）差频式振荡信号发生器。差频振荡器电路复杂，频率稳定度和波形都很差，但它很容易做到在整个低频范围内连续调节而不用更换频段，输出电平也较均匀，所以常用于扫频振荡器中。

4）石英晶体振荡器。它是由一块高稳定度的石英晶体做成基准频率振荡器，通过频率的加减、分频、倍频的变换，产生与基准频率具有同样精确度和高稳定度的所需频率信号。

(2)低频正弦信号发生器的工作原理。低频信号发生器的原理框图如图4.40所示。

主振器是低频信号发生器的核心，产生频率可调的正弦信号，决定输出信号的频率范围和稳定度。

电压放大器放大主振器产生的正弦信号，以达到电压输出幅度的要求，并通过主振器输出调节电位器，调节输出电压的大小。

功率放大器对负载能力很弱的电压输出信号进行功率放大。

输出衰减器将放大器输出信号的幅度进行衰减后输出，以满足不同输出要求。

阻抗变换器用来匹配不同的负载。

指示电压表用开关“K”进行转换，当它置“1”时，电压表指示电压放大器的输出电压幅度；当它置于“2”时，电压表指示功率放大器的输出电压幅度；当它置“外”时，则对外部信号电压进行测量。

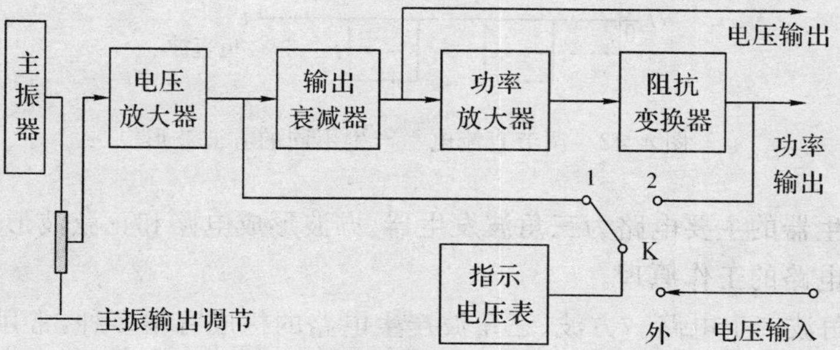

图 4.40　低频正弦信号发生器电路原理图

4. 函数信号发生器的工作原理

(1)函数信号发生器。函数信号发生器能产生三角波、矩形波和正弦波等波形。由于这种信号发生器能够输出各种不同波形的信号，使用起来有很大的灵活性，因而函数发生器正在逐渐替代只产生正弦波的正弦信号发生器。

目前，函数信号发生器的输出频率范围达到了 0.000 5 Hz～50 MHz，能够输出正弦波、方波、三角波、锯齿波以及各种脉冲信号。一般的函数信号发生器都具有频率计数和显示功能，既能显示自身输出信号的频率，也能测量外来信号的频率。有些函数信号发生器还具备调制和扫描功能。

1)原理框图。如图 4.41 所示为函数信号发生器的简化原理框图。虽然图中所示方波由三角波通过方波变换电路变换而成，实际中，三角波和方波的产生是难以分开的，方波形成电路通常是三角波发生器的组成部分。正弦波是三角波通过正弦波形成电路变换而来的。所需波形经过选取，放大后经衰减器输出。

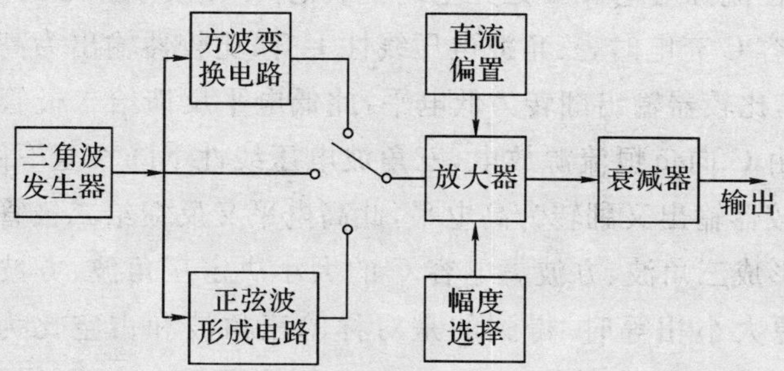

图 4.41　函数信号发生器的原理框图

直流偏置电路提供一个直流补偿调整，使函数信号发生器输出的直流成分可以进行调节，如图 4.42 所示为具有不同直流成分的方波。

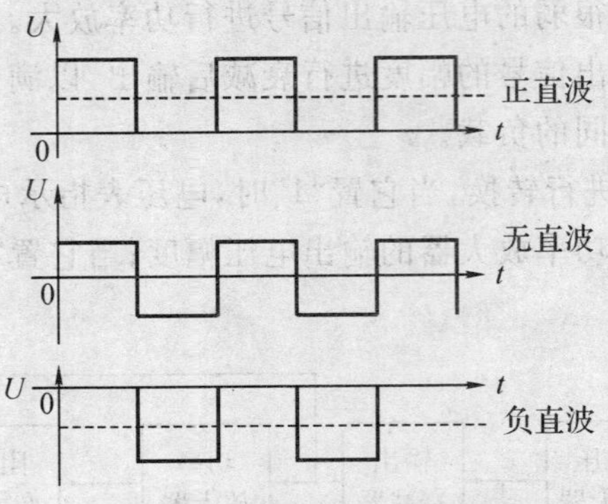

图 4.42　调节直流电平产生不同的方波波形

函数信号发生器的主要电路为三角波发生器、方波形成电路和正弦波形成电路，下面简单介绍一下各部分电路的工作原理。

2）方波、三角波产生电路。方波、三角波产生电路的构成有很多种，常用的有恒流源控制式的、施密特触发器和线性积分电路构成的以及运算放大器构成的等。下面以恒流源控制的为例，介绍方波、三角波产生电路的工作原理。

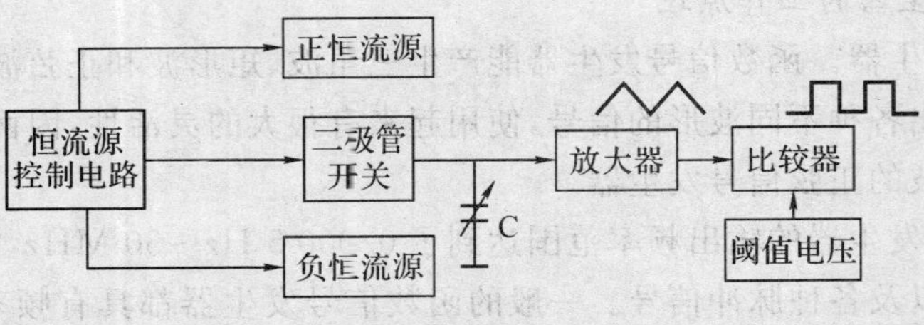

图 4.43　恒流源控制的方波、三角波产生电路原理

如图 4.43 所示为恒流源控制的方波、三角波产生电路。它由恒流源控制电路、二极管开关电路、恒流源、充放电电容 C、电压放大器和电压比较器等部分组成。

由于恒流源对电容 C 的充电、放电，在电容 C 上产生线性变化的电压，从而在放大器输出端得到三角波。此三角波送到电压比较器，在比较器的输出端得到方波，该方波又反馈控制二极管开关电路。决定恒流源对电容 C 是充电还是放电，工作波形如图 4.44 所示。

当正恒流源对电容 C 充电时，三角波电压线性上升，比较器输出为高电平，当三角波电压上升至上阈值电压时，比较器输出翻转为低电平，此低电平反馈给二极管开关，使正恒流源停止对 C 的充电，转而由 C 向负恒流源放电，三角波电压线性下降直至下阈值电压（图 4.44 中下阈值电压为 0），比较器输出又翻转为高电平，此高电平又反馈给二极管开关，使正恒流再次对 C 充电，如此循环形成三角波、方波。电容 C 的大小决定三角波、方波的频率，C 越小频率越高。当正、负恒流源大小相等时，得到的是对称的三角波和占空比为 50%的方波。如图 4.44(a)(b)所示。调节恒流源控制电路，改变正、负恒流源的大小，可得到非对称的三角波和占空比不为 50%的矩形波，如图 4.44(c)(d)所示。

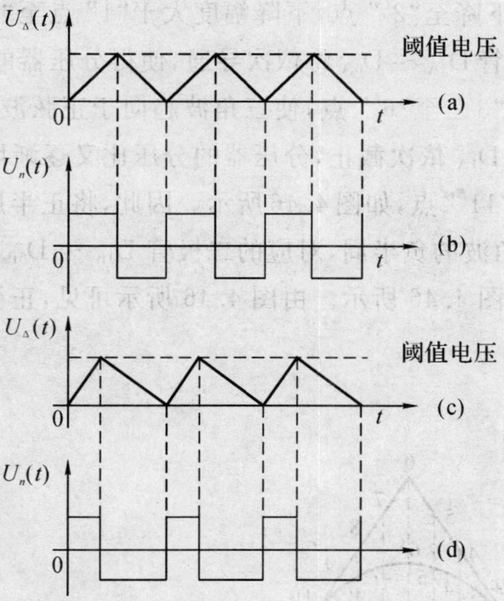

图 4.44　方波、三角波产生电路的工作波形

3）正弦波形成电路。正弦波形成电路将三角波变换成正弦波，能够完成这种变换的电路种类很多，如二极管网络、差分放大器等。如图 4.45 所示为典型的二极管网络变换电路。

如图 4.45 所示电路包含 12 个有偏置电压的二极管。它们按照一定的控制电平，依次接入、断开 6 个固定电阻 R_A，R_B，R_C，R_D，R_E 和 R_F，从而组成可变的衰减器。另外的 7 个电阻 R_{1A}，R_{2A}，R_{3A}，R_{4A}，R_{5A}，R_{6A} 和 R_{7A} 用来使二极管 D_{1A} ～ D_{6A} 获得固定的偏置，而电阻 R_{1B} ～ R_{7B} 则用来使二极管 D_{1B} ～ D_{6B} 获得固定偏置。

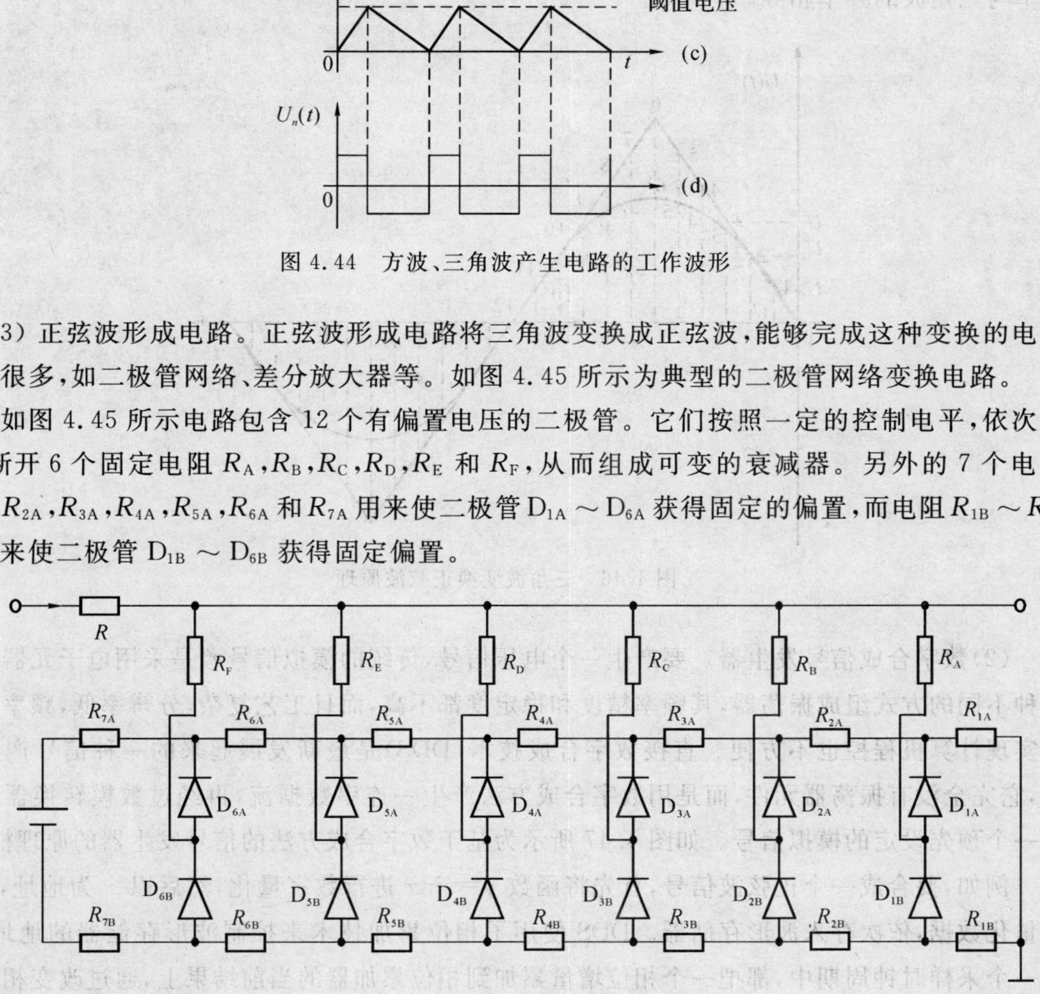

图 4.45　正弦波形成电路

三角波从 A 点输入，正弦波从 B 点输出，设开始时，三角波输入电压为零值，图 4.45 所示二极管均截止。当三角波自零值向正值方向增大到“1”点电压 U_1 时，二极管 D_{1A} 导通，使由电阻 R，R_A 和 R_{1A} 组成的分压器被接通，输入三角波通过该分压器分压后再传送到输出端，使得 B 端电位下降，输出波形自“1”点下降至“1′”点。当三角波继续增大到“2”点电压时，二极管 D_{2A} 也导通，电阻 R_B，R_A 被接入分压，使得分压器的分压比减小而 B 端的电位比 A 端的电位更

为下降，输出波形自“2”点下降至“2′”点，下降幅度大于“1”点至“1′”点的下降幅度。随着输入三角波的不断增大，二极管 D_{3A} ～ D_{6A} 将依次导通，使得分压器的分压比逐渐减小，B 端电位依次从“3”至“6”点下降至“3′”至“6′”点，使三角波趋向于正弦波。同理，当三角波自正峰值逐渐减小时，二极管 D_{6A} ～ D_{1A} 依次截止，分压器的分压比又逐渐增大，B 端电位依次从“7”～“11”点分别下降到“7′”～“11′”点，如图 4.46 所示。因此，将正半周的三角波变换成为近似的正半周正弦波。同理在三角波的负半周，对应的二极管 D_{1B} ～ D_{6B} 依次导通和截止. 在 B 端形成近似的负半周正弦波，如图 4.46 所示。由图 4.46 所示可见，正弦波形成电路得到正弦波的频率与三角波的频率相等。

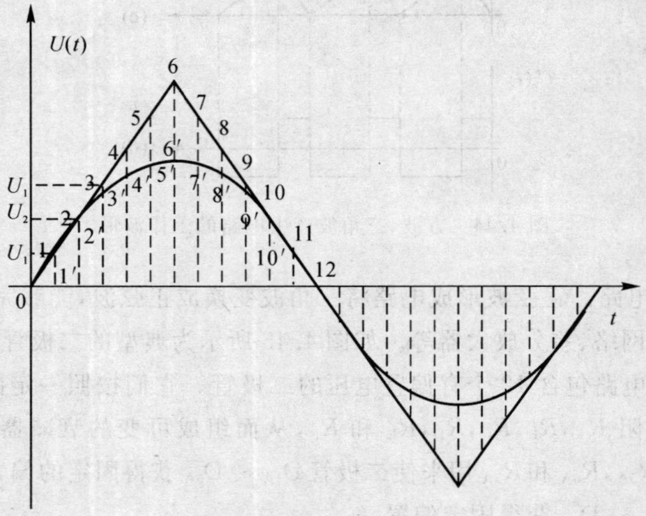

图 4.46　三角波变换正弦波原理

(2)数字合成信号发生器。要产生一个电压信号，传统的模拟信号源是采用电子元器件以各种不同的方式组成振荡器，其频率精度和稳定度都不高，而且工艺复杂，分辨率低，频率设置和实现计算机程控也不方便。直接数字合成技术(DDS)是最新发展起来的一种信号产生方法，它完全没有振荡器元件，而是用数字合成方法产生一连串数据流，再经过数模转换器产生出一个预先设定的模拟信号。如图 4.47 所示为基于数字合成方法的信号发生器的原理框图。

例如，要合成一个正弦波信号，首先将函数 $y=\sin x$ 进行数字量化，然后以 x 为地址，以 y 为量化数据，依次存入波形存储器。DDS 使用了相位累加技术来控制波形存储器的地址，在每一个采样时钟周期中，都把一个相位增量累加到相位累加器的当前结果上，通过改变相位增量即可以改变 DDS 的输出频率值。根据相位累加器输出的地址，由波形存储器取出波形量化数据，经过数模转换器和运算放大器转换成模拟电压。由于波形数据是间断的取样数据，因此 DDS 发生器输出的是一个阶梯正弦波形，必须经过低通滤波器将波形中所含的高次谐波滤除掉，输出即为连续的正弦波。数模转换器内部带有高精度的基准电压源，因而保证了输出波形具有很高的幅度精度和幅度稳定性。

幅度控制器是一个数模转换器，根据操作者设定的幅度数值，产生出一个相应的模拟电压，然后与输出信号相乘，使输出信号的幅度等于操作者设定的幅度值。偏移控制器是一个数模转换器，根据操作者设定的偏移数值，产生出一个相应的模拟电压，然后与输出信号相加，使输出信号的偏移等于操作者设定的偏移值。经过幅度偏移控制器的合成信号再经过功率放大器进行功率放大，最后由输出端口 A 输出。

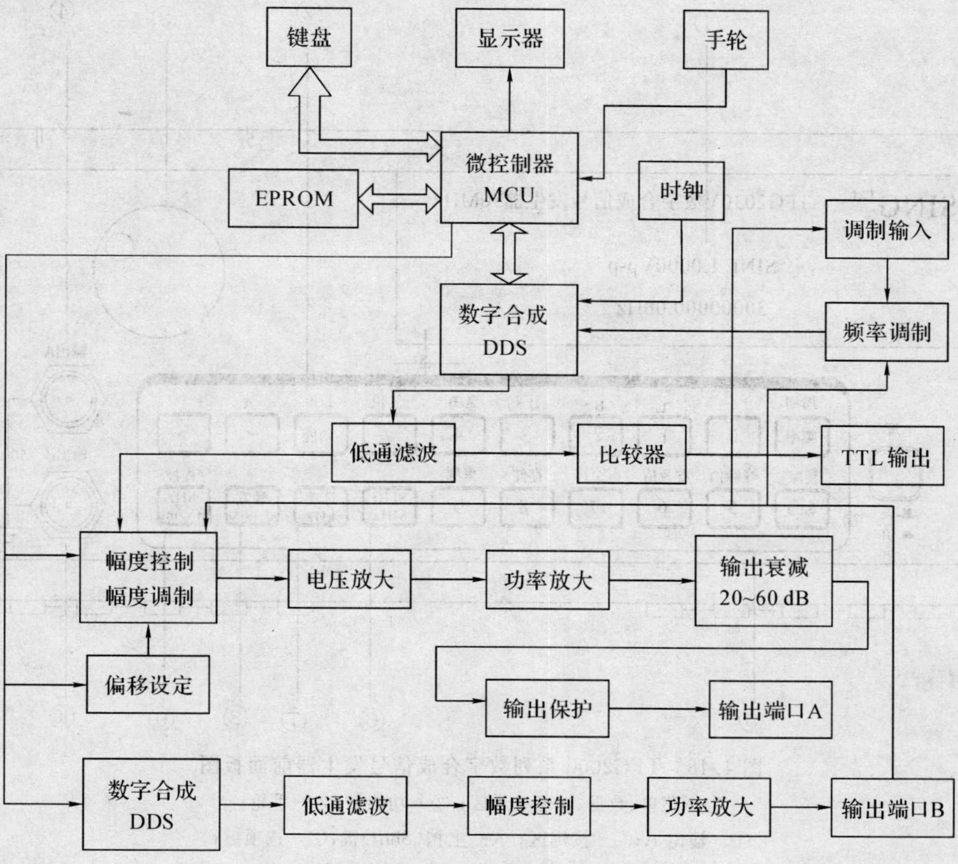

图 4.47　数字合成信号发生器原理框图

5. TFG2000 系列数字合成信号发生器的使用

TFG2000 系列数字合成信号发生器采用直接数字合成技术(DDS)，具有快速完成测量工作所需的高性能指标和众多的功能特性。

(1)前面板说明。TFG2000 系列数字合成信号发生器前面板如图 4.48 所示。

(2)后面板说明。TFG2000 系列数字合成信号发生器后面板如图 4.49 所示。

(3)键盘说明。仪器前面板上共有 20 个按键(见图 4.48)，按键功能如下：

【频率】【幅度】键：频率和幅度选择键。

【0】～【9】键：数字输入键。

【MHz】【kHz】【Hz】【mHz】键：双功能键，在数字输入之后执行单位键功能，同时作为数字输入的结束键。直接按【MHz】键执行"Shift"功能，直接按【kHz】键执行"选项"功能，直接按【Hz】键执行"触发"功能。

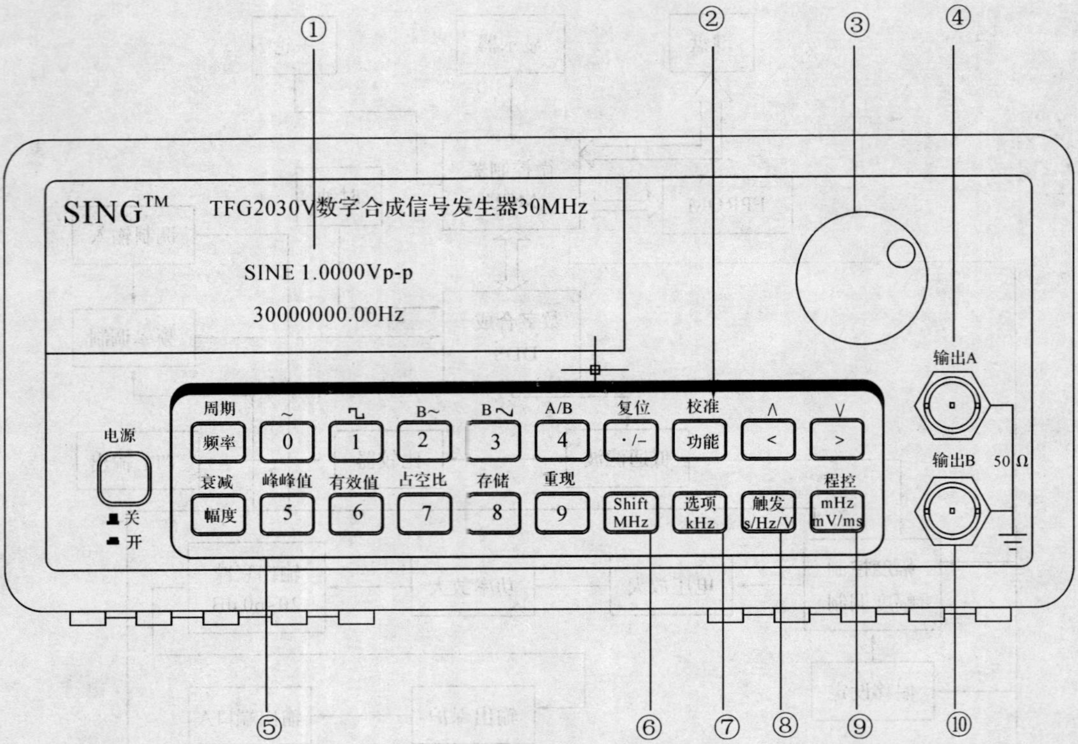

图 4.48　TFG2000 系列数字合成信号发生器前面板图

①—菜单、数据、功能显示区；②—功能键；③—手轮；

④—输出 A；⑤—按键区；⑥—上挡(Shift)键；⑦—选项键；

⑧—触发键；⑨—程控键；⑩—输出 B

【./－】键：双功能键，在数字输入之后输入小数点，在"偏移"功能时输入负号。

【＜】【＞】键：光标左右移动键。

【功能】键：主菜单控制键，循环选择六种功能。

【选项】键：子菜单控制键，在每种功能下循环选择不同的项目。

【触发】键：在"扫描""调制""猝发""键控""外测"功能时作为触发启动键。

【Shift】键：上挡键(显示"S"标志)，按【Shift】键后再按其他键，分别执行该键的上挡功能。

(4)注意事项。

1）功率输出负载不要短路，以防止功放电路过载。

2）输入数值超出范围错误提示与处理。如果输入数值超出范围，则响"嘀""嘀"两声提示出错。如果输入数值小于当前可以输入数值的下限，则仪器自动把输入数值设置为当前可以输入数值的下限；如果输入数值大于当前可以输入数值的上限，则仪器自动把输入数值设置为当前可以输入数值的上限。

例如。输入 20MHz，则响"嘀""嘀"两声提示出错，并自动把输入数值设置为 10MHz (SPF10A)。

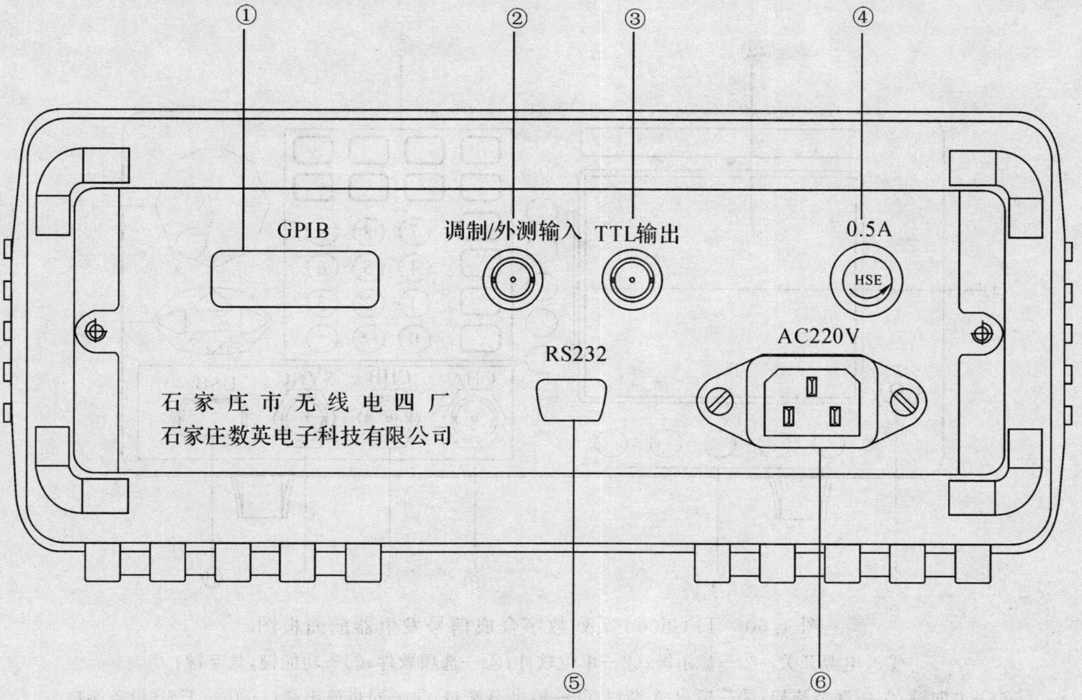

图 4.49 TFG2000 系列数字合成信号发生器后面板图

①—GPIB 接口；②—调制/计数器外测输入；③— TTL 输出；

④—保险丝；⑤—RS232 接口；⑥—电源接口

3)当前功能按键无意义错误提示与处理：响“嘀”“嘀”两声提示出错，仪器不响应错误输入。

例如，输入频率值时按【一】键，响“嘀”“嘀”两声提示出错，不作其他处理。

4)函数信号发生器作为信号源，它的输出端不允许短路，不用时将按键释放(弹簧长期压抑会失去弹性)。

6. TFG6000 系列数字合成函数信号发生器的使用

TFG6000 系列 DDS 函数信号发生器采用直接数字合成技术(DDS)，具有快速完成测量工作所需的高性能指标和众多的功能特性。其简单而功能明晰的前面板设计和彩色液晶显示界面更便于操作；其可扩展的选件功能，可获得增强的系统特性。

(1)前面板说明。TFG6000 系列数字合成信号发生器前面板图如图 4.50 所示。

(2)后面板说明。TFG6000 系列数字合成信号发生器后面板图如图 4.51 所示。

(3)键盘说明。仪器前面板上共有 38 个按键(见图 4.50)，可以分为五类，按键功能如下。

1)功能键。

【单频】【扫描】【调制】【猝发】【键控】键，分别用来选择仪器的十种功能。

【外测】键，用来选择频率计数功能。

【系统】【校准】键，用来进行系统设置及参数校准。

【正弦】【方波】【脉冲】键，用来选择 A 路波形。

【输出】键，用来开关 A 路或 B 路输出信号。

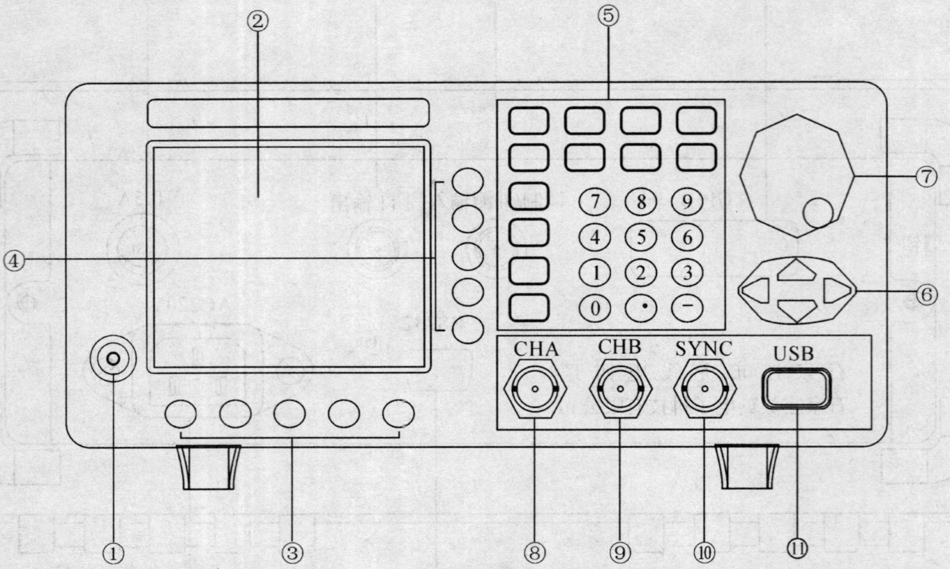

图 4.50 TFG6000 系列数字合成信号发生器前面板图

①—电源开关；②—显示屏；③—单位软件；④—选项软件；⑤—功能键，数字键；

⑥—方向键；⑦—调节旋钮；⑧—输出 A 端口；⑨—输出 B 端口；⑩—同步输出端口；⑪— USB 设备端口

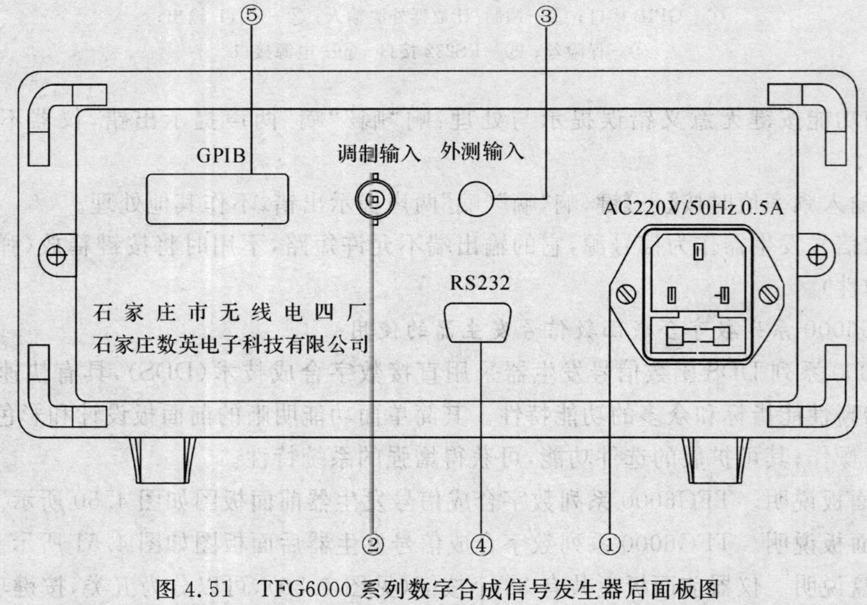

图 4.51 TFG6000 系列数字合成信号发生器后面板图

①—电源插座；②—外调制输入；③—外测输入；④—RS232 接口；⑤—GPIB 接口

2)选项软键。

屏幕右边有五个空白键，其功能随着选项菜单的不同而变化，称为选项软键。

3)数据输入键。

【0】～【9】键，用来输入数字。

【·】键，用来输入小数点。

【－】键，用来输入负号。

4)单位软键。

屏幕下边有五个空白键，其定义随着数据的性质不同而变化，称为单位软键，数据输入之后必须按单位软键，表示数据输入结束并开始生效。

5)方向键。

【＜】键：光标位左移键，数字输入时退格删除键。

【＞】键：光标位右移键。

【∧】【∨】键：用来步进增减 A 路信号的频率或幅度。

4.4　光学量测量仪器

光与物质相互作用可以产生各种光学现象(如光的折射、反射、散射、透射、吸收、旋光以及物质受激辐射等)，通过分析研究这些光学现象，可以提供原子、分子及晶体结构等方面的大量信息。因此，不论在物质的成分分析、结构测定及光化学反应等方面，都离不开光学测量。

4.4.1　读数显微镜

读数显微镜是利用显微镜光学系统对线纹尺的分度进行放大、细分和读数的长度测量工具。读数显微镜适用于有关计量单位，例如，工厂的计量室或精密刻度车间对分划尺或度盘的刻线进行对准检查和测定工作。

1. 读数显微镜的结构

读数显微镜是将测微螺旋(或游标装置)和显微镜组合起来成为精确测量长度的仪器。其外形结构如图 4.52 所示。

显微镜由目镜、十字叉丝(靠近目镜)和物镜 3 部分组成。测微螺旋的主尺是毫米刻度尺，它的螺距是 1 mm，测微鼓轮的周边等分为 100 个分格。每转一个分格，显微镜移动 0.01 mm，因此，其测量精密度也是 0.01 mm。转动测微鼓轮使显微镜移动到某一位置时的读数，可由主尺上的指示值(毫米整数)加上测微鼓轮上的读数得到。

2. 读数显微镜的使用

其使用方法是先调节目镜与分划板的距离，使目镜视场中的分划板十字叉丝线清晰；调节调焦手轮，可使视场中观察到的物体清晰；转动鼓轮，使叉丝竖线与被测物一端相切，再转动鼓轮，使叉丝竖线与被测物另一端相切，记下读数，读数之差就是被测物长度。

3. 注意事项

仪器能正常使用时，绝不许自行拆卸，否则会破坏仪器原有精度；仪器存放和使用时，应避免灰尘、潮湿，过冷、过热及含有酸碱蒸汽；透镜表面有脏物须用柔软物体如脱脂棉、软毛刷、透镜纸拭擦，碰到油渍污垢时，可用脱脂棉花蘸取少许酒精和乙醚混合液轻轻揩拭。

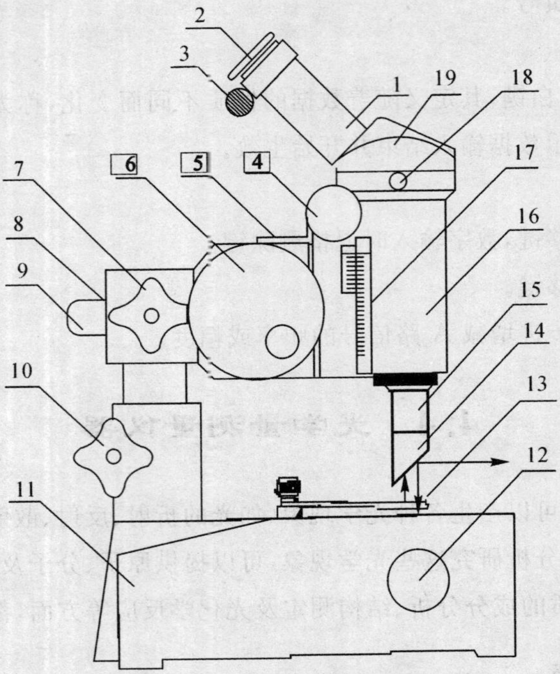

图 4.52　读数显微镜结构图

1—目镜接筒；2—目镜；3—锁紧螺钉；4—调焦手轮；5—标尺；6—测微鼓轮；
7—锁紧手轮；8—接头轴；9—方轴；10—锁紧手轮；11—底座；12—反光镜旋轮；
13—压片；14—半反镜组；15—物镜组；16—镜筒；17—刻尺；18—锁紧螺钉；19—棱镜室

4.4.2　阿贝折射仪

1. 阿贝折射仪的工作原理

阿贝折射仪的外形图如图 4.53 所示。

当一束单色光从介质 A 进入介质 B（两种介质的密度不同）时，光线在通过界面时改变了方向，这一现象称为光的折射。

光的折射现象遵从折射定律，即

$$\frac{\sin\alpha}{\sin\beta}=\frac{n_B}{n_A}=n_{A,B} \tag{4.7}$$

式中　α——入射角；

β——折射角；

n_A, n_B——交界面两侧两种介质的折射率；

$n_{A}.n_B$——介质 B 对介质 A 的相对折射率。若介质 A 为真空，因规定 $n=1.000\ 0$，故 $n_{A,B}=n_B$ 为绝对折射率。但介质 A 通常为空气，空气的绝对折射率为 1.000 29，这样得到的各物质的折射率称为常用折射率，也称做对空气的相对折射率。

根据式(4.7)可知，当光线从一种折射率小的介质 A 射入折射率大的介质 B 时（$n_A < n_B$），入射角一定大于折射角（$\alpha > \beta$）。当入射角增大时，折射角也增大，设当入射角 $\alpha=90°$ 时，折射角为 β_0，将此折射角称为临界角。因此，当在两种介质的界面上以不同角度射入光线时（入射

角 α 从 0°～90°)，光线经过折射率大的介质后，其折射角 $\beta \leqslant \beta_0$。其结果是大于临界角的部分无光线通过，成为暗区；小于临界角的部分有光线通过，成为亮区。临界角成为明暗分界线的位置，如图 4.54 所示。

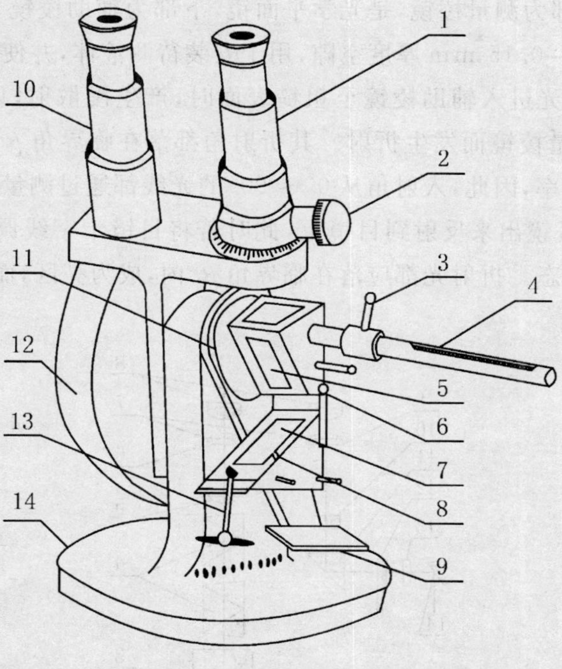

图 4.53　阿贝折射仪外形图

1— 测量望远镜；2— 消色散手柄；3— 恒温水入口；4— 温度计；
5— 测量棱镜；6— 铰链；7— 辅助棱镜；8— 加液槽；9— 反射镜；
10— 读数望远镜；11— 转轴；12— 刻度盘罩；13— 闭合旋钮；14— 底座

绝对折射率 = 常用折射率 × 1.000 29

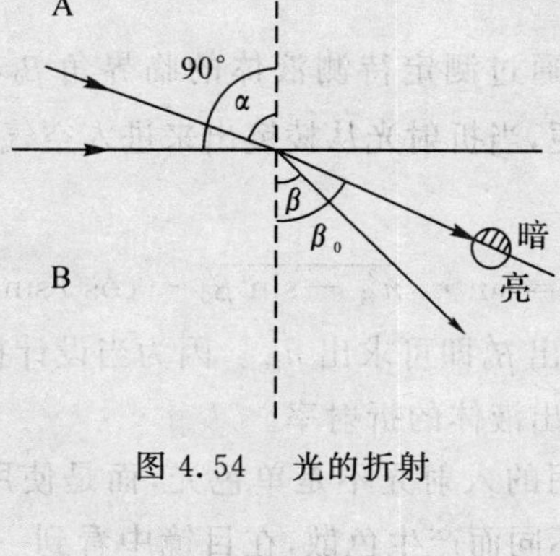

图 4.54　光的折射

根据式(4.7)可得

$$n_A = n_B \frac{\sin\beta}{\sin\alpha} = n_B \sin\beta_0 \tag{4.8}$$

因此，在固定一种介质时，临界折射角 β_0 的大小与被测物质的折射率是简单的函数关系，阿贝折射仪就是根据这个原理而设计的。

2.阿贝折射仪的结构

阿贝折射仪的光学示意图如图 4.55 所示，它的主要部分是由两个折射率为 1.75 的玻璃直角棱镜所构成的，上部为测量棱镜，是光学平面镜，下部为辅助棱镜。其斜面是粗糙的毛玻璃，两者之间约有 0.1～0.15 mm 厚度空隙，用于安装待测液体，并使液体展开成一薄层。当从反射镜反射来的入射光进入辅助棱镜至粗糙表面时，产生漫散射，以各种角度透过待测液体，从各个方向进入测量棱镜而发生折射。其折射角都落在临界角 β_0 之内，因为棱镜的折射率大于待测液体的折射率，因此，入射角从 0°～90° 的光线都通过测量棱镜发生折射。具有临界角 β_0 的光线从测量棱镜出来反射到目镜上，此时若将目镜十字线调节到适当位置，则会看到目镜上呈半明半暗状态。折射光都应落在临界角 β_0 内，成为亮区，而其他部分为暗区，从而构成了明暗分界线。

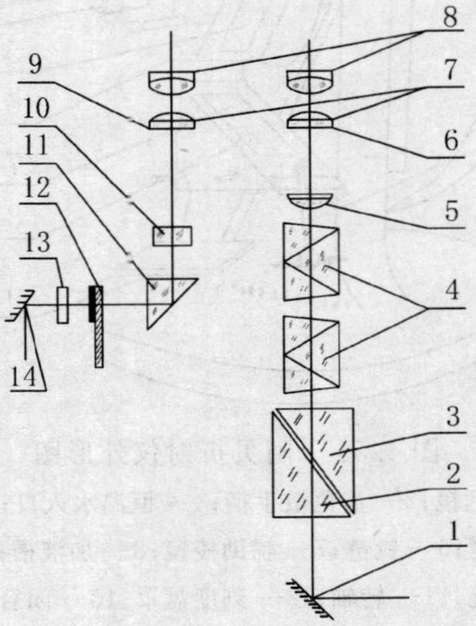

图 4.55　阿贝折射仪光学系统示意图

1— 反射镜；2— 辅助棱镜；—3— 测量棱镜；4— 消色散棱镜；

5— 物镜；6— 分划板；7，8— 目镜；9— 分划板；10— 物镜；

11— 转向棱镜；12— 照明度盘；13— 毛玻璃；14— 小反光镜

若已知棱镜的折射率 $n_{棱}$，通过测定待测液体的临界角 β_0，就能求得待测液体的折射率 $n_{液}$。实际上测定 β_0 值很不方便，当折射光从棱镜出来进入空气又产生折射，折射角为 β'_0。$n_{液}$ 与 β'_0 之间的关系为

$$n_{液}=\sin r\sqrt{n_{棱}^2-\sin^2\beta_0}-\cos r\sin\beta'_0 \tag{4.9}$$

式中，r 为常数；$n_{棱}=1.75$。测出 β'_0 即可求出 $n_{液}$。因为当设计折射仪时已将 β'_0 换算成 $n_{液}$ 值，故从折射仪的标尺上可直接读出液体的折射率。

当实际测量折射率时，使用的入射光不是单色光，而是使用由多种单色光组成的普通白光，因不同波长的光的折射率不同而产生色散，在目镜中看到一条彩色的光带，而没有清晰的明暗分界线，为此，在阿贝折射仪中安置了一套消色散棱镜（又叫补偿棱镜）。通过调节消色散棱镜，使测量棱镜出来的色散光线消失，明暗分界线清晰，此时测得的液体的折射率相当于用单色光钠光 D 线所测得的折射率 n_D。

3. 数字阿贝折射仪

数字阿贝折射仪的工作原理与上面讲的完全相同，都是基于测定临界角。它由角度-数字转换系统将角度量转换成数字量，再输入微机系统进行数据处理，而后数字显示出被测样品的折射率。下面介绍一种 WYA—S 型数字阿贝折射仪，其外形结构如图 4.56 所示。该仪器的使用颇为方便，内部具有恒温结构，并装有温度传感器，按下温度显示按钮可显示温度，按下测量显示按钮可显示折射率。

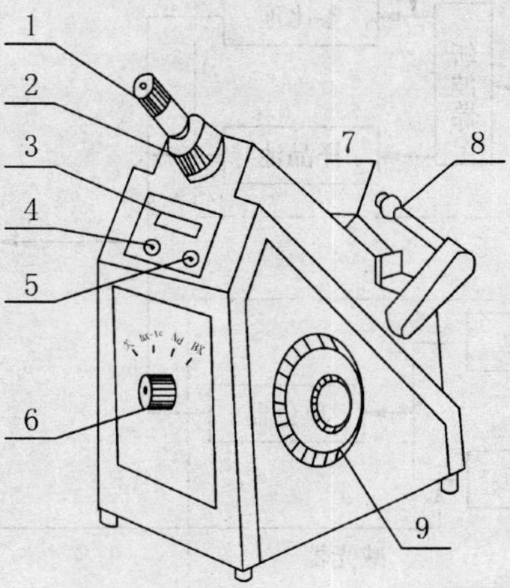

图 4.56　WYA—S 型数字阿贝折射仪外形结构示意图

1—望远镜系统；2—色散校正系统；3—数字显示窗；4—测量显示按钮；
5—温度显示按钮；6—方式选择旋钮；7—折射棱镜系统；8—聚光照明系统；9—调节手轮

4.4.3　光度计

1. 单光束分光光度计

单光束分光光度计示意图如图 4.57 所示。每次测量只能允许样品溶液的一种进入光路中。这种仪器的特点是结构简单、价格便宜，主要适用于定量分析。其缺点是测量结果受电源的波动影响较大，容易给定量结果带来较大误差。此外，这种仪器操作麻烦，不适于作定性分析。

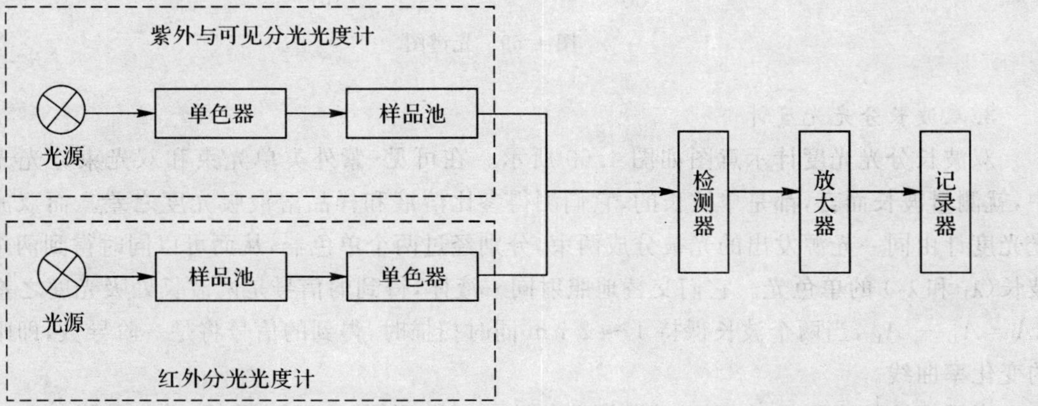

图 4.57　单光束分光光度计系统图

2. 双光束分光光度计

双光束分光光度计示意图如图 4.58 所示。由于两光束同时分别通过参比溶液和样品溶液，因而可以消除光源强度变化带来的误差。目前较高档仪器都采用这种仪器。

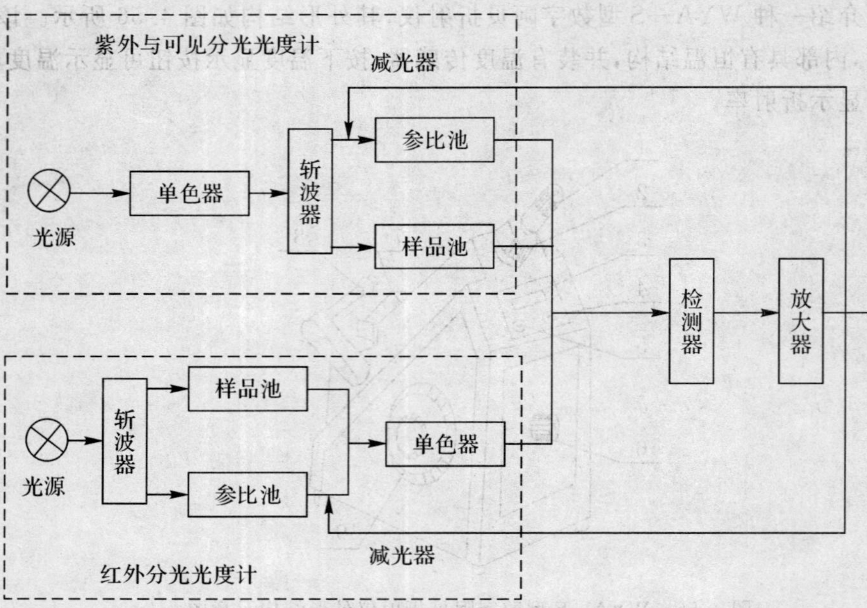

图 4.58 双光束分光光度计系统图

以上两类仪器测的光谱图如图 4.59 所示。

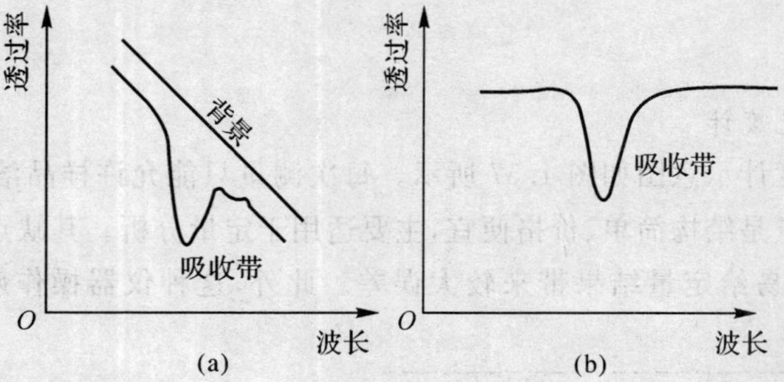

图 4.59 光谱图

3. 双波长分光光度计

双波长分光光度计示意图如图 4.60 所示。在可见-紫外类单光束和双光束分光光度计中，就测量波长而言，都是单波长的，它们测得参比溶液和样品溶液吸光度之差。而双波长分光光度计由同一光源发出的光被分成两束，分别经过两个单色器，从而可以同时得到两个不同波长(λ_1 和 λ_2)的单色光。它们交替地照射同一液体，得到的信号是两波长处吸光度之差 ΔA，$\Delta A = A_{\lambda 1} - A_{\lambda 2}$，当两个波长保持 1 ～ 2 nm 同时扫描时，得到的信号将是一阶导数，即吸光度的变化率曲线。

当用双波长法测量时，可以消除因吸收池的参数不同、位置不同、污垢以及制备参比液等带来的误差。它不仅能测量高浓度试样、多组分试样，而且能测定一般分光光度计不宜测定的浑浊试样。当测定相互干扰的混合试样时，操作简单且精度高。

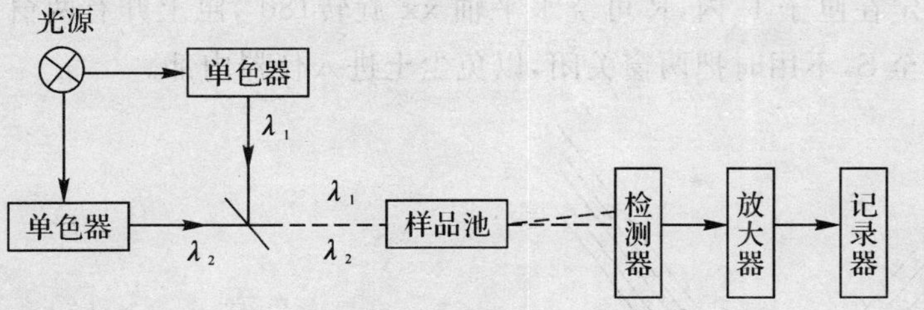

图 4.60　双波长分光光度计系统图

4. 陆末-布洛洪光度计

如图 4.61 所示是陆末-布洛洪光度计的内部构造图，S 是一反射面，用表面较光滑的石膏板制成，M_1 和 M_2 是两个直角全反射三棱镜（或用平面镜来代替）。P 称为陆末-布洛洪立方体，是用两个完全相同的三棱镜 ABC 与 DBC 合成的（见图 4.62）。三棱镜 ABC 的底面 BC 有空隙部分（一部分凹进形成空隙）。当光线从棱镜射到有空气的空隙，且入射角大于临界角时，发生全反射，造成如图 4.63 所示的阴影部分。三棱镜 DBC 的底面完全平滑，将两个棱镜的底面良好地胶接在一起，两棱镜相接触的平滑部分是连续的透明体，光线通过时不发生反射或折射，如图 4.62 所示。图 4.61 所示的 G_1 和 G_2 是两个相同的且能转动的薄玻璃片，它的作用是当 BC 面上的照度几乎相等时，转动 G_1，G_2，可以去掉一部分入射光线，从而更精确地判断望远镜视场的半圆中部（E，F）（见图 4.62）的亮度是否相等。

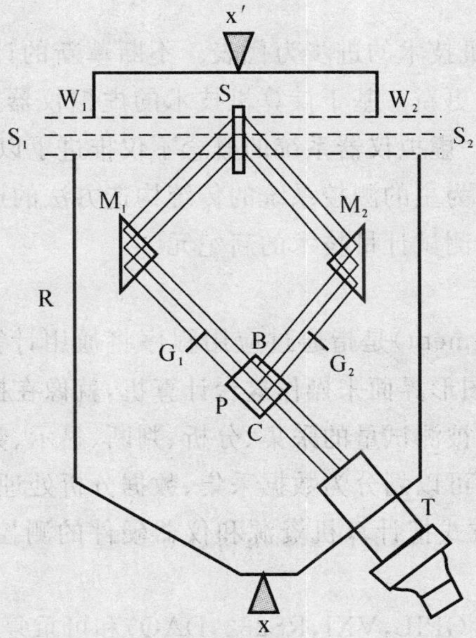

图 4.61　陆末-布洛洪光度计内部构造图

如图 4.61 所示中 T 为望远镜，两光源 S_1 及 S_2 发出的光束，接近垂直入射至 S，经 S 两边漫反射后，分别由三棱镜 M_1 及 M_2 全反射至 BC 面的两边，从 M_1 来的光经 BC 面中光滑处射入望远镜，从 M_2 来的光则经 BC 面上的空隙处全反射而到达望远镜，一般说来，S 的两个面照度不同，把望远镜聚焦到 BC 面上时，观察到如图 4.63 所示明暗相隔的图形，如果 S 的两个面照度相同，明暗的差别消失，图形也就消失，只观察到一亮暗均匀的圆光片。

整个仪器固定在匣子 R 内，R 可绕水平轴 xx' 旋转180°，匣上开有两窗 W_1 和 W_2，使用时打开窗使光束射至 S，不用时把两窗关闭，以免尘土进入仪器内部。

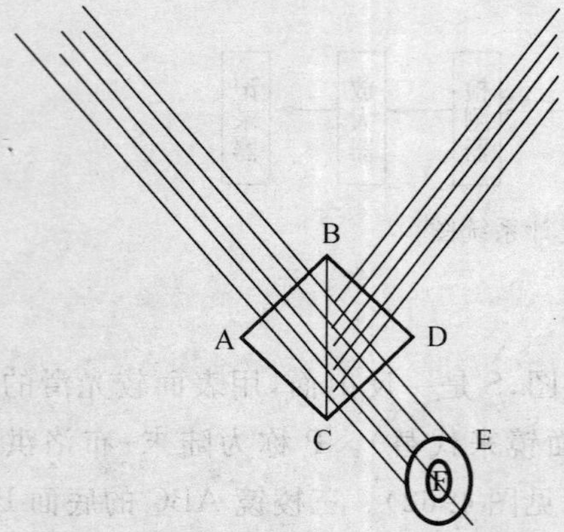

图 4.62　陆末-布洛洪立方体

图 4.63　望远镜视场

4.5　智能仪器和虚拟仪器

4.5.1　概述

现代技术的进步以计算机技术的进步为代表。不断革新的计算机技术，从各个层面上影响着、引导着各行各业的技术更新。基于计算机技术的虚拟仪器系统技术正以其不可逆转的力量燃动着测控技术的革命。虚拟仪器系统的概念不仅推进了以仪器为基础的测控系统的改造，同时也影响着以数据采集为主的测控系统的传统构造方法的进化。虚拟仪器的出现，彻底改变了传统的仪器观，开辟了测试计量技术的新纪元。

1. 虚拟仪器的定义

虚拟仪器(Virtual Instrument)是指通过应用程序将通用计算机与功能化模块硬件结合起来。用户可以通过友好的图形界面来操作这台计算机，就像在操作自己定义、自己设计的一台单个仪器一样，从而完成对被测试量的采集、分析、判断、显示、数据存储等。

与传统仪器一样，它同样可以划分为数据采集、数据分析处理、显示结果三大功能模块(见图 4.64)。虚拟仪器以透明方式把计算机资源和仪器硬件的测控能力相结合，实现仪器的功能运作。

应用程序将可选硬件(加 GPIB，VXI，RS232，DAQ)和可重复使用源码库函数等软件结合起来实现模块间的通信、定时与触发，源码库函数为用户构造自己的虚拟仪器系统提供了基本的软件模块。当用户的测试要求变化时，可以方便地由用户自己来增减软硬件模块，或更新配置现有系统以满足现有系统的测试要求。因此，虚拟仪器是由用户自己定义、自由组合的计算机平台、硬件、软件，以及完成系统功能所需的附件，而这在由供应商提供功能固定、独立的传统仪器上是达不到的。

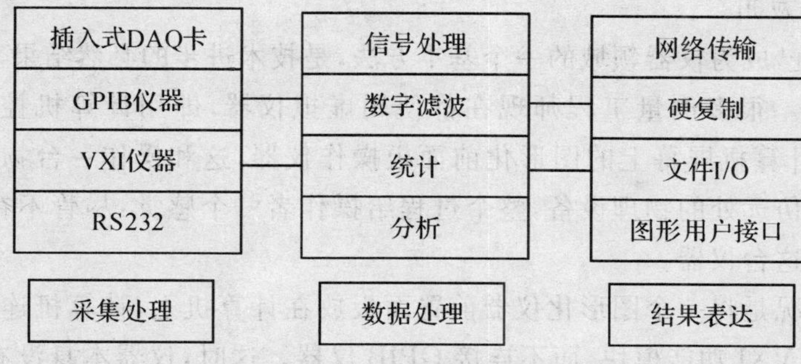

图 4.64　虚拟仪器的内部功能划分

2. 虚拟仪器的演变和发展

电子测量仪器经历了由模拟仪器、带 GPIB 接口的智能化仪器到全部可编程虚拟仪器的发展历程，其中，每次飞跃都是以计算机技术的进步为动力的。由于计算机技术特别是计算机总线标准的发展直接导致了虚拟仪器在 PXI 和 VXI 两个领域中得到了快速发展，它们成为未来仪器行业的两大主流产品。给定计算机运算能力和必要的仪器硬件之后，构造和使用虚拟仪器的关键在于应用软件。基于软件在虚拟仪器中的作用，美国国家仪器公司提出了"软件即仪器"的观点，而 LabVIEW 提供了虚拟仪器的图形编程环境。在这个软件环境下提供了一种像数据流一样的编程模式。用户只需连接各个逻辑框即可构成程序。它还以图形方式提供了大量的显示和分析程序库，利用软件平台可大大缩短虚拟仪器控制软件的开发时间，而且用户可以建立自己的措施方案。虚拟仪器发展至今，可以分为 3 个阶段。

第一阶段，利用计算机增强传统仪器的功能。这一阶段虚拟仪器的发展几乎是直线前进的。由于 GPIB 总线标准的确立，计算机和外界通信成为可能，因而用户可以用计算机控制仪器，而随着计算机系统性能价格比的不断上升，用计算机控制测控仪器成为一种趋势。经过近十年的发展，这些用户得到了越来越多的关于计算机控制仪器的软件，并且这些软件易学易用。最新的软件包括写前仪器驱动库、数据分析函数库、图形接口函数库等。用户可以利用这些强有力的软件来增强仪器系统的功能，使它能够分析和处理特定的数据，并显示结果，而不是限于仪器的固定功能上。实际上，只需要把传统仪器通过 GPIB 或 RS232 同计算机连接起来，这些新增功能就能运转良好。因此，用户可将大量的独立仪器同计算机相连形成用户自己设计的虚拟仪器。

第二阶段，开放式的仪器构成。为满足虚拟仪器市场不断增长的需求，这时在仪器硬件上出现了两大技术进步：一是插入式计算机数据处理卡；二是 VXI 仪器总线标准的确立。这些新的技术使仪器的构成得以开放，消除了第一阶段内在的由用户定义和供应商定义仪器功能的区别。

第三阶段，虚拟仪器框架得到了广泛认同和采用。软件领域面向对象技术把任何用户构建虚拟仪器需要知道的东西封装起来，虚拟仪器将成为一种主流技术。几个虚拟仪器平台已经得到认可并逐渐成为虚拟仪器行业的标准工具。发展到这个阶段，人们也认识到了虚拟仪器软件框架才是数据采集和仪器控制系统实现内动化的关键。美国国家仪器公司总结了这些观点并提出了口号"软件即仪器"。

3. 虚拟仪器的应用

虚拟仪器系统已成为仪器领域的一个基本方法，是技术进步的必然结果。今天，它的应用已经遍及各行各业。很多测量工程师现在都使用虚拟仪器，即用计算机控制一台 GPIB 或 RS232 仪器，通过计算机屏幕上的图形化前面板操作仪器，这和操作一台物理的仪器没有区别。计算机能够模仿远处的物理设备，整个过程给操作者一个感觉：尽管不在仪器旁边，却在远处虚拟地操作着这台仪器。

另外的一种情况是将一个图形化仪器前置面板放在计算机上，计算机连接着一块插入式数据采集卡和一个 VXI 功能模块.而不连接 GPIB 仪器。这时，仪器本身没有前置面板，因而不能将它作为一台独立的仪器来使用。因此，计算机成了这个仪器系统的一个组件，计算机的前置面板操作成了唯一操作仪器的方式。

还有一种情况就是没有任何功能模块连接在计算机上，虽然计算机上同样有前置软面板。计算机通过数据文件和网络得到数据。对它进行分析处理，或者它不用外部的真实数据，而是计算机处理一些“自己”的数据来对一个物理过程或某个项目进行仿真。虚拟仪器技术经过十几年的发展，而今正沿着总线与驱动程序标准化、硬/软件模块化、编程平台的图形化和硬件模块的即插即用方向进步。以开放式模块化仪器标准为基础的虚拟仪器标准正日趋完善。建立在 VXI 技术上的各种先进仪器将会层出不穷。虚拟仪器技术在发达国家的推广应用也是十分普及的，不仅在电子测量领域、过程控制领域，而且在人们生活的其他许多领域，利用虚拟仪器实现复杂的测量与控制系统的例子也很多。

我国目前还基本处于传统仪器与计算机化仪器互相分离的状态，世界各大相关的产品商家都在向中国这个巨大的市场进军。结合实际情况，我们必须走引进与自行开发相结合的道路。一方面，大力引进国外虚拟仪器方面的生产技术、部分产品，吸收最新成果技术；另一方面，发展基于计算机的插卡式硬件模块为主的测控技术，发展图形化平台的软件产品，充分利用现有的计算机及测试技术软硬件，缩短与国际先进水平之间的差距。

4. 虚拟仪器系统的组成

和传统的仪器一样，虚拟仪器也由 3 部分组成：信号的采集、数据分析与处理和结果的输出及显示。虚拟仪器的基本框图如图 4.65 所示。

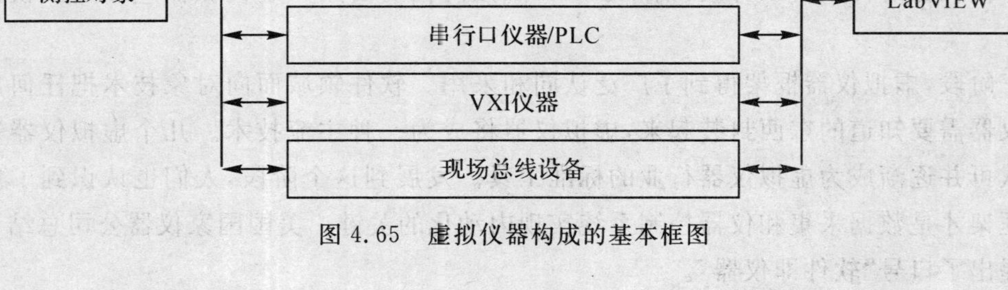

图 4.65　虚拟仪器构成的基本框图

4.5.2　虚拟仪器的设计方法

构造一个虚拟仪器系统，在其基本硬件确定以后，就可以通过不同的软件实现不同的功能。软件是虚拟仪器系统的关键。

在当今这个信息时代，提高软件编程效率的关键是采用面向对象的编程技术。但是，仅仅有面向对象的编程技术还是不够的，因为不可能让所有的测试人员都去学习复杂的编程语言并成为行业专家和编程专家。NI 公司推出的 LabVIEW 等软件开发平台，为简化计算机编程、推动虚拟仪器的应用做出了贡献。

LabVIEW 的图形化程序设计是基于现代软件的面向对象技术和数据流技术而发展起来的。数据流程序设计表示只有在所有输入都有效时，一个对象才开始执行。同样，只有在对象的功能完成以后，对象输出才有效。这样的话，在对象间的数据流控制着程序的执行顺序，执行顺序不局限于来自文本式程序设计的线形顺序。用户能够通过链接功能模块来快速开发自己的应用程序，甚至能够使用多路数据通道，实现同步操作。

LabVIEW 有一个图形编辑器来产生最优化编辑代码，虚拟仪器执行它们相当编译 C 的速度。利用应用程序生成器，用户能够产生虚拟仪器，就像独立的可执行程序一样。下面按步骤说明怎样进行图形化的程序设计。

1. 建立方案

利用 LabVIEW 软件，可以构建虚拟仪器，而不是编写程序。有了交互式控制的软件系统，用户可以很方便地建立其前面板接口。为了实现具体的功能，用户利用向导把流程图组合在一起。

2. 建立前面板

从控制模块中选择需要的对象，放在虚拟仪器的前面板上。控制模板上的对象包括数字显示、表头、压力计、热敏计外壳、表、图片等。在用户的虚拟仪器完成以后，就能在虚拟仪器工作时利用前面板去控制整个系统，如移动滑动片、在图像中变向、从键盘输入等。

3. 构建图形化的流程图

对虚拟仪器进行程序设计，不必担心很多传统程序设计所需的语法细节，而可自己构建流程图。从功能模板上选择对象(用图标表示)，并用线将它们连接起来以便数据进行传递。功能模块上的对象包括简单的数学运算、高级数据采集和分析方法以及网络和文件输入输出操作。

4. 数据流程序设计

LabVIEW 用一种精巧的数据流程序设计模式把用户从文本式语言的线性化方式构建程序的办法中解放出来。这是因为，在 LabVIEW 软件中程序的执行顺序由各方块中的数据流决定。用户也可以建立同步操作的流程图。LabVIEW 软件是一个多任务系统一具有多线程功能，可以并运行多个虚拟仪器。

5. 模块化和层次

LabVIEW 虚拟仪器实行模块化设计，因此，任何虚拟仪器既能独立运行，又能被用做其他虚拟仪器的一部分。甚至可以创建自己的虚拟仪器图标，因此，可以设计内虚拟仪器构成的多层系统，并可以改变它，同其他虚拟仪器交换相连接，以满足不断变化的应用需要。

6. 图形编辑器

在许多场合，程序运行速度都是很关键的。LabVIEW 软件是唯一的带有编辑器的图形化编程环境，可以产生最优化的代码，其运行速度与编译 C 的速度相当。利用内置的绘图器，甚至能够对于时间很关键的代码部分进行分析和优化。因此，不会因为图形化编程提高了效率而影响运行速度。

计算机测试技术以计算机或微处理器为核心，将检测技术、自动控制技术、通信技术、网络技术和电子信息等技术结合起来，使得现代仪器具有开放性、模块化、可重复使用及互换性等特点，用户可完全根据各种测试对象的特点，合理组建自己的测量系统。

智能仪器是将人工智能的理论、方法和技术应用于仪器，使其成为具有类似人类的智能特性或功能的仪器。智能仪器不再是简单的硬件实体，而是硬件、软件相结合，微处理器通过键盘或遥控接口接收命令和信号，并用来控制仪器的运行，执行常规测量，对数据进行智能分析和处理，对数字进行显示和传送，软件在仪器智能高低方面起着重要的作用。

虚拟仪器实现了测量仪器的智能化、多样化和模块化，即在相同的硬件平台下，虚拟仪器完全由用户自己定义，通过不同的软件就可以实现功能完全不同的测试仪器。从传统仪器向虚拟仪器的转变，用户可以用较少的资金、较少的系统、较少的开发和维护费用，用比过去更少的时间开发出功能更强、质量更可靠的产品，从而为用户带来了更多的实际利益。

“软件就是仪器”是虚拟仪器的内涵。虚拟仪器的硬件由计算机硬件和仪器硬件构成，软件由 VXI 总线接口软件、仪器驱动器和应用软件开发环境构成。数字信号处理(DSP)是虚拟仪器的重要组成部分。

智能仪器、虚拟仪器和网络仪器的出现标志着现代电子测量技术将向着智能化、自动化、小型化、模块化和开放式系统发展。

思考题

1. 电子测量仪器的功能有哪些？

2. 电子测量过程中仪表的主要性能指标有哪些？

3. 简述交流、直流、开关稳压电源的分类和特点。

4. 简述线性直流稳压电源的结构组成和基本原理。

5. 简述指针式万用表的组成和原理。

6. 说明 4.3.3 节中图 4.26 所示数字式万用表中各部分的功能。

7. 简述数字式万用表测量直流电压和交流电压、直流电流和交流电流，以及测量电阻的步骤和方法。

8. 如何按信号频段和信号波形对测量用信号源进行分类？

9. 对测量信号源的基本要求是什么？

10. 简述示波器的组成和工作原理。

11. 在时间测量过程中，测得波形图上两点之间的水平距离为 8 格，扫描时间系数设置为

2 ms/格，水平扩展为×1，则时间间隔为多少？

12. 在测量过程中有哪些主要原因可使示波器波形不稳定？

13. 智能仪器的结构特点是什么？智能仪器是如何进行测量的？

14. 什么是虚拟仪器？虚拟仪器是仿真仪器吗？

15. 虚拟仪器的硬件系统一般包括哪几个部分？

16. 虚拟仪器的设计主要包括哪些内容？一般有几个步骤？

第5章 基本器件

5.1 电 阻

5.1.1 电阻的基本知识

电阻器是电路元件中应用最广泛的一种，在电子设备中约占元件总数的 30% 以上，其质量的好坏对电路工作的稳定性有极大影响。它的主要用途是稳定和调节电路中的电流和电压，其次还作为分流器、分压器和负载使用。如图 5.1 所示为各种电阻图。如图 5.2 所示为色环电阻图。

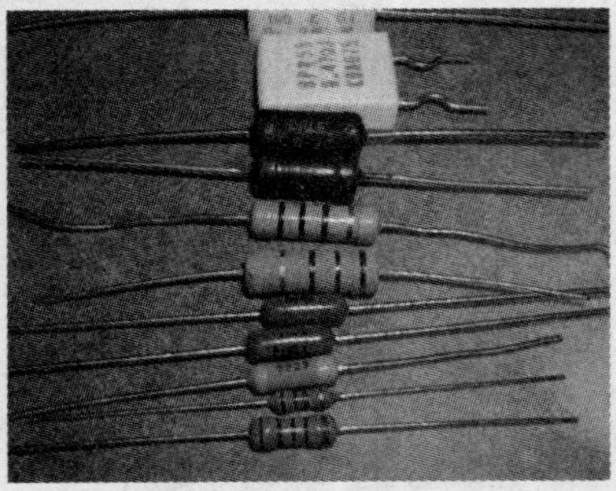

图 5.1 各种电阻图

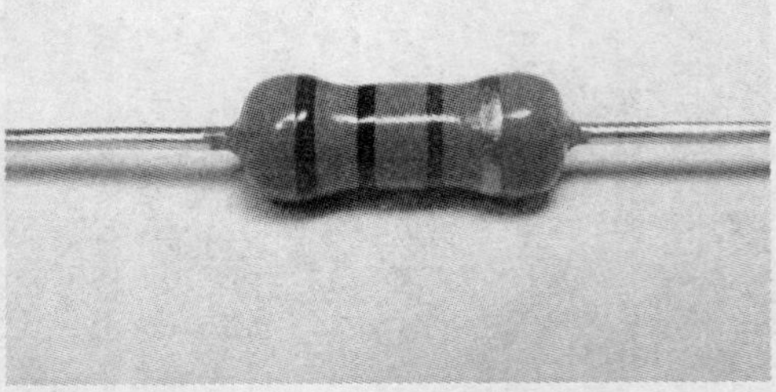

图 5.2 色环电阻

电阻的主要物理特性是对电流呈现阻力，消耗电能，但由于构造上有线绕或刻槽而使得电阻存在有引线电感和分布电容，等效电路如图 5.3 所示。当电阻工作于低频时，其电阻分量起主要作用，电抗部分可以忽略不计，即忽略 L_0 和 C_0 的影响，此时只需测出 R 值就可以了，但当工作频率升高时，电抗分量就不能忽略不计。此外，工作于交流电路的电阻的阻值，由于趋肤效应、涡流损耗、绝缘损耗等原因，其等效电阻随频率的不同而不同，实验证明，当频率在 1 kHz 以下时，电阻的交流阻值与直流阻值相差不超过$1\times10^{-4}\,\Omega$，随着频率的升高，其间的差值随之增大。

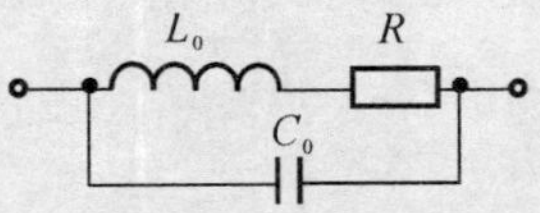

图 5.3 电阻的等效电路

1. 电阻器的分类

电阻器的分类有很多，根据其结构特点可分为以下几类。

线绕电阻器：通用线绕电阻器、精密线绕电阻器、大功率线绕电阻器、高频线绕电阻器。

薄膜电阻器:碳膜电阻器、合成碳膜电阻器、金属膜电阻器、金属氧化膜电阻器、化学沉积膜电阻器、玻璃釉膜电阻器、金属氮化膜电阻器。

实芯电阻器:无机合成实芯碳质电阻器、有机合成实芯碳质电阻器。

敏感电阻器:压敏电阻器、热敏电阻器、光敏电阻器、力敏电阻器、气敏电阻器、湿敏电阻器。

电阻器也有功率之分,常见的是1/8 W的色环碳膜电阻,它是电子产品和电子制作中用得最多的。在一些微型产品中,会用到1/16 W的电阻,它的个头小多了。再者就是微型片状电阻,它是贴片元件家族的一员,多见于进口微型产品中。

2. 常用电阻器

(1) 实芯碳质电阻器。它是用碳质颗粒状导电物质、填料和黏合剂混合制成的一个实体的电阻器。其价格低廉,但其阻值误差、噪声电压都大,稳定性差,目前较少用。

(2) 绕线电阻器。它是用高阻合金线绕在绝缘骨架上制成的,外面涂有耐热的釉绝缘层或绝缘漆。

绕线电阻具有较低的温度系数,阻值精度高,稳定性好,耐热耐腐蚀,主要做精密大功率电阻使用,缺点是高频性能差,时间常数大。

(3) 薄膜电阻器。它是用蒸发的方法将一定电阻率材料蒸镀于绝缘材料表面制成的。

1) 碳膜电阻器。碳膜电阻为最早期也最普遍使用的电阻器,利用真空喷涂技术在瓷棒上面喷涂一层碳膜,再将碳膜外层加工切割成螺旋纹状,依照螺旋纹的多寡来定其电阻值,螺旋纹愈多时表示电阻值愈大。最后在外层涂上环氧树脂密封保护而成。其阻值误差虽然较金属皮膜电阻高,但由于成本低、性能稳定、阻值范围宽、温度系数和电压系数低,是目前应用最广泛的电阻器。

2) 金属膜电阻器。金属膜电阻同样利用真空喷涂技术在瓷棒上面喷涂,只是将碳膜换成金属膜(如镍铬),并在金属膜车上螺旋纹做出不同阻值,并且于瓷棒两端镀上贵金属。虽然它较碳膜电阻器贵,但低杂音,稳定,受温度影响小,精确度高成了它的优势。因此,它被广泛应用于高级音响器材、电脑、仪表、国防及太空设备等方面。

3) 金属氧化膜电阻器。某些仪器或装置需要长期在高温的环境下操作,使用一般的电阻不能保证其稳定性。在这种情况下可使用金属氧化膜电阻,它是利用高温燃烧技术于高热传导的瓷棒上面烧附一层金属氧化薄膜(用锡和锡的化合物喷制成溶液,经喷雾送入500℃的恒温炉,涂覆在旋转的陶瓷基体上而形成的,也可以用氧化锌材料等),并在金属氧化薄膜车上螺旋纹做出不同阻值,然后于外层喷涂不燃性涂料。其性能与金属膜电阻器类似,但电阻值范围窄。它能够在高温下仍保持其安定性,其典型的特点是金属氧化膜与陶瓷基体结合得更牢,电阻皮膜负载的电力亦较高,耐酸碱能力强,抗盐雾,因而适用于在恶劣的环境下工作。它还兼备低噪声、稳定、高频特性好的优点。

4) 合成膜电阻。合成膜电阻是将导电合成物悬浮液涂敷在基体上而得的,因此也叫漆膜电阻。

由于其导电层呈现颗粒状结构,因此其噪声大,精度低,主要用于制造高压、高阻、小型电阻器。

5) 金属玻璃铀电阻器。金属玻璃铀电阻器是将金属粉和玻璃铀粉混合的,采用丝网印刷法印在基板上。它耐潮湿,耐高温,温度系数小,主要应用于厚膜电路。

6) 贴片电阻SMT。贴片电阻是金属玻璃铀电阻的一种形式,它的电阻体是高可靠的钌系列玻璃釉材料经过高温烧结而成的，其特点是体积小，精度高，稳定性和高频性能好，适用于高精密电子产品的基板中。

7）敏感电阻。敏感电阻是指器件特性对温度、电压、湿度、光照、气体、磁场、压力等作用敏感的电阻器。

a. 热敏电阻。半导体热敏电阻是利用半导体材料的热敏特性工作的半导体电阻。它是用对温度变化极为敏感的半导体材料制成的，其阻值随温度变化发生极明显的变化。

热敏电阻主要用在温度测量、温度控制、温度补偿、自动增益调整、微波功率测量、火灾报警、红外探测及稳压、稳幅等方面，是自动控制设备中的重要元件。热敏电阻按其结构分为直热式和旁热式两大类。直热式热敏电阻一般是用锰、镁、钴、镍、铁等金属氧化物粉料挤压成杆状、片状、垫圈状或珠状的电阻体，经 1 000 ～ 1 500℃ 高温烧结后，再烧制附银电极，焊接引线而成的。加热电流直接通过电阻体。旁热式热敏电阻由电阻体和加热器构成。电阻体旁装有金属丝绕制的加热器（加热线圈），二者紧耦合在一起，但又彼此绝缘。电阻体和加热器密封在内部抽成高真空的玻璃外壳中，引出电极。当加热器通过加热电流时，电阻体周围温度变化，导致阻值改变。按电阻温度系数的不同，热敏电阻分为正温度系数热敏电阻和负温度系数热敏电阻。

在工作温度范围内，正温度系数热敏电阻的阻值随温度升高而急剧增大，负温度系数电阻的阻值随温度升高而急剧减小。后者应用较为广泛。此外，热敏电阻由于具有热敏特性，其电压和电流之间不再保持线性关系，成为一种非线性元件。

b. 压敏电阻。压敏电阻是一种保护器件，有不同电压标称值，如 275 V 的，当使用电压超过电阻标定值时，电阻立即击穿短路，从而起到保护其他电路和器件的作用。它广泛应用于电子线路中做过电压保护用。它主要有碳化硅和氧化锌压敏电阻，氧化锌具有更多的优良特性。

c. 湿敏电阻。它由感湿层、电极、绝缘体组成，湿敏电阻主要包括氯化锂湿敏电阻、碳湿敏电阻、氧化物湿敏电阻。氯化锂湿敏电阻随湿度上升而电阻减小，缺点为测试范围小，特性重复性不好，受温度影响大。碳湿敏电阻缺点为低温灵敏度低，阻值受温度影响大，有老化特性，较少使用。

氧化物湿敏电阻性能较优越，可长期使用，温度影响小，阻值与湿度变化呈线性关系。它有氧化锡、镍铁酸盐等材料。

d. 光敏电阻。光敏电阻是一种电阻值随外界光照强弱（明暗）变化而变化的元件，光越强阻值越小，光越弱阻值越大。如果把光敏电阻的两个引脚接在万用表的表笔上，用万用表的 $R \times 1$ k 挡测量在不同的光照下光敏电阻的阻值，将光敏电阻从较暗的抽屉里移到阳光下或灯光下，万用表读数将会发生变化。在完全黑暗处，光敏电阻的阻值可达几兆欧以上，而在较强光线下，阻值可降到几千欧甚至 1kΩ 以下。

利用这一特性，可以制作出各种光控的小电路来。事实上，街边的路灯大多是用光控开关自动控制的，其中一个重要的元器件就是光敏电阻（或者是光敏三极管，一种功能相似的带放大作用的半导体元件）。光敏电阻是在陶瓷基座上沉积一层硫化镉（CdS）膜后制成的，实际上也是一种半导体元件。住宅或公寓里声控楼道灯在白天不会点亮，也是因为光敏电阻在起作用。

光敏电阻主要有 CdS 元件、CdSe 元件和 PbS 元件。它们的电阻率对某段波长的照度变化很敏感，当照度增加时，电阻率急剧减小，并在一定条件下，照度和电阻率可成线性关系。在完全无光照时，光敏电阻也会呈现一定的电阻值，称为暗电阻，而光照时的电阻称为光电阻。对CdS光敏电阻，暗电阻约几兆欧姆，而光电阻可小到几百欧姆。光敏电阻的温度系数和照度有关，在强光照射条件下为正，在弱光照射条件下为负。

在上述三种光敏电阻中，以CdS光敏电阻应用最广。它可以工作在交流状态，对可见光敏感输出信号较大，价格便宜，抗噪声能力比光敏二极管强，但响应速度较慢。响应时间指光敏电阻两端加电压后，从受光照开始，电阻中的光电流从0增加到正常电流值的63%所经历的时间t，遮光后，光电流从正常值衰减到37%时所经历的时间t_f。

当选用CdS作开关元件时，应注意它的允许功耗和响应速度能否满足要求。

e. 气敏电阻。气敏电阻是利用某些半导体吸收某种气体后发生氧化还原反应制成的，主要成分是金属氧化物。主要品种有金属氧化物气敏电阻、复合氧化物气敏电阻、陶瓷气敏电阻等。

f. 力敏电阻。力敏电阻是一种阻值随压力变化而变化的电阻，国外称为压电电阻器。所谓压电电阻效应即半导体材料的电阻率随机械应力的变化而变化的效应。力敏电阻可制成各种力矩计、半导体话筒、压力传感器等。其主要品种有硅力敏电阻器、硒碲合金力敏电阻器。相对而言，合金电阻器具有更高灵敏度。

(4) 电位器。电位器是一种可调的电子元件。它是由一个电阻体和一个转动或滑动系统组成的。当电阻体的两个固定触电之间外加一个电压时，通过转动或滑动系统改变触点在电阻体上的位置，在动触点与固定触点之间便可得到一个与动触点位置成一定关系的电压。

1) 合成碳膜电位器。电阻体是用经过研磨的碳黑、石墨、石英等材料涂敷于基体表面而成的，该工艺简单，是目前应用最广泛的电位器。它具有阻值范围宽、分辨力较好、工艺简单、价格低廉等特点，但动噪声大、耐潮性差。这类电位器宜作为函数式电位器，在消费类电子产品中大量应用。采用印刷工艺可使碳膜片的生产实现自动化。

2) 有机实心电位器。有机实心电位器是一种新型电位器，它是用加热塑压的方法，将有机电阻粉压在绝缘体的凹槽内。有机实心电位器与碳膜电位器相比具有耐热性好、功率大、可靠性高、耐磨性好的优点，但温度系数大、动噪声大、耐潮性能差、制造工艺复杂、阻值精度较差，在小型化、高可靠、高耐磨性的电子设备，以及交、直流电路中起调节电压、电流作用。

3) 金属玻璃铀电位器。它是用丝网印刷法按照一定图形，将金属玻璃铀电阻浆料涂覆在陶瓷基体上，经高温烧结而成的。它既具有有机实芯电位器的优点，又具有较小的电阻温度系数(与线绕电位器相近)，但动态接触电阻大、等效噪声电阻大，因此，多用于半固定的阻值调节。这类电位器发展很快，耐温、耐湿、耐负荷冲击的能力已得到改善，可在较苛刻的环境条件下可靠地工作。

4) 绕线电位器。绕线电位器是将康铜丝或镍铬合金丝作为电阻体，并把它绕在绝缘骨架上制成的。绕线电位器特点是接触电阻小，精度高，温度系数小，其缺点是分辨力差，阻值偏低，高频特性差。其主要用做分压器、变阻器、仪器中调零和工作点等。

5) 金属膜电位器。金属膜电位器的电阻体可由合金膜、金属氧化膜、金属箔等分别组成。其特点是分辨力高、耐高温、温度系数小、动噪声小、平滑性好。

6) 导电塑料电位器。它是用特殊工艺将DAP(邻苯二甲酸二烯丙酯)电阻浆料覆盖在绝缘机体上，加热聚合成电阻膜，或将DAP电阻粉热塑压在绝缘基体的凹槽内形成的实芯体作为电阻体。其特点是平滑性好、分辨力优异、耐磨性好、寿命长、动噪声小、可靠性极高、耐化学腐蚀，用于宇宙装置、导弹、飞机雷达天线的伺服系统等。

7）带开关的电位器。它有旋转式开关电位器、推拉式开关电位器、推开关式电位器。

8）预调式电位器。预调式电位器在电路中一旦调试好，用蜡封住调节位置，在一般情况下不再调节。

9）直滑式电位器。采用直滑方式改变电阻值。

10）双连电位器。有异轴双连电位器和同轴双连电位器。

11）无触点电位器。无触点电位器消除了机械接触，寿命长、可靠性高，有分光电式电位器、磁敏式电位器等。

3. 电阻器的主要特性参数

（1）标称阻值。电阻器上面所标示的阻值。

（2）允许误差。标称阻值与实际阻值的差值跟标称阻值之比的百分数称阻值偏差，它表示电阻器的精度。

允许误差与精度等级对应关系如表 5.1 所示。

表 5.1　允许误差与精度等级对应表

允许误差	±0.5%	±1%	±2%	±5%	±10%	±20%
精度等级	0.05	0.1	0.2	Ⅰ级	Ⅱ级	Ⅲ级

（3）额定功率。在正常的大气压为 90 ～ 106.6 kPa 及环境温度为 －55 ～＋70℃ 的条件下，电阻器长期工作所允许耗散的最大功率。

线绕电阻器额定功率系列为（单位为 W）：1/20，1/8，1/4，1/2，1，2，4，8，10，16，25，40，50，75，100，150，250，500。

非线绕电阻器额定功率系列为（单位为 W）：1/20，1/8，1/4，1/2，1，2，5，10，25，50，100。

（4）额定电压。由阻值和额定功率换算出的电压。

（5）最高工作电压。允许的最大连续工作电压。当在低气压工作时，最高工作电压较低。

（6）温度系数。温度每变化 1℃ 所引起的电阻值的相对变化。温度系数越小，电阻的稳定性越好。阻值随温度升高而增大的为正温度系数，反之为负温度系数。

（7）老化系数。电阻器在额定功率长期负荷下，阻值相对变化的百分数。它是表示电阻器寿命长短的参数。

（8）电压系数。在规定的电压范围内，电压每变化 1 V，电阻器的相对变化量。

（9）噪声。产生于电阻器中的一种不规则的电压起伏，包括热噪声和电流噪声两部分。热噪声是由于导体内部不规则的电子自由运动，使导体任意两点的电压不规则变化。

4. 常用电阻器

在实验室中，经常用到两类电阻器：滑线变阻器和电阻箱。下面对这两种电阻器进行重点介绍。

（1）滑线变阻器。滑线变阻器的结构与符号如图 5.4 所示。它由表面涂绝缘膜电阻丝（如镍铬丝）绕在绝缘瓷管上制成，电阻丝的两头分别接在瓷管两端的 A，B 接线柱上，A，B 之间的电阻即为总电阻。滑动头 D 可沿金属杆滑动，与电阻丝接触良好，改变其位置就可以改变 AC（或 BC）电阻。额定电流和总电阻等参数均在铭牌上标明。滑线变阻器在电路中有两种接法：

1）限流接法。将变阻器的一个固定端和滑动端接入电路，由于电阻可变，从而使电路中的电流发生变化，如图 5.5 所示 。

2）分压接法。将变阻器的两个固定端分别与电源的两极相连，由滑动端和任一固定端连接到电路。由于电流通过变阻器的全部电阻丝，故 A，B 之间任意两点都有电势差。当滑动头移动时，就改变了电路的输入电压，如图 5.6 所示。

注意：在限流接法中，变阻器的滑动头应放在电阻最大的位置；在分压接法中，变阻器的滑动头应放在分压最小的位置。

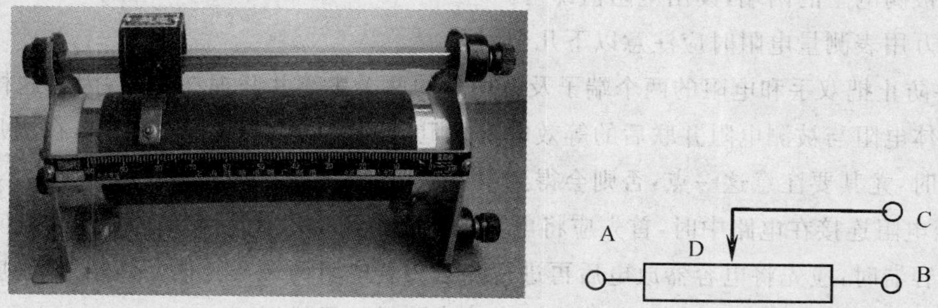

图 5.4　滑线变阻器的结构与符号

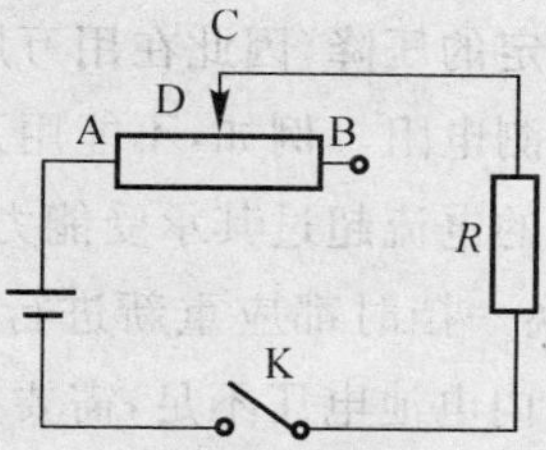

图 5.5　限流接法

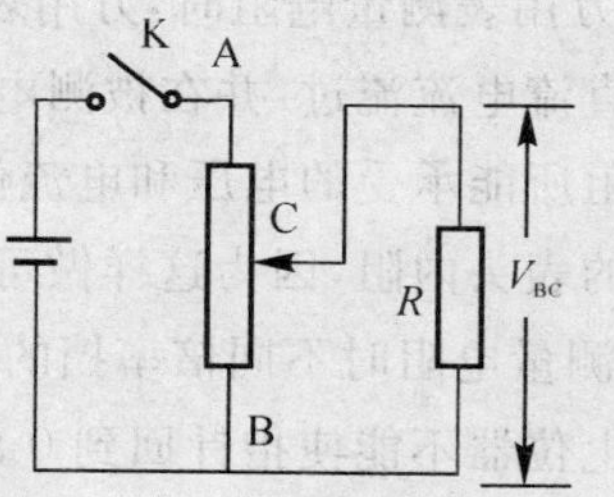

图 5.6　分压接法

（2）电阻箱。电阻箱是由若干个锰铜丝绕成的固定电阻按照一定的组合方式通过特殊的变换开关连接而成的。以 ZX—21 型电阻箱为例，如图 5.7 所示，其室温下的最大相对不确定度为 0.1%，精度很高。其内部线路和面板上显示 0.1，1，10，100，1 000，10 000 六个不同倍率的旋钮，将相应读数与相应倍率积得接入电阻；“0”“0.9Ω”“9.9Ω”“99 999.9Ω” 四个接线柱，其中 0 为公共接入端，根据实验需要电阻的最大值选取合适的另一端，可以避免电阻箱其余部分的接触电阻和导线电阻对低阻值带来的不可忽略的误差。

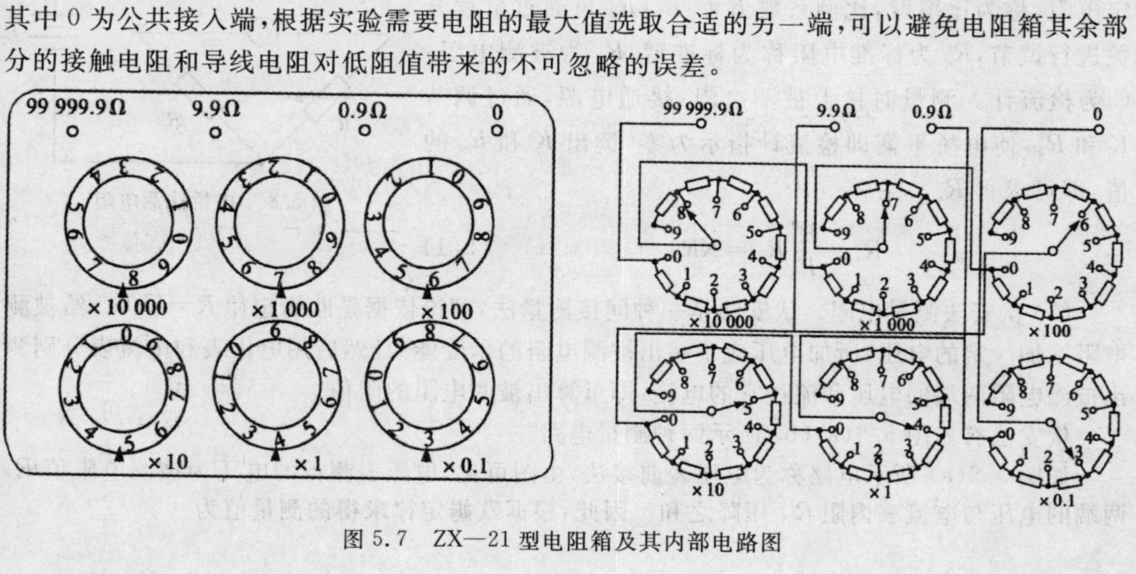

图 5.7　ZX—21 型电阻箱及其内部电路图

5.1.2 电阻的测量

1. 固定电阻的测量

(1) 万用表测量电阻。模拟式和数字式万用表都有电阻测量挡，都可以用来测量电阻，测量时先选择好万用表电阻挡的倍率或量程范围，再将两个输入端(表笔)短路调零，再将万用表并接在被测电阻的两端，读出电阻值即可。

在用万用表测量电阻时应注意以下几个问题。

1) 要防止把双手和电阻的两个端子及万用表的两个表笔并联捏在一起，因为这样测得的阻值为人体电阻与被测电阻并联后的等效电阻的阻值，而不是被测电阻的阻值，在测几千欧以上的电阻时，尤其要注意这一点，否则会得到误差超出允许值的测量结果。

2) 当电阻连接在电路中时，首先应将电路的电源断开，决不允许带电测量电阻值。若电路中有电容器时，应先将电容器放电后再进行测量。若电阻两端与其他元件相连，则应断开一端后再测量，否则电阻两端连接的其他电路会造成测量结果错误。

3) 由于用万用表测量电阻时，万用表内部电路通过被测电阻构成回路，也就是说，测量时被测电阻中有直流电流流过，并在被测电阻两端产生一定的压降，因此在用万用表测量电阻时应注意被测电阻所能承受的电压和电流值，以免损坏被测电阻。例如，不能用万用表直接测量微安级电流表的表头内阻，因为这样做可能使流过表头的电流超过其承受能力而烧坏表头。

4) 万用表测量电阻时不同倍率挡的零点不同，每换一挡时都应重新进行一次调零，当某一挡调节调零电位器不能使指针回到 0 Ω 处时，表明表内电池电压不足，需要更换新电池。

5) 由于模拟式万用表电阻挡刻度的非线性，使得刻度误差较大，测量误差也较大，因而模拟式万用表只能作一般性的粗略检查测量。数字式万用表测量电阻的误差比模拟式万用表的误差小，但当它用以测量阻值较小的电阻时，相对误差仍然是比较大的。

(2) 电桥法测量电阻。当对电阻值的测量精度要求很高时，可用电桥法进行测量。如图 5.8 所示，R_1，R_2 是固定电阻，称为比率臂，比例系数 $K = R_1/R_2$ 可通过量程开关进行调节，R_n 为标准电阻称为标准臂，R_x 为被测电阻，G 为检流计。测量时接上被测电阻，接通电源，通过调节 K 和 R_n，使电桥平衡即检流计指示为零，读出 K 和 R_n 的值，即可求得 R_x。

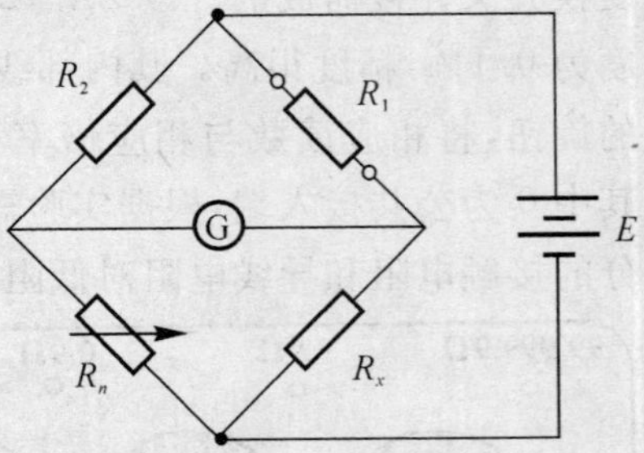

图 5.8 电桥法测电阻

$$R_x = \frac{R_1}{R_2} R_n = K R_n \tag{5.1}$$

(3) 伏安法测量电阻。伏安法是一种间接测量法，理论依据是欧姆定律 $R = U/I$。给被测电阻施加一定的电压，所加电压应不超出被测电阻的承受能力，然后用电压表和电流表分别测出被测电阻两端的电压和流过它的电流，即可算出被测电阻的阻值。

伏安法有如图 5.9(a)(b) 所示两种测量电路。

如图 5.9(a) 所示电路称为电压表前接法，由图可见，电压表测得的电压为被测电阻值 R_x 两端的电压与电流表内阻 R_A 压降之和。因此，根据欧姆定律求得的测量值为

$$R_{测} = U/I_x = (U_A + U_x)/I_x = R_x + R_A > R_x \tag{5.2}$$

如图 5.9(b) 所示电路称为电压表后接法，由图可见，电流表测得的电流为流过被测电阻 R_X 的电流与流过电压表内阻 R_V 的电流之和。因此，根据欧姆定律求得的测量值为

$$R_{测} = U/I_x = U_x/(I_V + I_x) = R_x // R_V < R_x \tag{5.3}$$

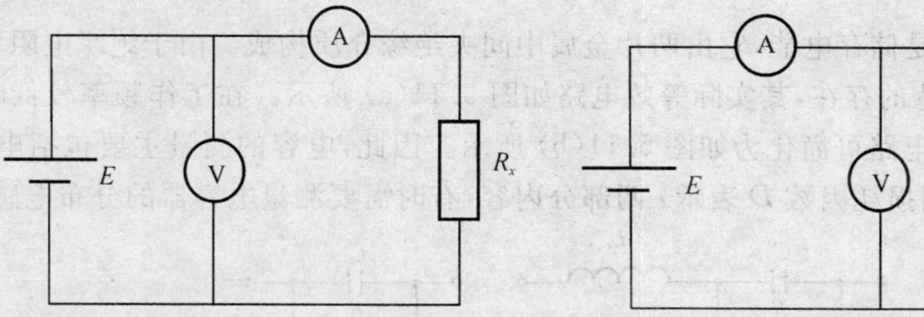

图 5.9　伏安法测量电阻

当使用伏安法时，应根据被测电阻的大小，选择合适的测量电路，如果预先无法估计被测电阻的大小，可以两个电路都试一下，看两种电路电压表和电流表的读数的差别情况，若两种电路电压表的读数差别比电流表的读数差别小，则可选择电压表前接法即如图 5.9(a) 所示电路；反之，则可选择电压表后接法，即如图 5.9(b) 所示电路。

2. 电位器的测量

(1) 用万用表测量电位器。用万用表测量电位器的方法与测量固定电阻的方法相同。先测量电位器两固定端之间的总体固定电阻，然后测量滑动端对任意一端之间的电阻值，并不断改变滑动端的位置，观察电阻值的变化情况，直到滑动端调到另一端为止。

当缓慢调节滑动端时，应滑动灵活，松紧适度，听不到呲呲的噪声，阻值指示平稳变化，没有跳变现象；否则说明滑动端接触不良，或滑动端的引出机构内部存在故障。

(2) 用示波器测量电位器的噪声。如图 5.10 所示，给电位器两端加一适当的直流电源 E，E 的大小应不致造成电位器超功耗，最好用电池，因为电池没有纹波电压和噪声，让一恒定电流流过电位器。缓慢调节电位器的滑动端，在示波器的荧光屏上显示出一条光滑的水平亮线，随着电位器滑动端的调节，水平亮线在垂直方向移动，若水平亮线上有不规则的毛刺出现，则表示有滑动噪声或静态噪声存在。

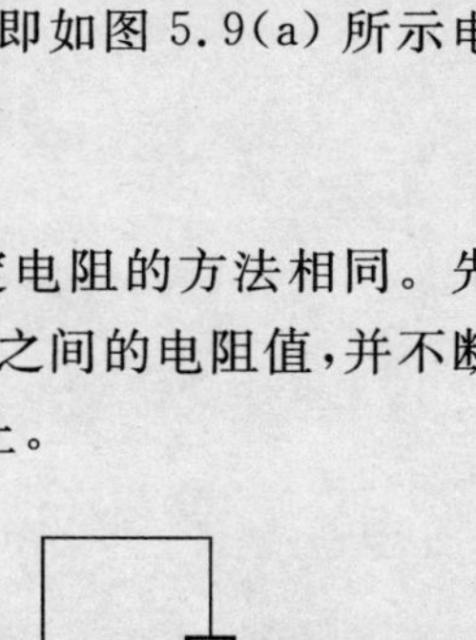

图 5.10　用示波器测量电位器的噪声

3. 非线性电阻的测量

非线性电阻如热敏电阻、二极管的内阻等，它们的阻值与工作环境以及外加电压和电流的大小有关，一般采用专用设备测量其特性，当无专用设备时，可采用前面介绍的伏安法，测量一定直流电压下的直流电流值，然后改变电压的大小，逐点测量相应的电流，最后作出伏安特性曲线，所得电阻值只表示一定电压或电流下的直流电阻值。如果电阻值与环境温度有关时还应制造一定的外界环境。

5.2 电　容

5.2.1　电容的基本知识

电容的主要作用是储存电能，它由两片金属中间夹绝缘介质构成。由于绝缘电阻（绝缘介质的损耗）和引线电感的存在，其实际等效电路如图 5.11(a) 所示。在工作频率较低时，可以忽略 L_0 的影响，等效电路可简化为如图 5.11(b) 所示。因此，电容的测量主要包括电容量值与电容器损耗（通常用损耗因数 D 表示）两部分内容，有时需要测量电容器的分布电感。

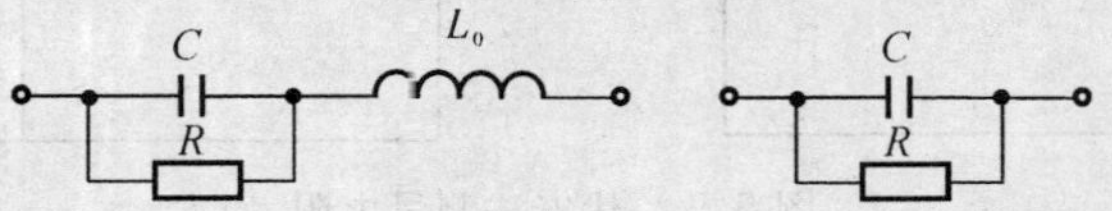

(a)　　　　　　　　(b)

图 5.11　电容的等效电路

图 5.12　各类电容

1. 常用电容的结构和特点

常用的电容器按其结构可分为固定电容器、半可变电容器、可变电容器三种，按其介质材料可分为电解电容器、云母电容器、瓷介电容器、玻璃釉电容器等。

(1) 铝电解电容。它是由铝圆筒做负极，里面装有液体电解质，插入一片弯曲的铝片做正极制成的。还需要经过直流电压处理，使王极片上形成一层氧化膜做介质。它的特点是容量大，但是漏电大、误差大、稳定性差，常用做交流旁路和滤波，在要求不高时也用于信号耦合。电解电容有正、负极之分，使用时不能接反。

(2) 纸介电容。它是用两片金属箔做电极，夹在极薄的电容纸中，卷成圆柱形或者扁柱形芯子，然后密封在金属壳或者绝缘材料（如火漆、陶瓷、玻璃釉等）壳中制成的。它的特点是体积较小，容量可以做得较大，但是固有电感和损耗都比较大，用于低频比较合适。

(3) 金属化纸介电容。它的结构和纸介电容基本相同。它是在电容器纸上覆盖上一层金属膜来代替金属箔，体积小，容量较大，一般用在低频电路中。

(4) 油浸纸介电容。它是把纸介电容浸在经过特别处理的油里，能增强它的耐压。它的特点是电容量大、耐压高，但是体积较大。

(5) 玻璃釉电容。它是以玻璃釉做介质，具有瓷介电容器的优点，且体积更小，耐高温。

(6) 陶瓷电容。它是用陶瓷做介质，在陶瓷基体两面喷涂银层，然后烧成银质薄膜做极板制成的。它的特点是体积小、耐热性好、损耗小、绝缘电阻高，但容量小，适宜用于高频电路。铁电陶瓷电容容量较大，但是损耗和温度系数较大，适宜用于低频电路。

(7) 薄膜电容。它的结构和纸介电容相同，介质是涤纶或者聚苯乙烯。涤纶薄膜电容介电常数较高，体积小，容量大，稳定性较好，适宜做旁路电容。聚苯乙烯薄膜电容介质损耗小，绝缘电阻高，但是温度系数大，可用于高频电路。

(8) 云母电容。它是用金属箔或者在云母片上喷涂银层做电极板，极板和云母一层一层叠合后，再压铸在胶木粉或封固在环氧树脂中制成的。它的特点是介质损耗小、绝缘电阻大、温度系数小，适宜用于高频电路。

(9) 钽、铌电解电容。它用金属钽或者铌做正极，用稀硫酸等配液做负极，用钽或铌表面生成的氧化膜做介质制成的。它的特点是体积小、容量大、性能稳定、寿命长、绝缘电阻大、温度特性好，用在要求较高的设备中。

(10) 半可变电容。半可变电容也叫做微调电容。它是由两片或者两组小型金属弹片，中间夹着介质制成的。调节的时候改变两片之间的距离或者面积。它的介质有空气、陶瓷、云母、薄膜等。

(11) 可变电容。它由一组定片和一组动片组成，它的容量随着动片的转动可以连续改变。把两组可变电容装在一起同轴转动，叫做双连。可变电容的介质有空气和聚苯乙烯两种。空气介质可变电容体积大，损耗小，多用在电子管收音机中。聚苯乙烯介质可变电容做成密封式的，体积小，多用在晶体管收音机中。

2. 主要性能指标

(1) 标称容量和允许误差。标称容量是电容器储存电荷的能力，常用的单位是 F，μF，pF。电容器上标有的电容数是电容器的标称容量。电容器的标称容量和它的实际容量会有误差。一般，电容器上都直接写出其容量，也有用数字来标志容量的，通常在容量小于 10 000 pF 的时候，用 pF 做单位，大于 10 000 pF 的时候，用 μF 做单位。为了简便起见，大于 100 pF 而小于 1μF 的电容常常不注单位。没有小数点的，它的单位是 pF，有小数点的，它的单位是 uF。如有的电容上标有“332”(3 300 pF) 三位有效数字，左起两位给出电容量的第一、二位数字，而第三位数字则表示在后加 0 的个数，单位是 pF。

(2) 额定工作电压。在规定的工作温度范围内，电容长期可靠地工作，它能承受的最大直流电压，就是电容的耐压，也叫做电容的直流工作电压。如果在交流电路中，要注意所加的交流电压最大值不能超过电容的直流工作电压值。常用的固定电容工作电压有 6.3 V，10 V，16 V，25 V，50 V，63 V，100 V，2 500 V，400 V，500 V，630 V，1 000 V。

(3) 绝缘电阻。由于电容两极之间的介质不是绝对的绝缘体，它的电阻不是无限大，而是一个有限的数值，一般在 1 000 MΩ 以上，电容两极之间的电阻叫做绝缘电阻，或者叫做漏电电阻，大小是额定工作电压下的直流电压与通过电容的漏电流的比值。漏电电阻越小，漏电越严重。电容漏电会引起能量损耗，这种损耗不仅影响电容的寿命，而且会影响电路的工作。因此，漏电电阻越大越好。

(4) 介质损耗。电容器在电场作用下消耗的能量，通常用损耗功率和电容器的无功功率之比，即损耗角的正切值表示。损耗角越大，电容器的损耗越大，损耗角大的电容不适于高频情况下工作。

5.2.2　电容的测量

1. 谐振法测量电容量

将交流信号源、交流电压表、标准电感 L 和被测电容 C_x 连成如图 5.13 所示的并联电路，其中 C_0 为标准电感的分布电容。测量时，调节信号源的频率，使并联电路谐振，即交流电压表读数达到最大值，反复调节几次，确定电压表读数最大时所对应的信号源的频率 f，则被测电容值 C_x 为

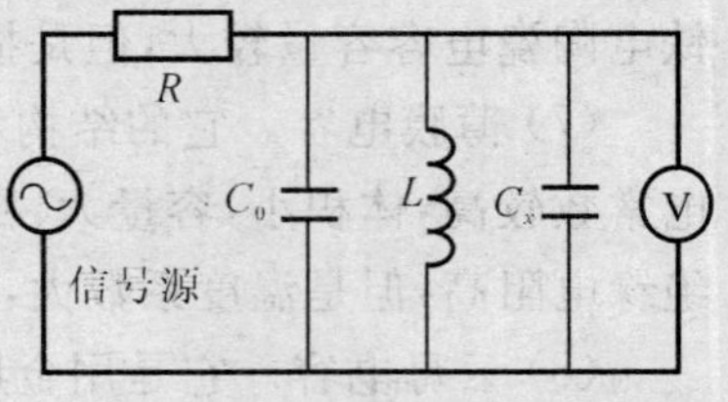

图 5.13　并联谐振法测量电容量

$$C_x = \frac{1}{(2\pi f)^2 L} - C_0 \tag{5.4}$$

2. 交流电桥法测量电容量和损耗因素

交流电桥有如图 5.14(a)(b) 所示的串联和并联两种电桥。

对于如图 5.14(a) 所示的串联电桥，C_x 为被测电容，R_x 为其等效串联损耗电阻，由电桥的平衡条件可得

$$C_x = \frac{R_4}{R_3} C_n \tag{5.5}$$

$$R_x = \frac{R_3}{R_4} R_n \tag{5.6}$$

$$D_x = \frac{1}{Q} = \tan\sigma = 2\pi f R_n C_n \tag{5.7}$$

测量时，先根据被测电容的范围，通过改变 R_3 来选取一定的量程，然后反复调节 R_3 和 R_4 使电桥平衡，即交流毫伏级电压表读数最小，从 R_4，R_n 可读出 C_x 和 D_x 值。这种电桥适用于测量损耗小的电容器。

对于如图 5.14(b) 所示的并联电桥，C_x 为被测电容，R_x 为其等效并联损耗电阻，测量时，调节 R_n 和 C_n 使电桥平衡，此时

$$C_x = \frac{R_4}{R_3} C_n \tag{5.8}$$

$$R_x = \frac{R_3}{R_4} R_n \tag{5.9}$$

$$D_x = \tan\sigma = \frac{1}{2\pi f R_n C_n} \tag{5.10}$$

这种电桥适用于测量损耗较大的电容器。

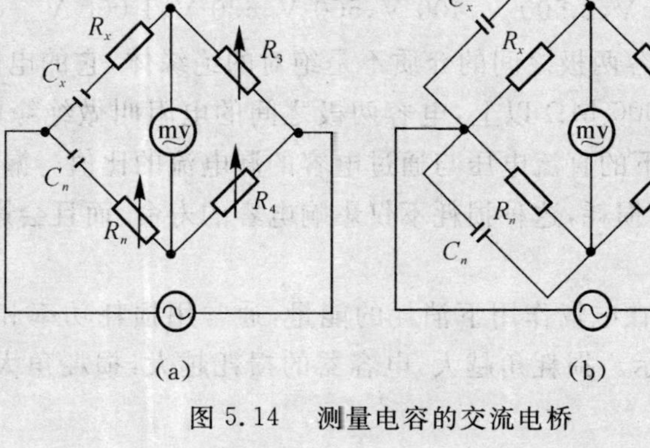

图 5.14　测量电容的交流电桥

3. 用万用表估测电容

用模拟式万用表的电阻挡测量电容器，不能测出容量和漏电电阻的确切数值，更不能知道电容器所能承受的耐压，但对电容器的好坏程度能粗略判别，在实际工作中经常使用。

(1) 估测电容量。将万用表设置在电阻挡，表笔并接在被测电容的两端，在器件与表笔相接的瞬间，表针摆动幅度越大，表示电容量越大。这种方法一般用来估测 0.01 μF 以上的电容器。

(2) 电容器漏电阻的估测。除铝电解电容外，普通电容的绝缘电阻应大于 10 MΩ，用万用表测量电容器漏电电阻时，万用表置×1 k或×10 k倍率挡，当表笔与被测电容并接的瞬间，表针会偏转很大的角度，然后逐渐回转。经过一定时间，表针退回到 ∞Ω 处，说明被测电容的漏电电阻极大，若表针回不到 ∞Ω 处，则示值即为被测电容的漏电电阻值。铝电解电容的漏电电阻应超过 200 kΩ 才能使用。若表针偏转一定角度后，无逐渐回转现象，则说明被测电容已被击穿，不能使用了。

4. 电容的数字化测量方法

一般采用电容-电压转换器实现电容的数字化测量，该转换器如图 5.15 所示。被测电容等效为 R_x 与 C_x 的并联形式，R_1 为已知标准电阻，利用虚部实部分离电路，将输出 U_s 分离出实部 U_r 和虚部 U_x，则

$$U_r=\frac{R_1}{R_x}U_s \tag{5.11}$$

$$U_x=2\pi f R_1 C_x U_s \tag{5.12}$$

$$D_x=\tan\sigma=\frac{1}{2\pi f R_x C_x}=\frac{U_r}{U_x} \tag{5.13}$$

由 U_r，U_x 的值和式(5.11) ～ 式(5.13) 求出 C_x，R_x 和 D_x 值，再由显示电路将测量结果用数字显示出来。这是常见的 RLC 测试仪测量电容的基本原理。

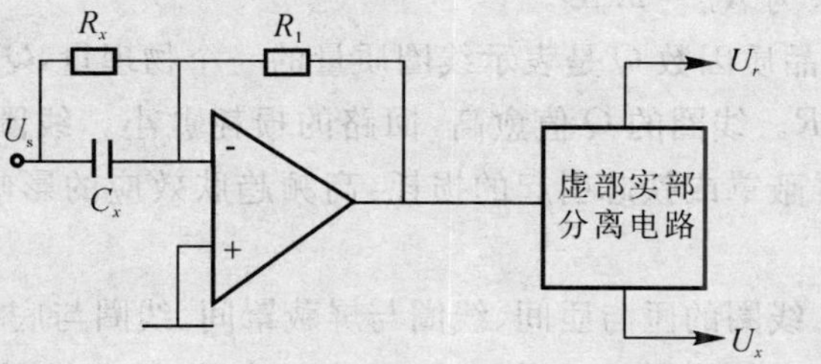

图 5.15　电容-电压转换器

也可以采用电容-周期和电容-频率转换器测量电容。电容-周期转换器的测量原理是把被测电容转换成与电容量成正比的脉冲宽度值，以该信号为门控信号，在开门时间内，对已知时标的周期信号记数。记数值的大小即代表所测的电容值。

5.3　电　　感

5.3.1　电感的基本知识

电感线圈是由导线一圈靠一圈地绕在绝缘管上，导线彼此互相绝缘，而绝缘管可以是空心的，也可以包含铁芯或磁粉芯，简称电感，用 L 表示，单位有亨利(H)、毫亨利(mH)、微亨利

(μH)，1 H＝10^3 mH＝10^6 μH。

1. 电感的分类

按电感形式分类：固定电感、可变电感。

按导磁体性质分类：空芯线圈、铁氧体线圈、铁芯线圈、铜芯线圈。

按工作性质分类：天线线圈、振荡线圈、扼流线圈、陷波线圈、偏转线圈。

按绕线结构分类：单层线圈、多层线圈、蜂房式线圈。

各种电感如图 5.16 所示。

图 5.16　各种电感

2. 电感线圈的主要特性参数

(1) 电感量 L。电感量 L 表示线圈本身固有特性，与电流大小无关。除专门的电感线圈(色码电感)外，电感量一般不专门标注在线圈上，而以特定的名称标注。

(2) 感抗 X_L。电感线圈对交流电流阻碍作用的大小称感抗 X_L，单位是 Ω。它与电感量 L 和交流电频率 f 的关系为 $X_L = 2\pi fL$。

(3) 品质因数 Q。品质因数 Q 是表示线圈质量的一个物理量，Q 为感抗 X_L 与其等效的电阻的比值，即：$Q = X_L/R$。线圈的 Q 值愈高，回路的损耗愈小。线圈的 Q 值与导线的直流电阻，骨架的介质损耗，屏蔽罩或铁芯引起的损耗，高频趋肤效应的影响等因素有关。线圈的 Q 值通常为几十到几百。

(4) 分布电容 C_0。线圈的匝与匝间、线圈与屏蔽罩间、线圈与底板间存在的电容被称为分布电容。分布电容的存在使线圈的 Q 值减小，稳定性变差，因而线圈的分布电容越小越好。

3. 常用线圈

(1) 单层线圈。单层线圈是用绝缘导线一圈挨一圈地绕在纸筒或胶木骨架上的。如晶体管收音机中波天线线圈。

(2) 蜂房式线圈。如果所绕制的线圈，其平面不与旋转面平行，而是相交成一定的角度，这种线圈称为蜂房式线圈。而其旋转一周，导线来回弯折的次数，常称为折点数。蜂房式绕法的优点是体积小，分布电容小，而且电感量大。蜂房式线圈都是利用蜂房绕线机来绕制的，折点越多，分布电容越小。

(3) 铁氧体磁芯和铁粉芯线圈。线圈的电感量大小与有无磁芯有关。在空芯线圈中插入铁氧体磁芯，可增加电感量和提高线圈的品质因数。

(4) 铜芯线圈。铜芯线圈在超短波范围应用较多，利用旋动铜芯在线圈中的位置来改变电感量，这种调整比较方便、耐用。

(5) 色码电感器。色码电感器是具有固定电感量的电感器，其电感量标志方法同电阻一样以色环来标记。

(6) 阻流圈(扼流圈)。限制交流电通过的线圈称阻流圈，分高频阻流圈和低频阻流圈。

(7) 偏转线圈。偏转线圈是电视机扫描电路输出级的负载。偏转线圈要求：偏转灵敏度高、磁场均匀、Q 值高、体积小、价格低。

4. 电感器电感量的标志方法

(1) 直标法。单位 H(亨利)、mH(毫亨)、μH(微亨)。

(2) 数码表示法。方法与电容器的表示方法相同。

(3) 色码表示法。这种表示法也与电阻器的色标法相似，色码一般有四种颜色，前两种颜色为有效数字，第三种颜色为倍率，单位为 μH，第四种颜色是误差位。

5.3.2　电感的测量

电感的主要特性是储存磁场能。但由于它一般是用金属导线绕制而成的，因此有绕线电阻 R(对于磁芯电感还应包括磁性材料插入的损耗电阻) 和线圈匝与匝之间的分布电容，故其等效电路如图 5.17(a) 所示。采用一些特殊的制作工艺，可减小分布电容 C_0，当 C_0 较小，工作频率也较低时，分布电容可忽略不计，等效电路可简化为如图 5.17(b) 所示，因此，电感的测量主要包括电感量和损耗(通常用品质因数 Q 表示) 两部分内容。

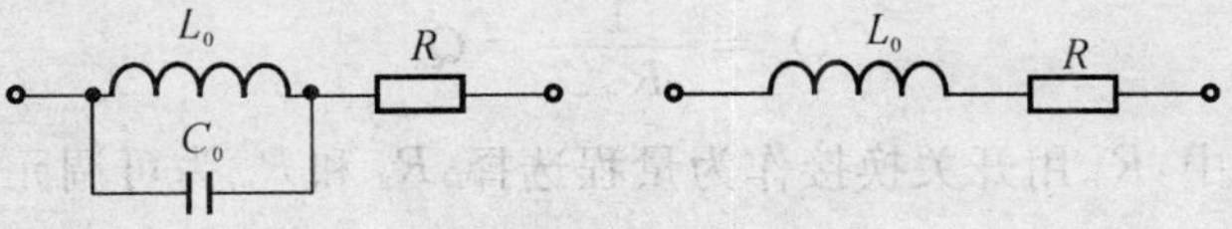

图 5.17　电感的等效电路

1. 谐振法测量电感

如图 5.18 所示为并联谐振法测电感的电路，其中 C 为标准电容，L 为被测电感，C_0 为被测电感的分布电容。测量时，调节信号源频率，使电路谐振。即电压表指示最大，记下此时的信号源频率 f，则

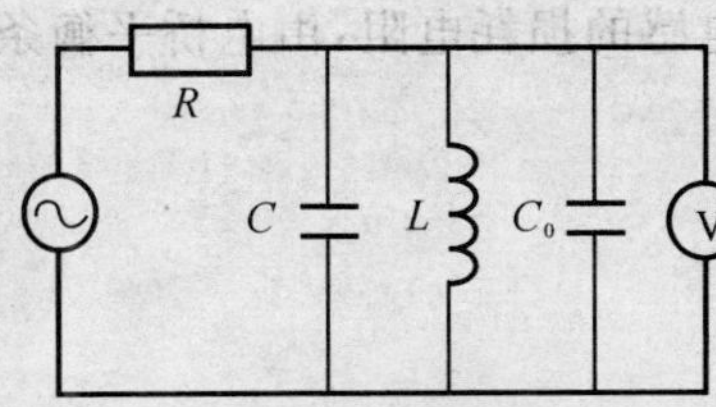

图 5.18　谐振法测量电感

$$L=\frac{1}{(2\pi f)^2(C+C_0)} \tag{5.14}$$

由此可见，还需要测出分布电容 C_0，测量电路如图 5.18 所示，只是不接标准电容 C，调节信号源的频率，使电路自然谐振，设此频率为 f_1，则

$$C_0=\frac{f^2}{f_1^2-f^2}C \tag{5.15}$$

由式(5.14) 和式(5.15) 可得

$$L=\frac{1}{(2\pi f_1)^2 C_0} \tag{5.16}$$

将 C_0 代入 L 的表达式，即可得到被测电感的感量。

2. 交流电桥法测量电感

测量电感的交流电桥有如图 5.19(a)(b) 所示的马氏电桥和海氏电桥两种电桥，分别适用于测量品质因数不同的电感。

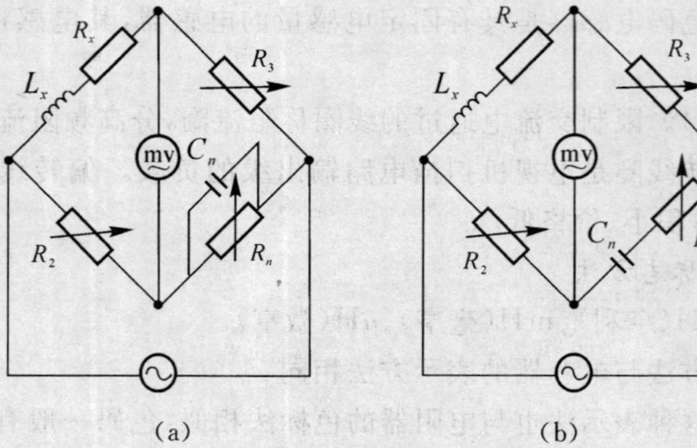

图 5.19　交流电桥法测量电感

如图 5.19(a) 所示的马氏电桥适用于测量 $Q<10$ 的电感，图中 L_x 为被测电感，R_x 为被测电感的损耗电阻，由电桥平衡条件可得

$$L_x=\frac{R_2R_3C_n}{1+\frac{1}{Q_n^2}} \tag{5.17}$$

$$R_x=\frac{R_2R_3}{R_n}\frac{1}{1+Q_n^2} \tag{5.18}$$

$$Q_x=\frac{1}{\omega R_nC_n}=Q_n \tag{5.19}$$

在一般马氏电桥中，R_3 用开关换接作为量程选择，R_2 和 R_n 为可调元件，由 R_2 可直接读出 L_x。由 R_n 可直接读出 Q 值。

如图 5.19(b) 所示的海氏电桥适用于测量 $Q>10$ 的电感，图中 L_x 为被测电感，R_x 为被测电感的损耗电阻，由电桥平衡条件可得

$$L_x=\frac{R_2R_3C_n}{1+\frac{1}{Q_n^2}} \tag{5.20}$$

$$R_x=\frac{R_2R_3}{R_n}\frac{1}{1+Q_n^2} \tag{5.21}$$

$$Q_x=Q_n=\frac{1}{\omega R_nC_n} \tag{5.22}$$

海氏电桥与马氏电桥一样，由 R_3 选择量程，从 R_2 的刻度可直读 L_x，由 R_n 的刻度直读 Q 值。

用电桥测量电感时，首先应估计被测电感的 Q 值以确定电桥的类型，再根据被测电感量的范围选择量程(R_3)，然后反复调节 R_2 和 R_n，使交流毫伏级电压表的读数最小，这时即可从 R_2 和 R_n 的刻度读出被测电感的 L_x 和 Q_x 值。

电桥法测量电感一般适用于低频运用的电感，尤其适用于有铁芯的大电感。

3. 通用仪器测量电感

通用仪器测量电感的理论依据是复数欧姆定律 $X_L=2\pi fL=U/I$，电路原理如图 5.20 所示，图中 U_s 为交流信号源，R_1 为限流电阻，一般取几百欧，R_2 为电流取样电阻，一般小于10 Ω 并且一定要接在信号源的接地端，用交流电压表分别测出电感两端的电压 U_1 和电阻 R_2 两端

的电压 U_2，即可求出电感量，即

$$X_L=\frac{U}{I}=\frac{U_1}{\frac{U_2}{R_2}}=2\pi f \quad (5.23)$$

$$L=\frac{R_2U_1}{2\pi fU_2} \quad (5.24)$$

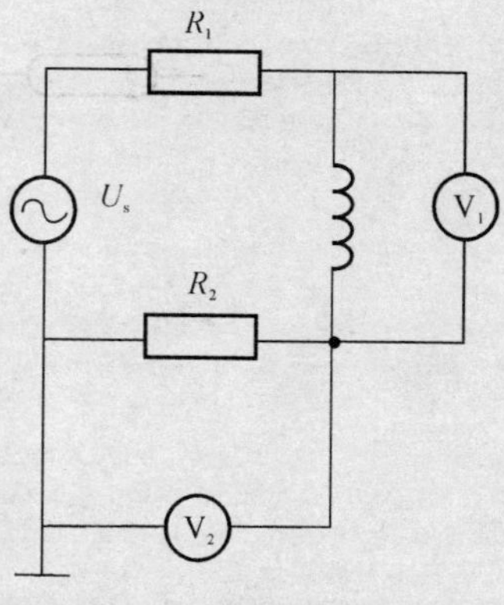

图 5.20　复数欧姆定律测量电感

4. 电感的数字化测量方法

电感的数字化测量通常是通过电感-电压转换器实现的。如图 5.21 所示为电感-电压转换器的一种方案，图中将被测电感等效为串联电路，R 为标准电阻，利用虚部实部分离电路，将输出 U_s 分离出实部 U_r 和虚部 U_x，则

$$U_r=\frac{R_x}{R}U_s \quad (5.25)$$

$$U_x=-\frac{\omega L_x}{R}U_s \quad (5.26)$$

$$Q_x=-\frac{\omega L_x}{R_x}=\frac{U_x}{U_r} \quad (5.27)$$

由 U_r，U_x 的值和上述公式可求出 C_x，R_x 和 Q_x 值，再通过显示电路直接将测量结果用数字显示出来。这是常见的 LCR 测试仪测量电感的基本原理。此外，也可以采用电感-周期转换器和电感-频率转换器测量电感。

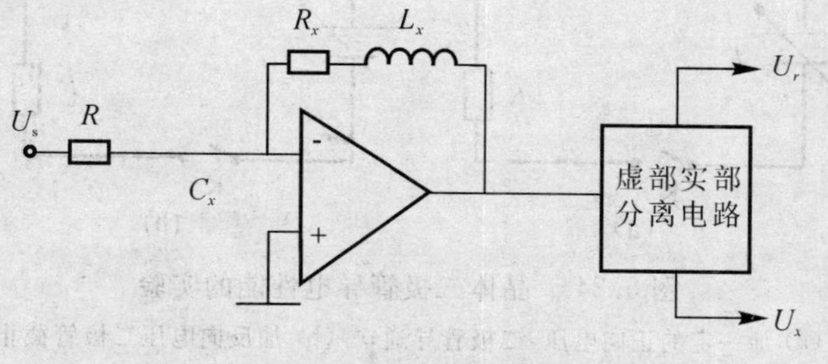

图 5.21　电感-电压转换器

5.4　二　极　管

5.4.1　二极管的基本知识

1. 晶体二极管的单向导电性

半导体器件种类很多，用途各异。它们在各类电子线路中起着重要的作用。最简单的半导体器件是晶体二极管（简称二极管），它的外形如图 5.22 和图 5.23(a) 所示，在一个密封的管体两端有两根电极引线，一个是正极（又称阳极），另一个是负极（又称阴极），通常在管体外壳上部印有一定的标记用来区分这两个电极。

画电路图时用图 5.23(b) 所示的图形符号表示晶体二极管，它的文字符号用 V 表示。二极管的导电性能可用图 5.24 所示的实验来说明。

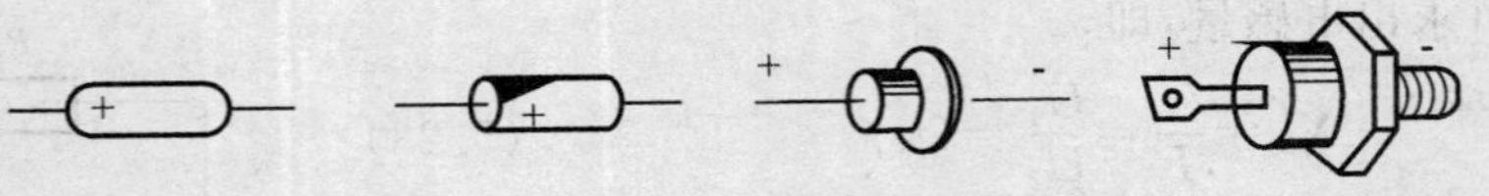

图 5.22　二极管常见外形

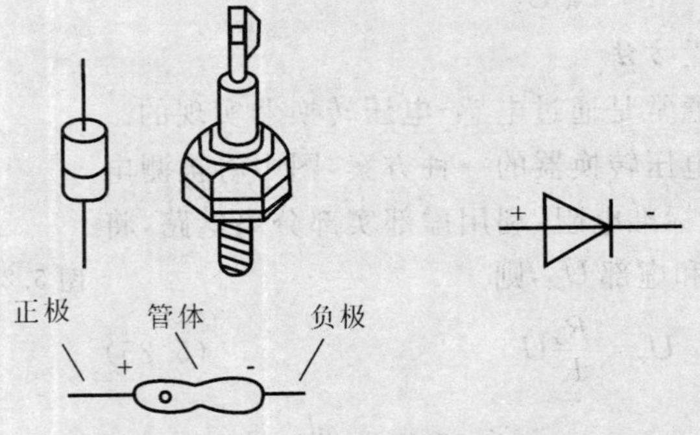

(a)　　(b)

图 5.23　晶体二极管的外形和符号

(a) 外形；(b) 图形符号和文字符号

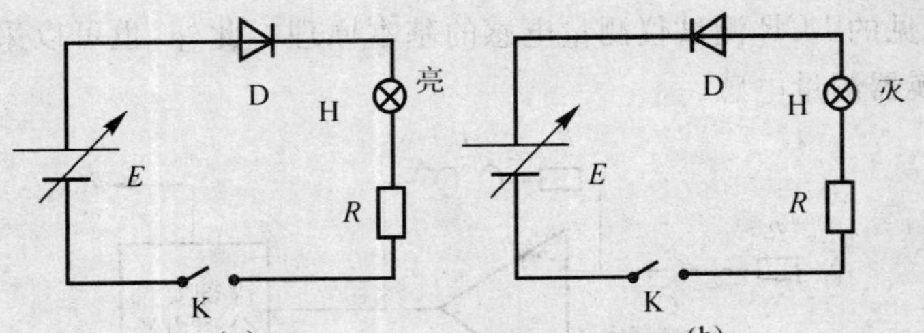

(a)　　(b)

图 5.24　晶体二极管导电性能的实验

(a) 加一定的正向电压，二极管导通；(b) 加反向电压二极管截止

把二极管 D、可调直流电源 E。开关 K、限流电阻 R 和指示灯 H 按图 5.24(a) 所示用导线连接后，闭合开关指示灯发光，说明此时二极管的电阻很小，导电性能良好，称为“导通”状态。若保持原电路不变，把二极管的正、负极对调后接入电路，如图5.24(b) 所示，闭合开关后，指示灯不发光，说明二极管此时电阻很大，导电性能极差，称为“截止”状态。分析上述实验可知，当二极管导通时，其正极电位高于负极电位，此时的外加电压称为正向电压，二极管处于正向偏置，简称“正偏”状态；二极管截止时，其正极电位低于负极电位，此时的外加电压称为反向电压，二极管处于反向偏置，简称“反偏”状态。

当晶体二极管加一定的正向电压时导通，加反向电压时截止这一导电特性，称为晶体二极管的单向导电性。

例 5.1　分析图 5.25 所示电路中在开关 K 闭合后，H_1 和 H_2 两个指示灯，哪一个可能发光？

解：由电路图可知，在开关 K 闭合后，只有 D_1 二极管处于正向偏置导通状态，所以 H_1 指示灯发光。

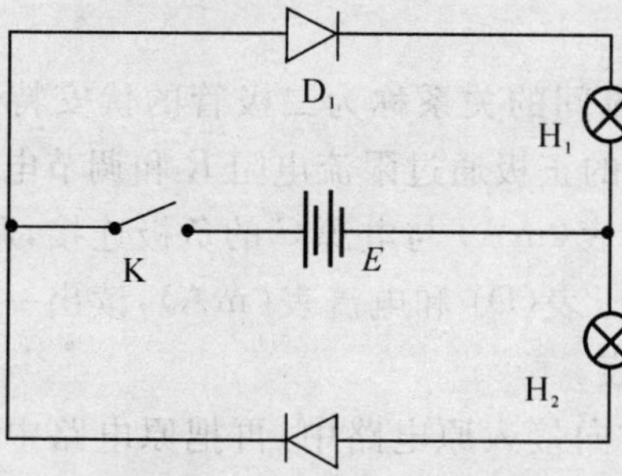

图 5.25　单向导电性电路图

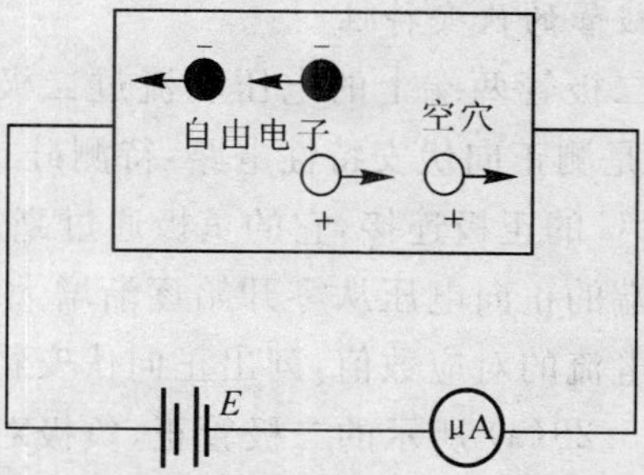

图 5.26　半导体的两种载流子

2. PN 结

晶体二极管是用硅(Si)或锗(Ge)半导体材料制造的,所谓半导体是指导电性能介于导体和绝缘体之间的物体。半导体理论认为,在半导体中存在两种导电的带电物体:一种是带负电的自由电子(有时简称为电子),另一种是带正电的空穴(有时简称为空穴),它们在外电场的作用下都有定向移动的效应,都能运载电荷形成电流,通常称为载流子,如图 5.26 所示。金属导体内的载流子只有一种,就是自由电子,但数目很多,远远超过半导体中载流子的数量,因此,金属导体的导电性能比半导体好。

半导体根据内部两种载流子数量分布情况,分为三种类型。

(1) 纯净半导体。它又称本征半导体,其内部空穴的数量和自由电子的数量相等。例如,硅单晶体、锗单晶体就是纯净半导体。

(2)P 型半导体。它又称空穴型半导体,其内部空穴数量多于自由电子数量,即空穴是多数载流子,自由电子是少数载流子。例如,在硅单晶体中加入微量的硼元素,可得到 P 型硅。

(3)N 型半导体。它又称电子型半导体,其内部自由电子是多数载流子,而空穴是少数载流子。例如,在硅单晶体中,加入微量磷元素,可得到 N 型硅。

晶体二极管内部如图 5.27 所示,它是在硅或锗单晶基片上,加工出 P 型区和相邻的 N 型区。二极管的正极从 P 型区引出,负极从 N 型区引出。两个电极之间,即 P 型区和 N 型区有个结合部,它是一个特殊的薄层,称为 PN 结。由图 5.28 实验已经证明,PN 结有单向导电特性,即 PN 结正向偏置时,电阻很小,处于导通状态;PN 结反向偏置时,电阻很大,处于截止状态。

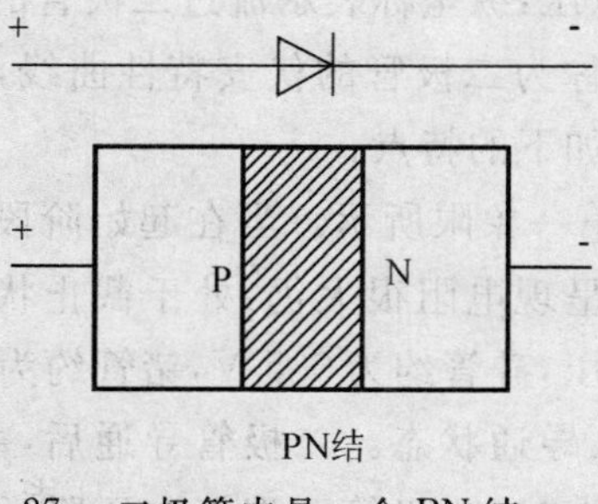

图 5.27　二极管内是一个 PN 结

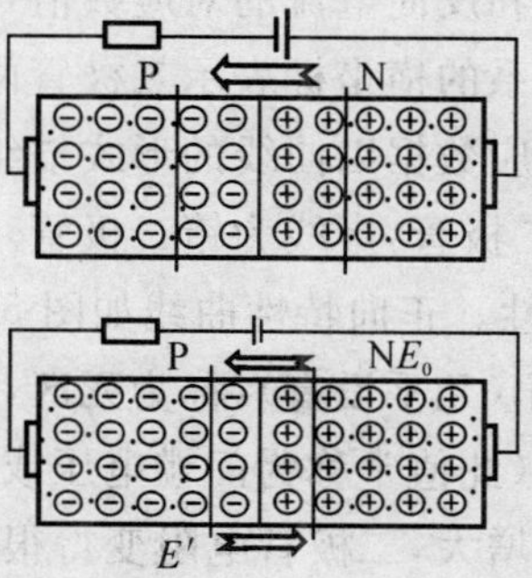

图 5.28　PN 结内孔穴和电子移动

综上所述,晶体二极管是用硅或锗材料的半导体器件,它的内都是一个具有单向导电性的 PN 结。

3. 二极管的伏安特性

加在二极管两端上的电压和流过二极管的电流间的关系称为二极管的伏安特性。如图 5.29 所示是测正向伏安特性电路，待测硅二极管 D 的正极通过限流电阻 R 和调节电压电位器 R_P 与电源 G 的正极连接，它的负极通过毫安级电流表(mA)与电源 G 的负极连接，调节 R_P 使二极管两端的正向电压从零开始逐渐增大，通过电压表(D) 和电流表(mA)，读出一组正向电压和正向电流的对应数值，列出正向伏安特性数据表。

把图 5.29(a) 所示的二极管正、负极对调，反方向接入原电路中，再把原电路中的毫安级电流表(mA)换成微安级电流表(μA)，如图 5.29(b) 所示，这是测二极管反向伏安特性电路。

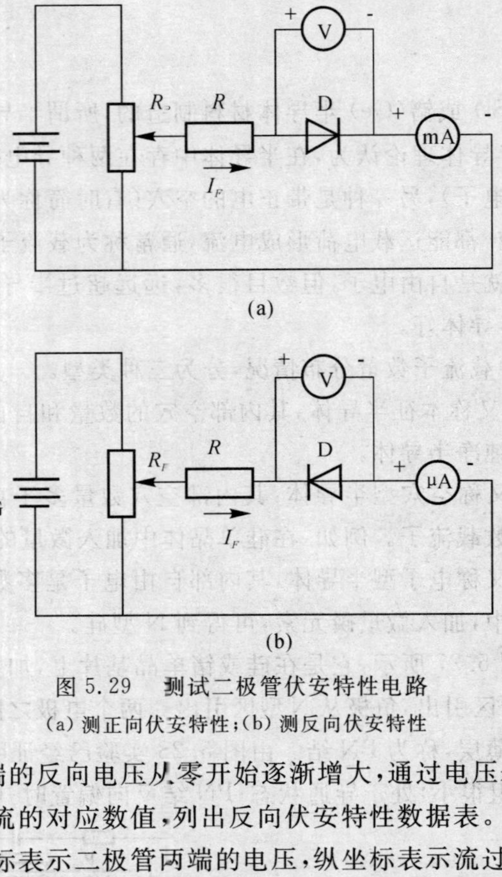

(a)

(b)

图 5.29　测试二极管伏安特性电路

(a) 测正向伏安特性；(b) 测反向伏安特性

调节 R_P 使二极管两端的反向电压从零开始逐渐增大，通过电压表(V) 和电流表(μA)，读出一组反向电压和反向电流的对应数值，列出反向伏安特性数据表。

以直角坐标系的横坐标表示二极管两端的电压，纵坐标表示流过二极管的电流，把测得的电压和电流的对应数据以曲线的形式描绘出来，称为二极管的伏安特性曲线，如图 5.30 所示(图中实线为硅二极管，虚线为锗二极管)。它有如下的特点：

(1) 正向特性。正向特性曲线如图 5.30 中第一象限所示。当在起始阶段，正向电压较小时，正向电流极小(几乎没有)，称为死区，二极管呈现电阻很大仍，处于截止状态；当正向电压超过一定的数值(此值常称为门槛电压或死区电压，硅管约为 0.5 V，锗管约为 0.2 V)，电流随电压的上升急剧增大，二极管电阻变得很小，进入导通状态。二极管导通后，由图可见正向电流和正向电压是非线性关系，当正向电流变化较大时，二极管两端正向压降近于定值，硅管的正向压降约为 0.7 V，锗管约为 0.3 V。

(2) 反向特性。反向特性曲线如图 5.30 第三象限所示。在起始的一定范围内，反向电流很小，它不随反向电压而变化，称为反向饱和电流(锗管比硅管大)；当反向电压增加到某一数值(此电压值称为反向击穿电压)时,反向电流会突然急剧增大,这种现象称为反向电击穿,简称反向击穿。实践证明,在普通二极管反向击穿后,很大的反向击穿电流会使 PN 结温度迅速升高而烧坏 PN 结,这就是从电击穿转向热击穿。应当指出,反向电流和反向电压的乘积不超过 PN 结的允许耗散功率是不会引起热击穿的。所以电击穿有时可以利用,而热击穿必须避免。

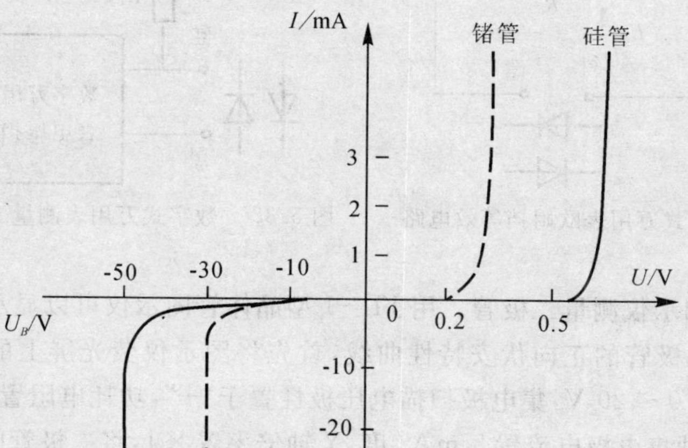

图 5.30　二极管伏安特性曲线

5.4.2　二极管的测试

1. 二极管的简单测试

(1) 用万用表测量二极管。

1) 用模拟式万用表测量二极管。当用模拟式万用表欧姆挡测量二极管时,万用表的等效电路如图 5.31 所示,万用表面板上标有"+"号的端子接红表笔,对应于万用表内部电池的负极,而面板上标有"-"号的端子接黑表笔,对应于万用表内部电池的正极。这一点在用万用表判断二极管的极性时一定要记住。如图 5.31 所示的 R_0 是万用表欧姆挡的等效内阻,大小与量程倍率有关,实际值 R_0 为表盘中心标度值乘以所选欧姆挡的倍率,不同倍率挡 R_0 不同,所以,用不同倍率挡测量同一个二极管的正向电阻值是不同的。

当测量小功率二极管时,万用表置×100 挡或×1 k挡,以防万用表的×1 Ω挡输出电流过大,或×10 k挡输出电压过大而损坏被测二极管,对于面接触型大电流整流二极管可用×1 Ω或×10 k 挡进行测量。

测量时,如图 5.31 所示,将二极管分别以两个方向与万用表的表笔相接,两种接法万用表指示的电阻必然是不相等的,其中万用表指示的较小的电阻值为二极管的正向电阻,一般为几百欧到几千欧左右,此时,黑表笔所接端为二极管的正极,红表笔所接端为二极管的负极。万用表指示的较大的电阻值为二极管的反向电阻。对于锗管,反向电阻应在 100 kΩ 以上,硅管的反向电阻很大,几乎看不出表针的偏转。用这种方法可以判断二极管的好坏和极性。

2) 用数字式万用表测量二极管。一般数字式万用表上都有二极管测试挡,例如,DT9909C 型数字万用表,其测试原理与模拟式万用表测量电阻完全不同,它测量二极管的等效电路如图 5.32 所示,实际上测量的是二极管的直流电压降。当二极管的正负极分别与数字万用表的红黑表笔相接时，二极管正向导通，万用表上显示出二极管的正向导通电压 U_D。若二极管的正负极分别与数字万用表的黑红表笔相接时，二极管反向偏置，表上显示一固定电压，约为 2.8 V。

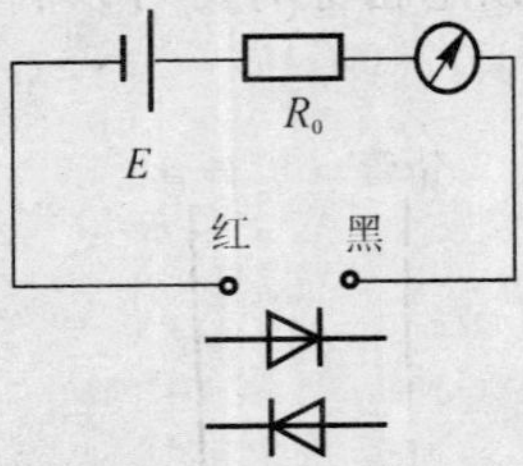

图 5.31　模拟式万用表欧姆挡等效电路

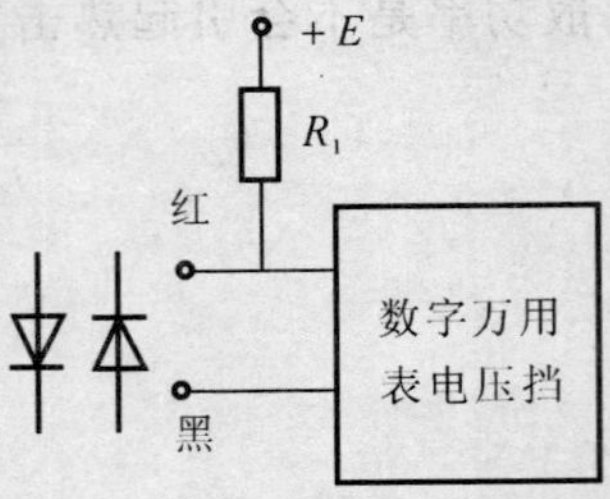

图 5.32　数字式万用表测量二极管等效电路

(2) 用晶体管图示仪测量二极管。用 JT—1 型晶体管图示仪可以显示二极管的伏安特性曲线。例如，测量二极管的正向伏安特性曲线，首先将图示仪荧光屏上的光点置于坐标左下角，峰值电压范围置 0～20 V，集电极扫描电压极性置于"+"，功耗电阻置 1 kΩ，X 轴集电极电压置 0.1 V/度，Y 轴集电极电流置 5 mA/度，Y 轴倍率置×1，将二极管的正负极分别接在面板上的 C 和 E 接线柱上，缓慢调节峰值电压旋钮，即可得到如图 5.33 所示的二极管正向伏安特性曲线，从图中可以看出二极管的导通电压在 0.7 V 左右。

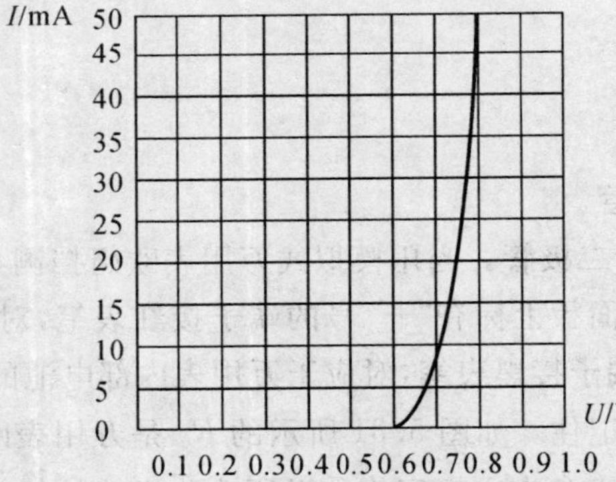

图 5.33　图示仪测量二极管伏安特性曲线

2. 发光二极管的测量

发光二极管一般由磷砷化镓、磷化镓等材料制成，它的内部存在一个 PN 结，具有单向导电性，当它正向导通时就能发光。

1) 用模拟式万用表判别发光二极管。模拟式万用表判断发光二极管的极性的方法与判断普通二极管的方法是一样的，只不过一般发光二极管的正向导通电压可超过 1 V，实际使用电流可达 100 mA 以上，测量时可用量程较大的×1 k 和×10 k 挡测其正向和反向电阻，一般正向电阻小于 50 kΩ，反向电阻大于 200 kΩ 为正常。

2) 发光二极管工作电流的测量。发光二极管的工作电流是一个很重要的参数，工作时电流太小，发光二极管不亮；工作时电流太大，则易使管子的使用寿命缩短，甚至烧毁。可以用如图 5.34 所示的电路来测量发光二极管的工作电流。图中 $R=100\ \Omega$ 为保护限流电阻，以防测量开始时，电位器 R_P 调在小阻值上引起电流过大而损坏发光二极管。测量时，慢慢调节电位

器 R_P，使发光二极管工作正常，即发光既不太亮也不太暗，此时毫安级电流表指示的数值即为发光二极管的工作电流值。若在此时用一直流电压表并接在发光二极管两端，即可测得此发光二极管的正向压降 V_F 的值。

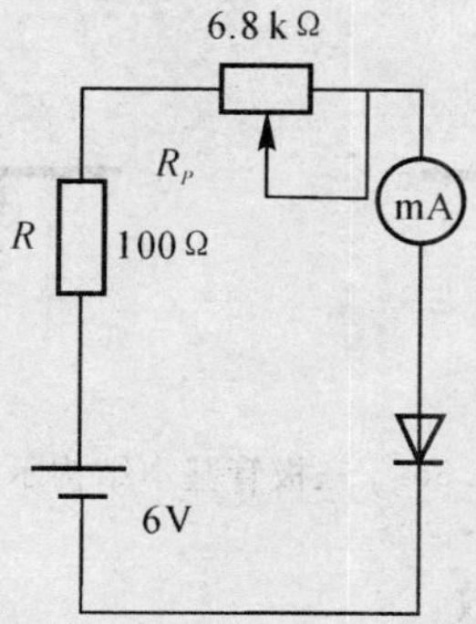

图 5.34　发光二极管工作电流的测量电路

5.4.3　晶体二极管的参数

普通整流二极管的主要参数有下列 3 个。

(1) 最大整流电流 I_{FM} 是二极管允许通过的最大正向工作电流平均值，如果实际工作时的正向电阻平均值超过此值，二极管内的 PN 结可能会过分发热而损坏。

(2) 最高反向工作电压 U_{RM} 是二极管允许承受的反向工作电压峰值，为了留有余地，通常标定的最高反向工作电压是反向击穿电压的 1/2 ～ 1/3。

(3) 反向漏电流 I_R 是在规定的反向电压和环境温度下（例如，在最高反向工作电压和 25℃温度时）测得的二极管反向电流值。这个电流值越小，二极管单向导电性能越好。

各种二极管的参数资料在半导体器件技术手册中均可查到。不同类型的二极管，其参数的内容是不同的。查阅参数时还应注意它们的测试条件。

5.5　三　极　管

半导体三极管也称为晶体三极管，可以说它是电子电路中最重要的器件。它最主要的功能是电流放大和开关作用。

5.5.1　三极管的工作原理

三极管的基本结构是两个反向连接的 PN 结，如图 5.35 所示，可有 PNP 和 NPN 两种组合。三个接出来的端点依序称为发射极（emitter，e）、基极（base，b）和集电极（collector，c），名称来源和它们在三极管操作时的功能有关。图中也显示出 NPN 与 PNP 三极管的电路符号，发射极特别被标出，箭头所指的极为 N 型半导体，和二极管的符号一致。在没接外加偏压时，两个 PN 结都会形成耗尽区，将中性的 P 型区和 N 型区隔开。

三极管还可以作电子开关，配合其他元件还可以构成振荡器。

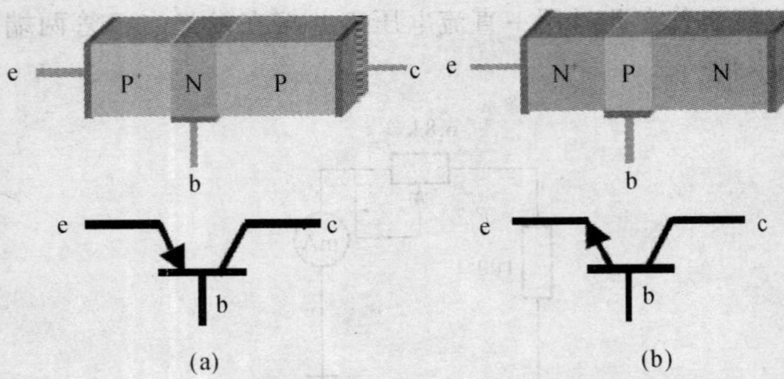

图 5.35　三极管基本结构示意图

5.5.2　三极管的主要特性参数

(1) 特征频率 f_T。当 $f=f_T$ 时,三极管完全失去电流放大功能。如果工作频率大于 f_T,电路将不正常工作。

(2) 工作电压 / 电流。用这个参数可以指定该管的电压 / 电流使用范围。

(3)h_{FE}。电流放大倍数。

(4)V_{CEO}。集电极发射极反向击穿电压,表示临界饱和时的饱和电压。

(5)P_{CM}。最大允许耗散功率。

(6) 封装形式。确定该管的外观形状,如果其他参数都正确,封装不同将导致组件无法在电路板上实现。

5.5.3　三极管电极和管型的判别

1. 目测法

(1) 管型的判别。一般,管型是 NPN 还是 PNP 应从管壳上标注的型号来辨别。依照部颁标准,三极管型号的第二位(字母),A,C 表示 PNP 管,B,D 表示 NPN 管,例如:

3AX 为 PNP 型低频小功率管,3BX 为 NPN 型低频小功率管。

3CG 为 PNP 型高频小功率管,3DG 为 NPN 型高频小功率管。

3AD 为 PNP 型低频大功率管,3DD 为 NPN 型低频大功率管。

3CA 为 PNP 型高频大功率管,3DA 为 NPN 型高频大功率管。

此外有国际流行的 9011 ～ 9018 系列高频小功率管,除 9012 和 9015 为 PNP 管外,其余均为 NPN 型管。

(2) 管极的判别。常用中小功率三极管有金属圆壳和塑料封装(半柱型)等外型,图 5.36 介绍了 3 种典型的外形和管极排列方式。

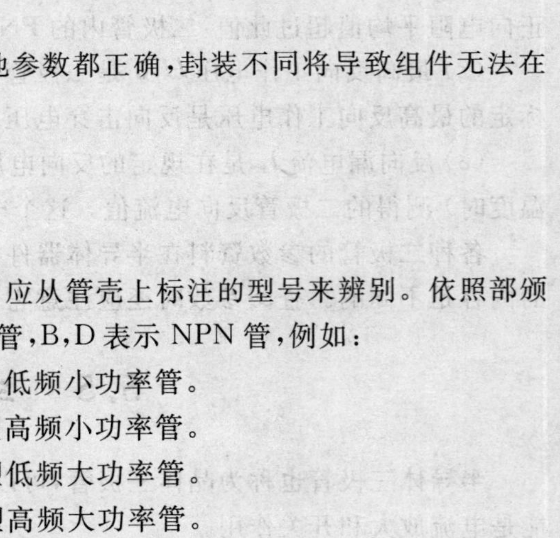

图 5.36　常用三极管管脚排列

2. 用万用表电阻挡判别

三极管内部有两个 PN 结,可用万用表电阻挡分辨 e,b,c 三个极。在型号标注模糊的情况下,也可用此法判别管型。

(1) 基极的判别。判别管极时应首先确认基极。对于 NPN 管，用黑表笔接假定的基极，用红表笔分别接触另外两个极，若测得电阻都小，约为几百欧至几千欧；而将黑、红两表笔对调，测得电阻均较大，在几百千欧以上，此时黑表笔接的就是基极。对于 PNP 管，情况正相反，测量时两个 PN 结都正偏的情况下，红表笔接基极。

实际上，小功率管的基极一般排列在三个管脚的中间，可用上述方法分别将黑、红表笔接基极，既可测定三极管的两个 PN 结是否完好(与二极管 PN 结的测量方法一样)，又可确认管型。

(2) 集电极和发射极的判别。确定基极后，假设余下管脚之一为集电极 c，另一为发射极 e，用手指分别捏住 c 极与 b 极(即用手指代替基极电阻 R_b)。同时，将万用表两表笔分别与 c，e 接触，若被测管为 NPN，则用黑表笔接触 c 极，用红表笔接 e 极(PNP 管相反)，观察指针偏转角度；然后再设另一管脚为 c 极，重复以上过程，比较两次测量指针的偏转角度，大的一次表明 IC 大，管子处于放大状态，相应假设的 c，e 极正确。

5.5.4　三极管性能的简易测量

1. 用万用表电阻挡测 I_{CEO} 和 β

基极开路，万用表黑表笔接 NPN 管的集电极 c、红表笔接发射极 e(PNP 管相反)，此时 c，e 间电阻值大则表明 I_{CEO} 小，电阻值小则表明 I_{CEO} 大。

用手指代替基极电阻 R_b，用上述方法测 c，e 间电阻，若阻值比基极开路时小得多则表明 β 值大。

2. 用万用表 h_{FE} 挡测 β

有的万用表有 h_{FE} 挡，按表上规定的极型插入三极管即可测得电流放大系数 β，若 β 很小或为零，表明三极管已损坏，可用电阻挡分别测两个 PN 结，确认是否有击穿或断路。

5.6　继　电　器

5.6.1　继电器的工作原理和特性

继电器(见图 5.37)是一种电子控制器件，它具有控制系统(又称输入回路)和被控制系统(又称输出回路)，通常应用于自动控制电路中。它实际上是用较小的电流去控制较大电流的一种“自动开关”，故在电路中起着自动调节、安全保护、转换电路等作用。

1. 电磁继电器的工作原理和特性

电磁式继电器一般由铁芯、线圈、衔铁、触点簧片等组成。只要在线圈两端加上一定的电压，线圈中就会流过一定的电流，从而产生电磁效应，衔铁就会在电磁力吸引的作用下克服返回弹簧的拉力吸向铁芯，从而带动衔铁的动触点与静触点(常开触点)吸合。当线圈断电时，电磁的吸力也随之消失，衔铁就会在弹簧的反作用力下返回原来的位置，使动触点与原来的静触点(常闭触点)吸合。这样吸合、释放，从而达到了在电路中的导通、切断的目的。对于继电器的“常开”“常闭”触点，可以这样来区分：继电器线圈未通电时，处于断开状态的静触点，称为“常开触点”；处于接通状态的静触点称为“常闭触点”。

2. 热敏干簧继电器的工作原理和特性

热敏干簧继电器是一种利用热敏磁性材料检测和控制温度的新型热敏开关。它由感温磁环、恒磁环、干簧管、导热安装片、塑料衬底及其他一些附件组成。热敏干簧继电器不用线圈励磁，而由恒磁环产生的磁力驱动开关动作。恒磁环能否向干簧管提供磁力是由感温磁环的温控特性决定的。

3. 固态继电器(SSR) 的工作原理和特性

固态继电器是一种两个接线端为输入端，另两个接线端为输出端的四端器件，中间采用隔离器件实现输入输出的电隔离。

固态继电器按负载电源类型可分为交流型和直流型，按开关形式可分为常开型和常闭型，按隔离形式可分为混合型、变压器隔离型和光电隔离型，以光电隔离型为最多。

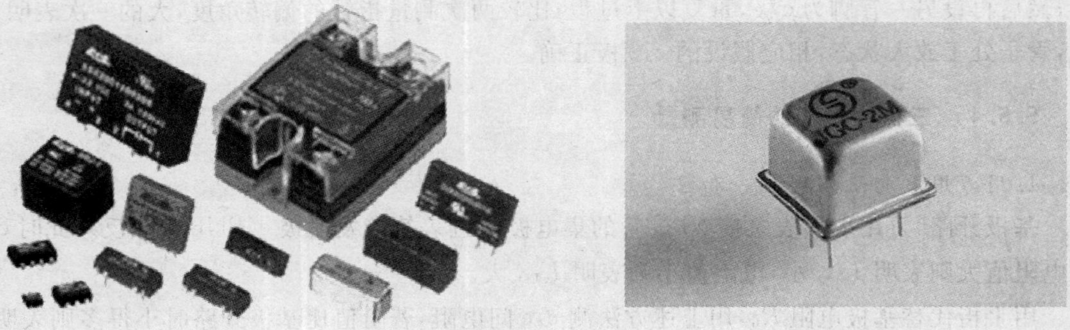

图 5.37 继电器

5.6.2 继电器主要产品技术参数

1. 额定工作电压

额定工作电压是指继电器正常工作时线圈所需要的电压。根据继电器的型号不同，电压可以是交流电压，也可以是直流电压。

2. 直流电阻

直流电阻是指继电器中线圈的直流电阻，可以通过万用表测量。

3. 吸合电流

吸合电流是指继电器能够产生吸合动作的最小电流。在正常使用中，给定的电流必须略大于吸合电流，这样继电器才能稳定地工作。而对于线圈所加的工作电压，一般不要超过额定工作电压的 1.5 倍，否则会产生较大的电流而把线圈烧毁。

4. 释放电流

释放电阻是指继电器产生释放动作的最大电流。当继电器吸合状态的电流减小到一定程度时，继电器就会恢复到未通电的释放状态。这时的电流远远小于吸合电流。

5. 触点切换电压和电流

触点切换电压和电流是指继电器允许加载的电压和电流。它决定了继电器能控制电压和电流的大小，使用时不能超过此值，否则很容易损坏继电器的触点。

5.6.3　继电器测试

1. 测触点电阻

用万能表的电阻挡，测量常闭触点与动点电阻，其阻值应为 0 Ω；而常开触点与动点的阻值就为无穷大。由此可以区别出哪个是常闭触点，哪个是常开触点。

2. 测线圈电阻

可用万能表 $R\times 10\ \Omega$ 挡测量继电器线圈的阻值，从而判断该线圈是否存在着开路现象。

3. 测量吸合电压和吸合电流

找来可调稳压电源和电流表，给继电器输入一组电压，且在供电回路中串入电流表进行监测。慢慢调高电源电压，当听到继电器吸合声时，记下该吸合电压和吸合电流。为求准确，可以多试几次再求平均值。

4. 测量释放电压和释放电流

像上述那样连接测试，当继电器发生吸合时，逐渐降低供电电压，当听到继电器再次发生释放声音时，记下此时的电压和电流，多次测量再取得平均的释放电压和释放电流。一般情况下，继电器的释放电压约在吸合电压的 10% ～ 50%，如果释放电压太小（小于 1/10 的吸合电压），则不能正常使用，这样会对电路的稳定性造成威胁，工作不可靠。

5.6.4　继电器的电符号和触点形式

继电器线圈在电路中用一个长方框符号表示，如果继电器有两个线圈，就画两个并列的长方框。同时在长方框内或长方框旁标上继电器的文字符号“J”。继电器的触点有两种表示方法：一种是把它们直接画在长方框一侧，这种表示法较为直观；另一种是按照电路连接的需要，把各个触点分别画到各自的控制电路中，通常在同一继电器的触点与线圈旁分别标注上相同的文字符号，并将触点组编上号码，以示区别。继电器的触点有三种基本形式。

(1) 动合型（H 型）线圈不通电时两触点是断开的，通电后，两个触点就闭合。以合字的拼音字头“H”表示。

(2) 动断型（D 型）线圈不通电时两触点是闭合的，通电后两个触点就断开。用断字的拼音字头“D”表示。

(3) 转换型（Z 型）是触点组型。这种触点组共有三个触点，即中间是动触点，上下各一个静触点。线圈不通电时，动触点和其中一个静触点断开，和另一个静触点闭合；线圈通电后，动触点就移动，使原来断开的闭合，原来闭合的断开，以达到转换的目的。这样的触点组称为转换触点。用“转”字的拼音字头“Z”表示。

5.6.5　继电器的选用

(1) 先了解必要的条件：① 控制电路的电源电压能提供的最大电流；② 被控制电路中的电压和电流；③ 被控电路需要几组、什么形式的触点。选用继电器时，一般控制电路的电源电压可作为选用的依据。控制电路应能给继电器提供足够的工作电流，否则继电器吸合是不稳定的。

(2) 查阅有关资料确定使用条件后，可查找相关资料，找出需要的继电器的型号和规格号。若手头已有继电器，可依据资料核对是否可以利用。最后考虑尺寸是否合适。

(3) 注意器具的容积。若是用于一般用电器，除考虑机箱容积外，小型继电器主要考虑电路板安装布局。对于小型电器，例如玩具、遥控装置，则应选用超小型继电器产品。

5.7 电子元件封装

5.7.1 什么叫封装

封装就是指把硅片上的电路管脚，用导线接引到外部接头处，以便与其他器件连接。封装形式是指安装半导体集成电路芯片用的外壳。它不仅起着安装、固定、密封、保护芯片及增强电热性能等方面的作用，而且还通过芯片上的接点用导线连接到封装外壳的引脚上，这些引脚又通过印刷电路板上的导线与其他器件相连接，从而实现内部芯片与外部电路的连接。一方面，芯片必须与外界隔离，以防止空气中的杂质对芯片电路的腐蚀而造成电气性能下降；另一方面，封装后的芯片也更便于安装和运输。由于封装技术的好坏还直接影响到芯片自身性能的发挥和与之连接的 PCB(印制电路板) 的设计和制造，因此它是至关重要的。

衡量一个芯片封装技术先进与否的重要指标是芯片面积与封装面积之比，这个比值越接近 1 越好。封装时主要考虑的因素有以下几个方面。

(1) 芯片面积与封装面积之比为提高封装效率，尽量接近 1∶1。

(2) 引脚要尽量短以减少延迟，引脚间的距离要尽量远，以保证互不干扰，提高性能。

(3) 基于散热的要求，封装越薄越好。

封装主要分为DIP双列直插和SMD贴片封装两种。在结构方面，封装经历了最早期的晶体管 TO(如 TO89，TO92) 封装发展到了双列直插封装，随后由 PHILIP 公司开发出了SOP小外型封装，以后逐渐派生出 SOJ(J 型引脚小外形封装)、TSOP(薄小外形封装)、VSOP(甚小外形封装)、SSOP(缩小型 SOP)、TSSOP(薄的缩小型 SOP) 及 SOT(小外形晶体管)、SOIC(小外形集成电路) 等。在材料介质方面包括金属、陶瓷、塑料。目前很多高强度工作条件需求的电路(如军工和宇航级别) 仍有大量的金属封装。

封装大致经过了如下发展进程。

结构方面：TO → DIP → PLCC → QFP → BGA → CSP。

材料方面：金属、陶瓷 → 陶瓷、塑料 → 塑料。

引脚形状：长引线直插 → 短引线或无引线贴装 → 球状凸点。

装配方式：通孔插装 → 表面组装 → 直接安装。

5.7.2 具体的封装形式

1. SOP/SOIC 封装

SOP 是英文 Small Outline Package 的缩写，即小外形封装。SOP 封装技术于 1968—1969 年由菲利浦公司开发成功，以后逐渐派生出 SOJ(J 型引脚小外形封装)、TSOP(薄小外形封装)、VSOP(甚小外形封装)、SSOP(缩小型 SOP)、TSSOP(薄的缩小型 SOP) 及 SOT(小外形晶体管)、SOIC(小外形集成电路) 等。

2. DIP 封装

DIP 是英文 Double In-line Package 的缩写，即双列直插式封装。它是插装型封装之一，引脚从封装两侧引出，封装材料有塑料和陶瓷两种。DIP 是最普及的插装型封装，应用范围包括标准逻辑 IC，存储器 LSI，微机电路等。

3. PLCC 封装

PLCC 是英文 Plastic Leaded Chip Carrier 的缩写，即塑封 J 引线芯片封装。PLCC 封装方式，外形呈正方形，32 脚封装，四周都有管脚，外形尺寸比 DIP 封装小得多。PLCC 封装适合用 SMT 表面安装技术在 PCB 上安装布线，具有外形尺寸小、可靠性高的优点。

4. TQFP 封装

TQFP 是英文 Thin Quad Flat Package 的缩写，即薄塑封四角扁平封装。TQFP 封装工艺能有效利用空间，从而降低对印刷电路板空间大小的要求。由于缩小了高度和体积，这种封装工艺非常适合对空间要求较高的应用，如 PCMCIA 卡和网络器件。几乎所有 ALTERA 的 CPLD/FPGA 都有 TQFP 封装。

5. PQFP 封装

PQFP 是英文 Plastic Quad Flat Package 的缩写，即塑封四角扁平封装。PQFP 封装的芯片引脚之间距离很小，管脚很细，一般大规模或超大规模集成电路采用这种封装形式，其引脚数一般都在 100 以上。

6. TSOP 封装

TSOP 是英文 Thin Small Outline Package 的缩写，即薄型小尺寸封装。TSOP 内存封装技术的一个典型特征就是在封装芯片的周围做出引脚，TSOP 适合用 SMT 技术（表面安装技术）在 PCB 上安装布线。TSOP 封装外形尺寸时，寄生参数（电流大幅度变化时，引起输出电压扰动）减小，适合高频应用，操作比较方便，可靠性也比较高。

7. BGA 封装

BGA 是英文 Ball Grid Array Package 的缩写，即球栅阵列封装。20 世纪随着技术的进步，芯片集成度不断提高，I/O 引脚数急剧增加，功耗也随之增大，对集成电路封装的要求也更加严格。为了满足发展的需要，BGA 封装开始被应用于生产。

采用 BGA 技术封装的内存，可以使内存在体积不变的情况下内存容量提高 2 ～ 3 倍，BGA 与 TSOP 相比，具有更小的体积、更好的散热性能和电性能。BGA 封装技术使每平方英寸的存储量有了很大提升，采用 BGA 封装技术的内存产品在相同容量下，体积只有 TSOP 封装的 1/3；另外，与传统 TSOP 封装方式相比，BGA 封装方式有更加快速和有效的散热途径。

BGA 封装的 I/O 端子以圆形或柱状焊点按阵列形式分布在封装下面，BGA 技术的优点是 I/O 引脚数虽然增加了，但引脚间距并没有减小反而增加了，从而提高了组装成品率；虽然它的功耗增加，但 BGA 能用可控塌陷芯片法焊接，从而可以改善它的电热性能；厚度和质量都较以前的封装技术有所减少；寄生参数减小，信号传输延迟小，使用频率大大提高；组装可用共面焊接，可靠性高。

说到 BGA 封装就不能不提 Kingmax 公司的专利 TinyBGA 技术，TinyBGA 英文全称为 Tiny Ball Grid Array（小型球栅阵列封装），属于是 BGA 封装技术的一个分支。它 Kingmax 公司于 1998 年 8 月开发成功的，其芯片面积与封装面积之比不小于 1：1.14，可以使内存在体积不变的情况下内存容量提高 2 ～ 3 倍，与 TSOP 封装产品相比，其具有更小的体积、更好的散热性能和电性能。

采用 TinyBGA 封装技术的内存产品在相同容量情况下体积只有 TSOP 封装的 1/3。

TSOP 封装内存的引脚是由芯片四周引出的，而 TinyBGA 则是由芯片中心方向引出的。这种方式有效地缩短了信号的传导距离，信号传输线的长度仅是传统的 TSOP 技术的 1/4，因此信号的衰减也随之减少。这样不仅大幅提升了芯片的抗干扰、抗噪性能，而且提高了电性能。采用 TinyBGA 封装芯片可抗高达 300 MHz 的外频，而采用传统 TSOP 封装技术最高只可抗 150 MHz 的外频。

TinyBGA 封装的内存其厚度也更薄（封装高度小于 0.8 mm），从金属基板到散热体的有效散热路径仅有 0.36 mm。因此，TinyBGA 内存拥有更高的热传导效率，非常适用于长时间运行的系统，稳定性极佳。

5.8 光学器件

光学仪器可以改善和扩展人眼的视觉，以弥补视觉的局限性。构成光学仪器的关键部件是光学元件，如各种透镜、棱镜、反射镜、分划板等。对这些大多数都是光学玻璃制品的元件，光学性能（如表面粗糙度、平行度、折射率、反射率、透射率等）都有一定的要求，所以光学表面都是经过仔细的研磨和抛光，有些还镀有一层或多层薄膜，造成其力学性能和化学性能很差，若使用和维护不当，则会降低光学性能甚至损坏报废，而且大部分光学仪器精度高、价格贵，使用前必须了解它的工作性能、使用方法、注意事项，否则容易造成损坏。

光学仪器种类繁多，形式各异，但就其几何光路而言，一般都可以归纳为显微（放大）、望远（移近）、摄影（投影）和色散分光（复合光分解成单色光）四大类光学系统。故光学仪器可粗分为助视仪器（放大、显微、望远）、投影仪器（投影仪、照相机等）和分光器（棱镜分光系统、光栅分光系统）。下面简要介绍部分常用器件和光源。

5.8.1 透镜

透镜是由透明物质（如玻璃、水晶等）制成的一种光学元件。透镜是折射镜，其折射面是两个球面（球面一部分），或一个球面（球面一部分）和一个平面的透明体。它所成的像有实像也有虚像。透镜一般可以分为两大类：凸透镜和凹透镜。

1.凸透镜

凸透镜具有会聚光线的作用，也叫“会聚透镜”“正透镜”（可用于远视与老花镜），可分为双凸透镜（两面凸）、平凸透镜（一面凸、一面平）、凹凸透镜（一面凸，一面更凸）。

将平行光线（如阳光）平行于主光轴（凸透镜两个球面的球心的连线称为此透镜的主光轴）射入凸透镜，光在透镜的两面经过两次折射后，集中在轴上的一点，此点叫做凸透镜的焦点（记号为 F，英文为 Focus），凸透镜在镜的两侧各有一实焦点，如为薄透镜时，此两焦点至透镜中心的距离大致相等。凸透镜之焦距是指焦点到透镜中心的距离，通常以 f 表示。凸透镜球面半径越小，焦距（记号为 f，英文为 Focal Length）越短。凸透镜可用于放大镜、老花眼及远视的人戴的眼镜、摄影机、电影放映机、显微镜、望远镜。

2.凹透镜

凹透镜亦称为负球透镜，镜片的中央薄，周边厚，呈凹形，又叫凹透镜。凹透镜对光有发散作用。平行光线通过凹球面透镜发生偏折后，光线发散，成为发散光线，不可能形成实性焦点，沿着散开光线的反向延长线，在投射光线的同一侧交于 F 点，形成的是一虚焦点。

5.8.2　棱镜

棱镜是透明材料(如玻璃、水晶等)做成的多面体，在光学仪器中应用很广。棱镜按其性质和用途可分为若干种。例如，色散棱镜、偏振棱镜等。

1. 色散棱镜

光线通过一个顶角为 θ 的棱镜，从 AC 方向射向棱镜，如图 5.38 所示，在 C 点发生折射。光线经过折射后在棱镜中沿 CD 方向到达棱镜的另一个界面上，在 D 点又一次发生折射，最后光在空气中沿 DB 方向行进。这样光线经过此棱镜后，传播方向从 AA' 变为 BB'，两方向的夹角 δ 称为偏向角。偏向角与棱镜的顶角 θ、棱镜材料的折射率以及入射角 i 有关。如果平行的入射光由 λ_1，λ_2，λ_3 三色光组成，且 $\lambda_1 < \lambda_2 < \lambda_3$，通过棱镜后，就分成三束不同方向的光，且偏向角不同。波长越短、偏向角越大，如图 5.39 所示 $\delta_1 > \delta_2 > \delta_3$，这即为棱镜的分光作用，又称光的色散，棱镜分光器就是根据此原理设计的。

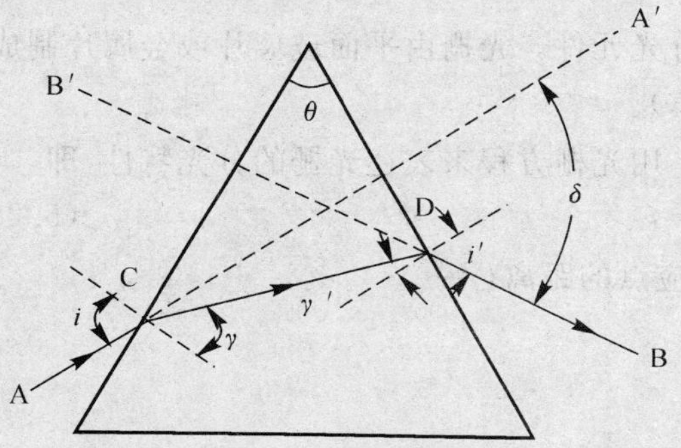

图 5.38　棱镜的折射

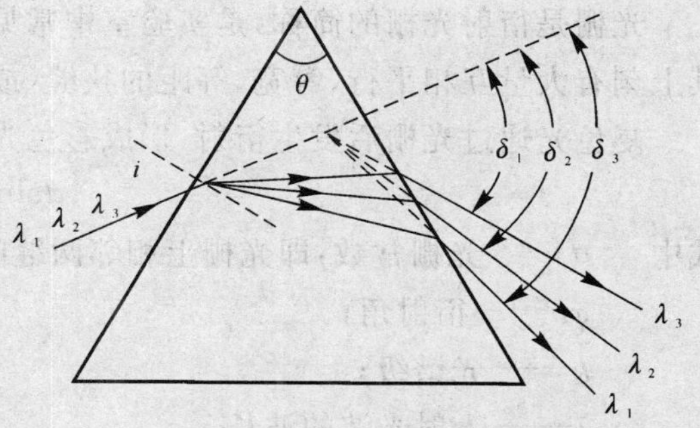

图 5.39 不同波长的光在棱镜中的色散

2. 偏振棱镜

双折射晶体中的 o 光和 e 光具有两个特点：第一，两束光都是平面偏振光；第二，一般来说，两束光的传播速度不一样。利用第一个特点，可以把晶体制成双折射棱镜，光通过棱镜后，使 o 光和 e 光分开，从而获得完全的平面偏振光。利用第二个特点，可以把晶体制成波晶片，光通过波晶片后，使 o 光和 e 光产生一定的位相差，从而可改变入射光的偏振态。

(1) 尼科耳棱镜。尼科耳棱镜(简称尼科耳)是一种应用较广泛的偏振棱镜，它是尼科耳于 1828 年首先创制的，它利用双折射现象，将自然光分成 o 光和 e 光，然后利用全反射把 o 光反射到棱镜侧壁上，只让 e 光通过棱镜，从而获得一束振动方向固定的平面偏振光，如图 5.40 所示。

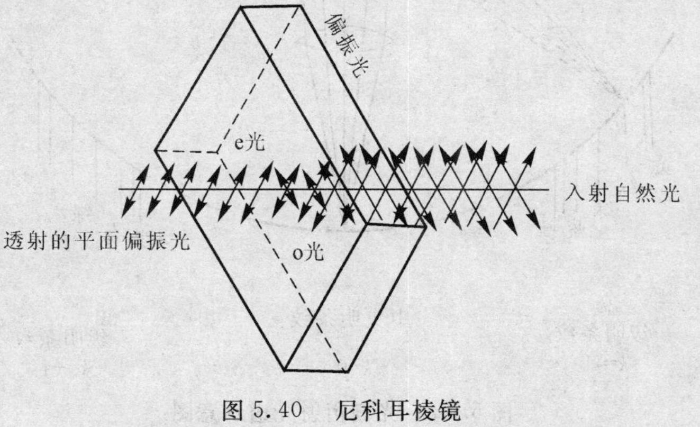

图 5.40　尼科耳棱镜

(2) 渥氏棱镜。渥拉斯顿(简称渥氏)棱镜能产生两束互相分开的、振动互相垂直的平面偏振光。它是由两个直角棱镜组成的,如图 5.41 所示。

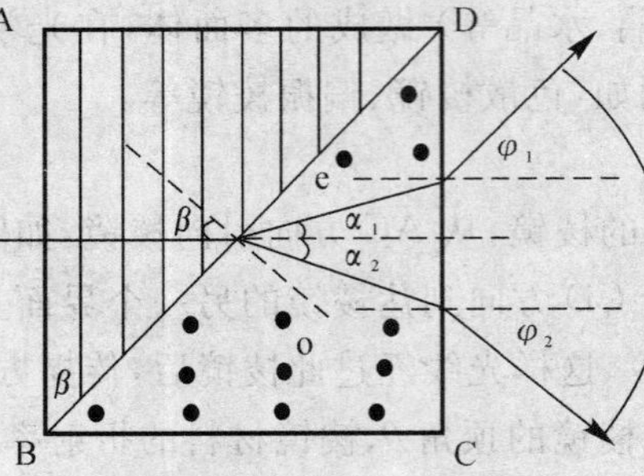

图 5.41　渥氏棱镜

5.8.3　光栅

光栅是衍射光栅的简称,是实验室中常见的分光元件。光栅由平面玻璃片或金属片制成,其上刻有大量互相平行、等宽、等距的狭缝(或刻痕)。

复色光通过光栅后发生衍射,形成彩色光谱。用光栅方程来表述光栅的分光特性,即

$$d\sin\varphi_k = k\lambda \tag{5.28}$$

式中　d—— 光栅常数,即光栅上相邻两缝间对应点的距离;

φ_k—— 衍射角;

k—— 光谱级;

λ—— 入射光波的波长。

对一个确定的光栅,d 为常数。对同一级衍射,k 为常数。故随光波波长的增加,φ_k 角增加(见图 5.42)。这就是光栅的分光原理。

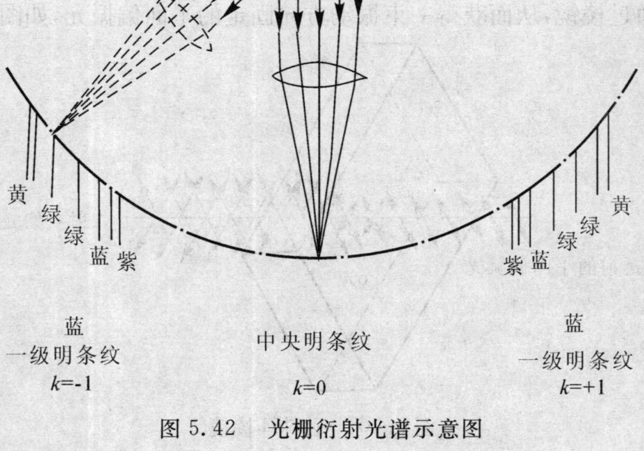

图 5.42　光栅衍射光谱示意图

光栅单位长度上刻痕的多少，主要取决于欲分光的光波波长范围：两刻痕间的距离应与该波长处于同一量级。单位长度上刻痕越多，d 越小，光栅的刻痕总数 N 越大，光栅的色散率和分辨率都越大。

5.8.4　光电池

光电池是利用半导体的内光电效应制成的元件，常用的有硅光电池和硒光电池两种。硒光电池最突出的优点是它的光谱灵敏度和人眼十分接近，但性能不如硅光电池稳定。

光电池的结构如图 5.43 所示。图中 1 是塑料或胶木外壳，2 是保护玻璃，3 是金属透明膜片（或网片，作为上电极的引出），4 是半导体上电极，6 是金属片下电极。在半导体上电极和金属片下电极的交界处，经过适当的处理生成 PN 结 5，电子只能由导体进入金属。结果金属下电极带负电，半导体则带正电，产生了光生电动势。如果把电流计连接到光电池的两极，电路中会有光电流。光电流的大小与入射光通量（或照度）有关，也和入射光的光谱组成有关。

从光电池的机理可知，入射光通量越大，半导体中被激发的光电子越多，在光通量不太大的范围内，光电流与入射光通量成正比，这是线性的区域。光通量超过线性范围后，光电流的增加减慢，有饱和的趋势，这是非线性区域。通常，当使用光电池时，应采用线性范围。

线性范围的大小还和外接电阻的阻值有关。当外阻为零时，可以得到最大的线性范围，随着外阻的增大，线性范围缩小。这是因为当外阻不为零时（设为 R_g）光电池的端电压 $U=IR_g$，随着光电流 I 的增大，U 也随着增加。对光电池的内部而言，U 的电场是妨碍电子从半导体进入金属片的，U 越大，电子越难越过 PN 结，出现非线性情况。

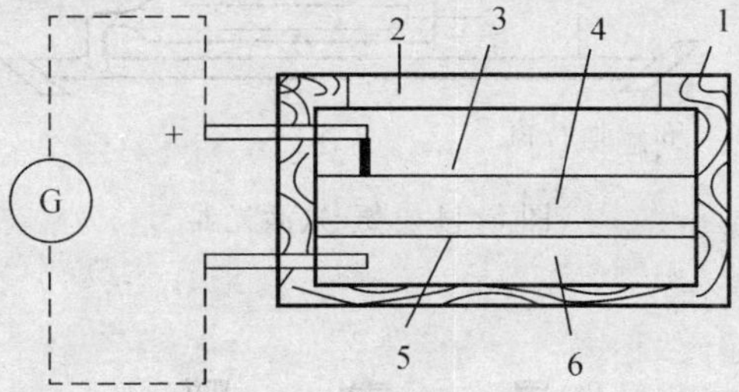

图 5.43　光电池的结构

5.8.5　常用光源

能够发光的物体统称为光源。实验室常用的是将电能转化为光能的光源 —— 电光源。

1. 热辐射光源

它是由钨丝装在充有惰性气体的玻璃泡的一种光源。电流通过钨丝使其炽热发光，它的光谱是连续的。使用白炽灯时要注意供电电压是否与额定电压相符。

2. 气体放电光源

(1) 钠灯和汞灯。它们是实验室中最常用的单色光源。它们的工作原理都是以金属 Na 或 Hg 蒸气在强电场中发生的游离放电现象为基础的弧光放电灯。在正常情况下，钠灯发出波长为 589.0 nm 和 589.6 nm 的两种单色黄光，因此，在一般应用时以平均值 589.3 nm 作为钠光灯的波长值。

汞灯可按蒸气压的高低分为低压汞灯和高压汞灯。低压汞灯最为常用，正常点燃时发出青紫光，其中主要包括 5 种单色光，波长分别为 579.0 nm(黄)、577.0 nm(黄)、546.1 nm(绿)、435.8 nm(蓝)、404.7 nm(紫)。

使用钠灯和汞灯时灯管必须与一定规格的镇流器串联后才能接到电源上，点燃后一般要预热 3 ～ 4 min 方可正常工作，熄灭后也需冷却 3 ～ 4 min 方可重新开启。

汞灯的紫外线很强，不可用眼直视。

(2) 氢放电管(氢灯)。它是一种高压气体放电光源。管内充以氢气，点燃时发出粉红色的光。在可见光范围内，其原子光谱线主要有 3 条，波长分别为 656.3 nm(红)、486.1 nm(青)、434.1 nm(蓝紫)。

3. 激光光源

激光是 20 世纪 60 年代出现的新型光源。它具有光谱亮度高、能量集中、方向性好、单色性强、相干性好等优点，已被广泛应用于物理实验中。它常用做强的定向光源和单色光源。

实验室常用的激光光源是氦-氖激光器，它由激光工作物质(激光管中的氦氖混合气体)、激励装置和光学谐振腔 3 部分组成。气体放电管内的 He，Ne 混合气体在激励作用下产生受激辐射形成激光，经谐振腔加强到一定程度后，从谐振腔的反射镜发射出去。其结构如图5.44 所示。

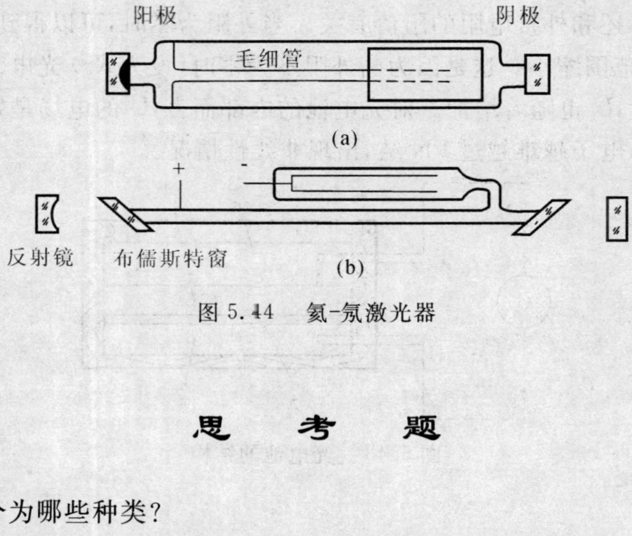

图 5.44　氦-氖激光器

思　考　题

1. 常用电阻器分为哪些种类?
2. 电阻测量中使用哪些方法? 请简述使用万用表测电阻的过程。
3. 什么是光敏电阻，生活中哪些设备应用了光敏电阻?
4. 如何用万用表估测电容是否已经被击穿?
5. 电感线圈分为哪些种类?
6. 简述谐振法测电感的一般方法。
7. 根据二极管的伏安特性曲线，能够得出什么结论?
8. 简述在正向和反向下，PN 结的内部空穴和电子的运动情况。
9. 继电器具有哪些技术参数?
10. 设计一个电路，尽可能多地使用本章中涉及的电子元器件，并指出该电路的工作过程。

第三篇　实验测量实例

第6章　实验测量实例

实验1　基本测量

长度和质量都是基本物理量。长度的测量是一切测量的基础，是最基本的物理测量之一。测量长度的量具，最常用的有米尺、游标卡尺和螺旋测微计。这三种量具测量长度的范围和准确度各不相同，需视测量的对象和条件加以选用。大部分物理量的测量最终都可以归结为长度的测量。一般使用天平来测量物体的质量，天平是物理实验中常用的基本仪器。本实验通过对物体密度的测量来熟悉游标卡尺、螺旋测微计、天平的使用。

【实验目的】

(1) 了解游标卡尺、螺旋测微计、天平的构造及工作原理。

(2) 学会用游标卡尺、螺旋测微计测量物体长度。

(3) 掌握天平的安装、调节及使用，测量物体的质量，计算出物体的密度。

(4) 学习正确读数与数据记录，进一步熟悉误差的估算和实验结果的表示方法。

【实验仪器及设备】

游标卡尺、螺旋测微计（外径千分尺）、天平和被测物（钢丝、小圆柱体、铜套）。

【实验原理】

若一物体的质量为 M，体积为 V，密度为 ρ，则按密度的定义，有

$$\rho=\frac{M}{V} \tag{6.1}$$

当待测物体是一直径为 d、高度为 h 的圆柱体时，式(6.1) 变为

$$\rho=\frac{4M}{\pi d^2 h} \tag{6.2}$$

实验中只要测量出圆柱体的直径 d、高度 h 和质量 M，代入式(6.2) 就可以计算出圆柱体的密度 ρ。

当待测物体是一个外径为 D、内径为 d、高为 h 的空心圆柱体时，式(6.1) 变为

$$\rho=\frac{4M}{\pi(D^2-d^2)h} \tag{6.3}$$

实验中只要测量出圆柱体的外径 D、内径为 d、高度 h 和质量 M，代入式(6.3) 就可以计算出空心圆柱体的密度 ρ。

一般说来，待测物体各个断面的大小和形状都不尽相同，从不同方位测量它的直径、高度，数值都会有差异。为此，要精确测量物体的体积，必须在它的不同位置进行多次测量，求测量

值的算术平均值。

【实验内容及要求】

(1) 用游标卡尺按表 6.1 的要求测量空心圆柱体的内、外直径 d,D 和高 h。

(2) 用螺旋测微计按表 6.2、表 6.3 的要求测量钢丝的直径和小铜柱体的直径 d' 和高 h。在测量前记下零点读数 d,并注意其正负性。

(3) 安装调节天平,用天平称量空心圆柱体和小圆柱体的质量。

(4) 计算空心圆柱体及小圆柱体的密度、相对误差和绝对误差。

【注意事项】

(1) 为避免视差,读数时视线应垂直所读刻度,以避免因视线方向改变而产生的误差。

(2) 当使用游标卡尺时,应首先判定它的量程和分度值,并检查、记录零点读数。

(3) 使用螺旋测微计时,应记下零点读数,读数时注意检查测微套筒是否过测微螺杆上的主刻线。

(4) 为避免天平刀口受冲击而损坏和破坏空载平衡,在取放物体和砝码,调节平衡螺丝、游码以及不使用天平时,都必须制动天平,只有在判断天平是否平衡时才将横梁支起。

【实验数据记录】

表 6.1　空心圆柱体密度测量数据记录表

d_0 = ______ mm

钢套　（或铜套）												
部　位	上			中			下			平均值	相对误差	绝对误差
	1	2	3	1	2	3	1	2	3			
外径 D/mm												
内径 d/mm												
高 h/mm												
质量 M/g												
密度 ρ/(g·cm^3)	$\rho=$ ±											

表 6.2　钢丝直径测量数据记录表

d_0 = ______ mm

钢丝直径												
部　位	上			中			下			平均值	相对误差	绝对误差
	1	2	3	1	2	3	1	2	3			
d'/mm												
$d'-d_0$/mm												
d/mm	$d=$ ±											

表 6.3　小圆柱体密度测量数据记录表

$d_0 =$ ______ mm

部位		小圆柱体											
		上			中			下			平均值	相对误差	绝对误差
		1	2	3	1	2	3	1	2	3			
d/mm	d'												
	$d'-d_0$												
h/mm	h'												
	$h'-h_0$												
质量 M/g													
密度 $\rho/\text{g}\cdot\text{cm}^{-3}$								$\rho=$			$\pm$		

【实验数据处理】

实验 1 数据处理中用到的计算公式如下：

小铜柱体密度计算公式：

$$\bar{\rho}=\frac{4\overline{M}}{\pi\bar{d}^2\bar{h}} \tag{6.4}$$

小铜柱体密度的相对不确定度计算公式：

$$E_r=\frac{\Delta\rho}{\bar{\rho}}=\sqrt{\left(\frac{\Delta M}{\overline{M}}\right)^2+4\times\left(\frac{\Delta d}{\bar{d}}\right)^2+\left(\frac{\Delta h}{\bar{h}}\right)^2} \tag{6.5}$$

式(6.5) 中ΔM,Δd,Δh 分别为质量、直径和高度的不确定度。

空心圆柱体密度计算公式：

$$\bar{\rho}=\frac{4\overline{M}}{\pi(\overline{D}^2-\bar{d}^2)\bar{h}} \tag{6.6}$$

空心圆柱体密度的相对不确定度计算公式：

$$E_r=\frac{\Delta\rho}{\bar{\rho}}=\sqrt{\left(\frac{\Delta M}{\overline{M}}\right)^2+\left(\frac{\Delta h}{\bar{h}}\right)^2+4\times\left(\frac{\overline{D}\Delta D}{\overline{D}^2-\bar{d}^2}\right)^2+4\times\left(\frac{\bar{d}\Delta d}{\overline{D}^2-\bar{d}^2}\right)^2} \tag{6.7}$$

计算出密度的相对误差后，可求得密度的不确定度为

$$\Delta\rho=E_r\bar{\rho} \tag{6.8}$$

最后，计算结果要给出密度测量结果的完整表达式为

$$\rho=\bar{\rho}\pm\Delta\rho \tag{6.9}$$

【分析与思考】

(1) 分别用游标卡尺和螺旋测微计直接测量约 2 mm 的铜丝各得几位有效数字？

(2) 已知游标卡尺的分度值(精度值) 为 0.01 mm，其主尺的最小分度的长度为 0.5 mm，试问游标的分度格数为多少(以毫米作为单位)？游标的总长可取哪些值？

(3) 试确定下列几种游标卡尺的分度值(精度值) 并将它填入表格的空白处。

游标分度数(格数)	10	10	20	20	50
与游标分度数对应的主尺读数 /mm	9	19	19	39	49
卡尺分度值 /mm					

(4) 天平在使用前要做哪些调整？使用中应遵守哪些规定？

实验 2　万用表的调节与使用

万用表是集电阻、电流、电压测量为一体的测量仪表，它是运用欧姆定律的原理，采用分压、分流的测量技术，以及交流、直流变换电路，通过合理、精确地计算电阻间的相互搭配而组成的，是一种通用的电子测量仪表，可测量晶体管的直流放大倍数、交流电频率、电感量、电容值等。目前，数字万用表已渐渐取代模拟万用表成为主流，具有灵敏度高、准确度高、显示清晰、过载能力强等优点，主要在电工、电子及无线电技术等工作中用做一般测量仪表。

【实验目的】

(1) 了解万用表的工作原理与结构。
(2) 掌握万用表的使用方法。
(3) 学会运用万用表测量交直流电压、电流、电阻和检查电路故障。

【实验仪器及设备】

万用表、电阻箱、电源等。

【实验原理】

万用表通过开关来转换内部电路，从而达到各种测量的目的。它主要由表头、转换开关和测量电路三部分组成。详细介绍请参阅第 4 章。

1. 直流电流测量

万用表直流电流挡相当于一个多量程电流表。电流表的内阻一般都很小，对同一个多量程电流表来说，量程越小，内阻越大。如图 6.1 所示，当使用万用表电流挡测量电流时，应将万用表串联在被测电路中，因为只有串联才能使流过电流表的电流与被测支路电流相同。测量时，应断开被测支路，将万用表红、黑表笔串接在被断开的两点之间。特别应注意电流表不能并联在电路中，否则会由于流过的电流太大而使表头损坏。

2. 直流电压测量

直流电压挡是一个多量程电压表。电压表的内阻一般都很大，对同一个多量程电压表来说，电压表量程越大，其内阻也越大。当使用电压表测量电压时，是将电压表和电路中的元件并联，在未接电压表时，电路中的电阻 R_x 和 R 串联，如图 6.2 所示，在 R_x 上的电压降为

$$U_x = \frac{R_x}{R_x + R}U \tag{6.10}$$

在并联上电压表后，由于电压表内阻的影响，从电压表读出的电压值比待测电压的实际值小，为减少误差，要尽量选用电压表内阻大的量程。

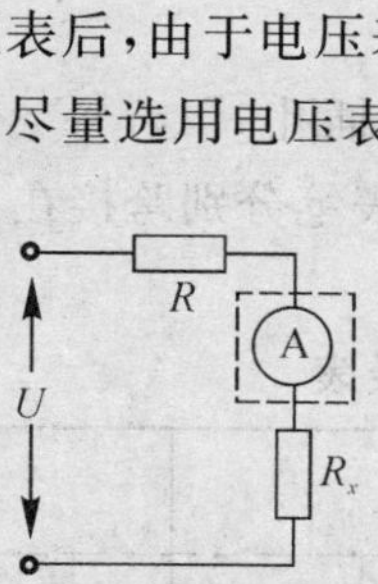

图 6.1　直流电流测量电路图

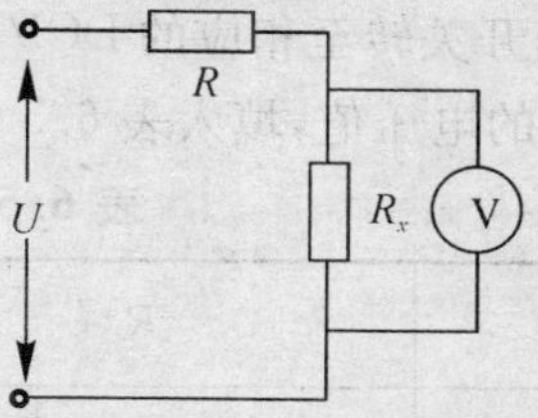

图 6.2　直流电压测量电路图

3. 电阻测量

万用表除测量电流和电压外，还能测量直流电阻。直流电阻是一种无源元件，它没有驱动表头指针偏转的能量，测量时必须借助于自带的直流电源。万用表常用的测直流电阻原理电路如图 6.3 所示，在表头上并联和串联适当的电阻，同时串接一节电池，使电流通过被测电阻，根据电流的大小，就可测量出电阻值。改变分流电阻的阻值，就能改变万用表的量程。

【实验内容及要求】

连接一个基本的串、并联电路如图 6.4 所示。

1. 直流电流测量

(1) 将黑表笔插入“COM”插孔，红表笔插入“mA”插孔中。

(2) 将量程开关转至相应的 DCA 量程上，然后将仪表分别串入电路 a，b，c，读出通过 R_1，R_2，R_3 的电流值，填入表 6.4 中。

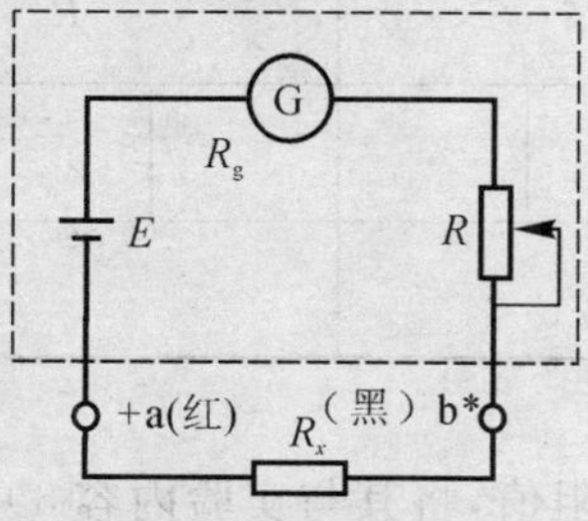

图 6.3　电阻测量电路图

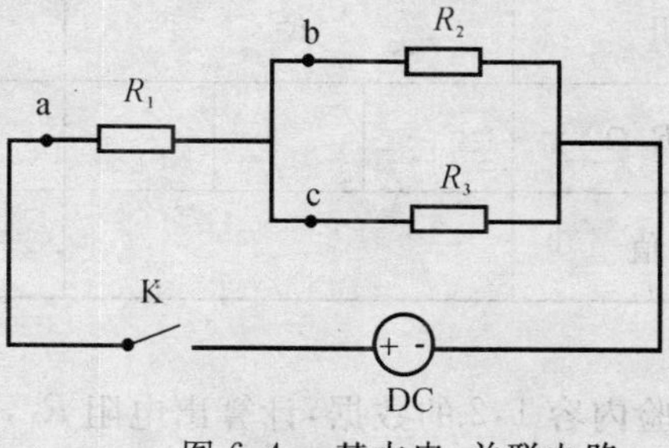

图 6.4　基本串、并联电路

表 6.4　电流测量数据记录表

测量点	a			b			c		
电流 I/mA									
平均值									

注意：

(1) 如果事先对被测电流范围没有概念，应将量程开关转到最大电流的挡位，然后根据显示值转到相应的挡位上。

(2) 如测量时高位显示“1”，表明已经超过测量范围，须将量程开关调高一挡。

2. 直流电压测量

(1) 将黑表笔插入"COM"插孔，红表笔插入 V/Ω/Hz 插孔。

(2) 将量程开关转至相应的 DCV 量程上，然后将测试表笔分别跨接在 R_1，R_2，R_3 上，读出 R_1，R_2，R_3 两端的电压值，填入表 6.5 中。

表 6.5 电压测量数据记录表

电　阻	R_1			R_2			R_3		
电压 U/V									
平均值									

注意：

(1) 如果事先对被测电压范围没有概念，应将量程开关转到最高的挡位，然后根据显示值转到相应的挡位上。

(2) 未测量时小电压挡有残留数字，这属正常现象，不影响测试；如测量时高位显示"1"，表明已经超过量程，须将量程转换旋钮转至较高挡位上。

3. 电阻测量

(1) 将黑表笔插入"COM"插孔，红表笔插入 V/Ω/Hz 插孔。

(2) 将量程开关转至相应的电阻量程上，将 R_1，R_2，R_3 与电路断开，然后将测试表笔分别跨接在被测电阻上，记下 R_1，R_2，R_3 的阻值，填入表 6.6 中。

表 6.6 电阻测量数据记录表

电阻	R_1			R_2			R_3		
电阻 R/Ω									
平均值									

利用实验内容 1，2 的数据，计算出电阻 R_1，R_2，R_3 的阻值，将其与实验内容 3 中，电阻自身标注的阻值进行比较，分析说明三者有何不同。

注意：

(1) 如果电阻值超过所选的量程值，将会显示"1"，这时应将开关转高一挡；当电阻值超过 1 MΩ 以上时，读数需几秒钟才能稳定，这在测量高阻时是正常的。

(2) 当输入端开路时，将会显示过载情形。

(3) 当测量在线电阻时，要确认被测电路中所有电源开关已关断，且所有电容已完全放电时，才可进行。

(4) 当使用 200 Ω 量程时，应先将表笔短路，测得引线电阻，然后在实测时应减去。

(5) 请勿在使用电阻量程时接入电源，否则会造成测量错误或烧毁万用表。

4. 检查二极管的极性

由图 6.3 可知，当用万用表测量电阻时，黑、红表笔分别为输出直流电流的正、负极。根据二极管的单向导电性，自拟步骤，用万用表判断二极管的极性。

【注意事项】

(1) 当测电流、电压时，不能带电转换量程。测量电压时，应将万用表与被测电路并联；测电流时应与被测电路串联，测直流量时不必考虑正、负极性。

(2) 测量电流与电压不能旋错挡位。如果误用电阻挡或电流挡去测电压，就极易烧坏电表。万用表不用时，最好将挡位旋至交流电压最高挡，避免因使用不当而损坏。

(3) 如果不知道被测电压或电流的大小，应先用最高挡，而后再选用合适的挡位来测试，以免损坏仪表。所选用的挡位愈靠近被测值，测量的数值就愈准确。

(4) 用万用表测电阻时，不能带电测量。因为测量电阻时，万用表由内部电池供电，如果带电测量则相当于接入一个额外的电源，可能损坏表头。

(5) 测量电阻时，不要用手触及元件裸露的两端（或两支表棒的金属部分），以免人体电阻与被测电阻并联，使测量结果不准确。

(6) 万用表满量程时，仪表仅在最高位显示数字"1"，其他位均消失，这时应选择更高的量程。当显示"BATT"或"LOWBAT"时，表示电池电压低于工作电压。

【思考与练习】

(1) 测量电阻时，用手同时触及两个表笔尖或被测电阻两端，对测量结果有什么影响？对较大阻值和较小阻值电阻的测量结果的影响有什么不同？

(2) 用万用表如何检测线路是否断路？请列出几种方法。

(3) 能否用万用表测量电源内阻？简要说明原理。

实验 3　示波器的调节与使用

示波器是一种直接观察和测量电压波形及其参数（如周期、频率和相位差）的电子仪器。一切可以转化成电压的电学量（如电流、电功率、阻抗等）和非电学量（如温度、位移、压力、光强、磁场等），以及它们随时间的变化过程，都可以用示波器及一些必要的配套仪器来观察和测量。因此，示波器在电子线路、声波测量、超声探伤、雷达测距等许多方面都有较广泛的应用。

【实验目的】

(1) 了解示波器的基本结构及工作原理。

(2) 学会示波器的调整方法。

(3) 掌握用示波器测量频率、电压的方法。

【实验仪器及设备】

示波器、函数信号发生器等。

【实验原理】

示波器主要由示波管（CRT）、放大与衰减电路、扫描发生器、触发同步和电源等组成。示波管产生电子束，经加速聚焦和偏转系统到达荧光屏。竖直方向（Y 轴偏转板）输入待测信号，水平方向（X轴偏转板）加上示波器内部产生的锯齿波扫描电压，则水平轴光点的移动与时间成正比，可以代表 t 轴，竖直方向的运动与信号电压变化规律一致，代表 U，如果二者的重复周期满足整数比关系：$f_y = nf_x$，$n=1,2,3\cdots$，则荧光屏上将出现1个、2个、3个……稳定的波形。为满足上述要求，示波器内部设有扫描触发电路（Trigger），用Y轴信号电压自动控制X轴扫描电路的发生，从而起到同步的作用，这样显示的波形图形更加稳定。

1. 电压测量

(1) 直流电压的测量。要进行直流电压的测量，示波器Y通道必须处于直流耦合状态（Y轴放大电路的下限截止频率为0），同时示波器的灵敏度旋钮必须处于"校准"状态。

1) 首先将Y输入端对地短路，在屏幕上找出零电压所对应的位置，即扫描基线，并将该基线调至合适位置，作为零电压基准位置，如图6.5所示。

2) 将被测电压通过探头（或直接）接至示波器的Y输入端，调节Y轴灵敏度（旋钮），使扫描线有合适的偏移量，如图6.5所示。如果显示直流电压的坐标刻度（波形与基线之间的距离）为 H(DIV)，Y轴灵敏度旋钮的位置为 S_Y(V/DIV)，探头的衰减系数为 k，则所测得直流电压值为 $V_X = S_Y \times H \times k$。

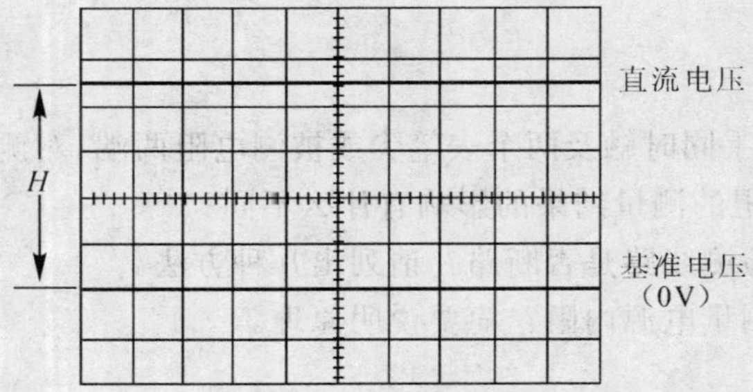

图6.5　直流电压的测量方法

(2) 交流电压的测量。

1) 将Y轴输入耦合方式选择开关置于交流耦合（AC）位置。

2) 根据被测信号的幅度和频率，调整Y轴灵敏度选择旋钮和X轴的扫描时间选择旋钮于合适的位置。

3) 将被测信号通过探头（或直接）输入到示波器的Y轴输入端。

4) 选择合适的触发源和触发耦合方式，调整触发电平调节旋钮，使示波器屏幕显示出稳定的波形，如图6.6所示。

设被测电压的峰峰值为 V_{XPP}，则 $V_{XPP} = S_Y \times H \times k$。有效值为 $V_X = V_{XPP}/(2\sqrt{2})$。

按照上述方法，可以测量波形中特定点的瞬时值。

上述的被测信号是不含直流成分的正弦信号，一般选用交流耦合方式。如果被测信号是正弦信号，但频率很低，亦应选用直流耦合方式。如果输入信号是含有直流分量的"交流信号"或脉冲信号，通常选用直流耦合方式，以便观察到输入信号的全部内容。

2. 相位的测量

所谓相位的测量，通常是指测量两个同频率信号之间的相位差，如测量RC电路的相移特性，放大电路的输出信号相对于输入信号的相移特性等。

用双踪示波器测量两个信号之间的相位差是很方便的。测量时，要选定其中一个输入通道的信号作为触发源，调整触发电平，显示出两个稳定的波形，如图 6.7 所示。测量中应调整 Y 轴灵敏度和 X 轴扫描速度，使波形的高度和宽度合适。

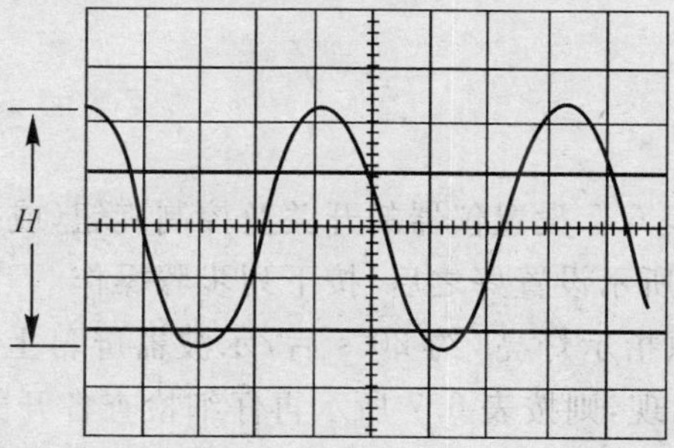

图 6.6　交流电压的测量方法

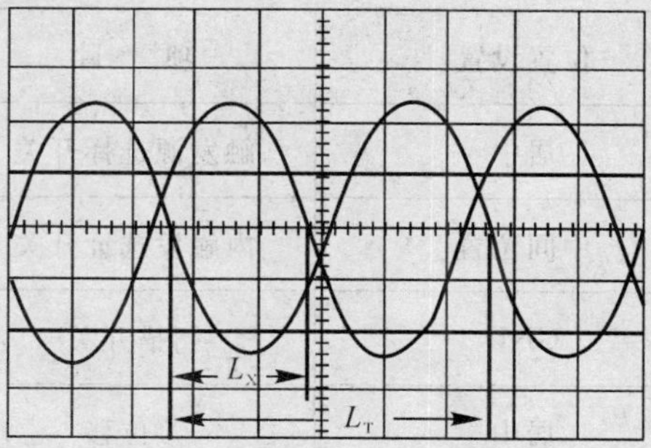

图 6.7　测量两信号的相位差

由图可知，两波形的相位差为

$$\varphi=\frac{L_X}{L_T}\times 360^{\circ} \tag{6.11}$$

3. 时间的测量

时间的测量通常是测量信号的周期、脉冲宽度、上升时间、下降时间等。测量这些时间间隔的方法与上面测量相位差类似。

若所测时间间隔对应的长度为 L_x(DIV)，扫描速度为 W(ms/DIX 轴的扩展系数为 k，则所测时间间隔 $T_x=W\times L_x\times k$。为减少误差，当测量信号的周期时，可以测信号的一个周期的时间，也可以测量 n 个周期的时间，再除以周期个数 n，如图 6.8 所示。

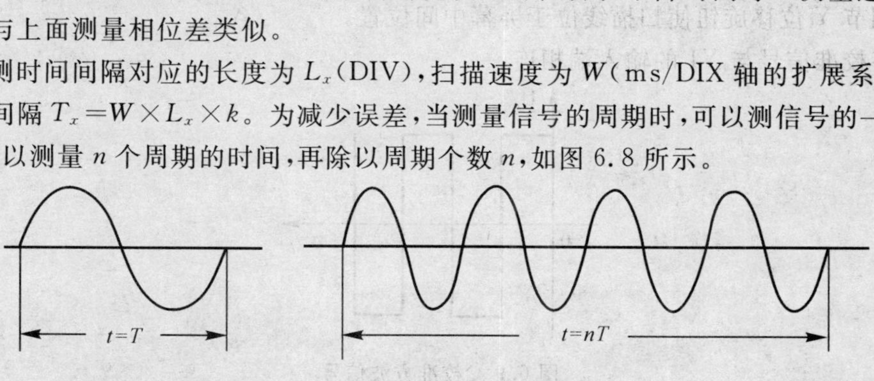

图 6.8　信号周期的测量

测量脉冲信号的脉冲宽度 t_W、上升时间 t_r、下降时间 t_f 等参数，只要按其定义测量出相应的时间间隔即可。

4. 频率的测量

由于频率是周期的倒数，因此，测量信号的频率一般是先测量信号的周期再换算成频率，测量方法同上。有些示波器附带有频率测试功能(数字频率计),利用此功能可以直接显示出被测信号的频率,简单方便。

【实验内容及要求】

1. 示波器的调节

接通电源开关之前,按表 6.7 设置仪器的开关及控制旋钮(或按键)。

各开关及控制旋钮如表所示设置好之后,按下列步骤操作。

(1) 按下电源开关,电源指示灯亮,约 20 s 后,示波器屏幕上将出现一扫描线(一条水平线),若 60 s 后仍无扫描线出现,则按表 6.7 所示再仔细检查各开关、旋钮是否到位,并适当调节电平旋钮。

表 6.7　示波器测量前的调节

项　目	位置设置	项　目	位置设置
辉度(INTEN)	居中	触发源选择开关	内(INT)
聚焦(FOCUS)	中间位置	内触发选址开关	CH1
AC－GND－DC	GND	扫描开关	0.5 ms/div
Y 轴位移	居中	X 位移	中间位置
显示方式开关	CH1	微调(VAR)	顺时针旋到底
触发方式开关	AUTO	扫描微调	顺时针旋到底

(2) 调节辉度及聚焦使扫描线亮度适当且最为清晰。

(3) 调节 Y 位移旋钮使扫描线位于屏幕中间位置。

(4) 将校准信号与 Y1 的输入端相连。

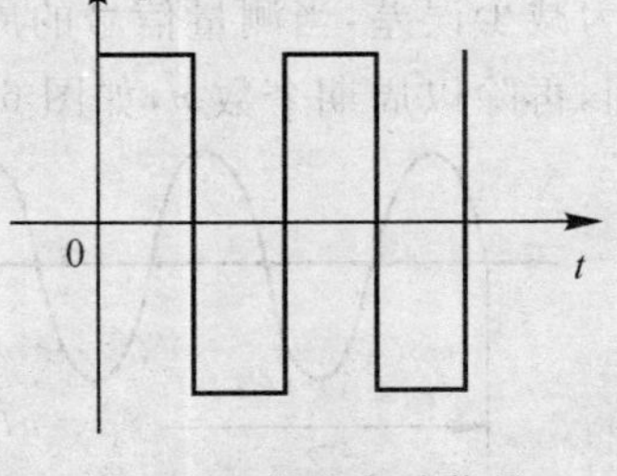

图 6.9　校准方波信号

(5) 将 AC－GND－DC 开关置于 AC 位置,如图 6.9 所示的方波将出现在屏上。

2. 观察各种波形

分别将函数信号发生器的正弦波、方波信号加到示波器的 CH1 输入端,观察屏幕上出现的信号并记录参数,描绘波形。

3. 测量正弦波信号的频率

如图 4.34 所示，将信号源的正弦波信号接入示波器的 X 轴的输入端，适当调节使波形的宽窄合适。同时微调旋钮必须顺时针旋到校准，此时数出一个周期内的格子数，屏幕上 1 个方格为 1 cm^2，一个周期几个方格即为几个 cm^2（可根据实际情况估读小数），旋钮㉔指示的是每厘米所对应的时间。如旋钮㉔对应的是 2 ms/cm，屏幕上一个周期的长度为 5 cm，则信号的周期为

$$T = 2 \times 10^{-3} \times 5 = 0.01\ \text{s} \quad , \quad f = \frac{1}{T} = 100\ \text{Hz}$$

将信号发生器输出频率分别调至 200 Hz，500 Hz，1 000 Hz，1.5 kHz，2.0 kHz，同时依次改变㉚扫描时间因子，使屏上出现清晰可观的图像，并依照表 6.7 给出的频率，记录扫描时间因子、波形的一个周期内的格子数，计算出频率和周期分别为

$$f = \frac{1}{T}, \quad T = t \times n$$

式中　t—— 扫描时间因子（s/cm）；

　　　n—— 格子数（cm）。

计算出频率后，与信号发生器面板上显示的频率进行比较，计算误差。测量数据记录在表 6.8 中。

表 6.8　正弦波信号的频率测量

信号发生器频率 f/Hz	200	500	1 000	2 500	3 000
扫描时间因子 /（ms・cm^{-1}）					
一个周期内格子数 n/cm					
测量频率 f					
$\Delta f = f_{信} - f_{测}$					

4. 观察李萨茹图形

若将一个正弦电压信号接入示波器 Y 轴，另一个正弦电压信号接入示波器 X 轴，扫描时间因子（TIME/cm）旋钮置 XY 位置，即可形成 X，Y 两相互垂直振动的合成图形。而当两者频率成整数比时，即$\frac{f_y}{f_x} = N(N=1,2,3\cdots)$可形成稳定的闭合曲线。若已知一个正弦电压信号的频率，则可根据闭合曲线的形状计算出另一未知电压信号的频率。令 f_x，f_y 分别代表加在 X 轴和 Y 轴上电压信号的频率，n_x 表示闭合曲线在 X 方向切线切点的个数，n_y 表示闭合曲线在 Y 方向切线切点的个数，则有$\frac{f_x}{f_y} = \frac{n_y}{n_x}$，如果已知 f_x 就可以用上面的公式求出 f_y，按表 6.9 给出的 f_x，f_y 的频率进行测量，记录 n_x，n_y，测量时固定 X 轴信号频率如（f=50 Hz），由示波器自带信号源给出，或由低频函数信号发生器分别双路给出，而后将测量值与低频信号发生器面板上的实际读数进行比较，并计算出相对误差。

表 6.9 频率测量

f_x/Hz	500	500	500	500	500	500	由 B 路给出
f_y/Hz	250	500	750	1 000	1 500	2 000	信号发生器 A 路给出
n_x							X 轴切点个数
n_y							Y 轴切点个数
$f_{测}$							$f_{测}=f_x\dfrac{n_x}{n_y}$
$\Delta f=f_y-f_{测}$							

【注意事项】

(1) 实验中各仪器的信号线不可混接,以防短路。

(2) 示波器使用时注意辉度适中,不宜长时间停留一点,以免损坏荧光屏。

(3) 在实验过程中,如果暂时不使用示波器,将辉度调节旋钮调至最小,不要经常开关电源,以免影响仪器使用寿命。

【分析与思考】

(1) 当示波器扫描频率远大于或远小于正弦波信号频率时,屏上图形是什么状况?

(2) 当用李萨茹图形测频率时,当 $f_y=f_x$ 时,屏上图形为什么还在变动?

(3) 用示波器测量频率主要有哪些误差? 怎样减小误差?

实验 4 温度的测量

温度表示物体的冷热程度,是七个基本物理量之一,用来表示大量分子运动的平均强度,分子运动越激烈其温度越高。温度的测量是利用体积、电阻率等物理属性随温度的变化来实现的。本实验对比常用测温方法对同一恒温热源的测量结果,掌握不同测温方法的测温特性。

【实验目的】

(1) 了解温度测量的基本原理。

(2) 熟悉温度测量的常用方法。

(3) 掌握不同温度测量方法的特点。

【实验仪器及设备】

铜-康铜热电偶、数字毫伏级电压表、铂电阻(Pt100)、液体温度计、水浴加热装置。

【实验原理】

理想气体等压温度计利用理想气体(氢气或氦气)的体积保持不变的条件,用 U 型管气压计测量压强。在理想状态下，气体压强与热力学温度成正比，通常使用这种方法为其他类型的温度计定标。由于实验设备体积庞大，不便移动，并不常用。

玻璃管式液体体积温度计是利用液体的体积随温度的升高而膨胀的原理制成的。由一个体积较大的玻璃泡和与之相连通的细玻璃管组成，膨胀的空间需要抽成真空。常见的有酒精温度计、水银温度计。

热电偶温度计和铂电阻温度计，测温范围宽，精确度高，相应地，对配套的数字毫伏级电压表和测电阻电桥精度要求亦较高。

如图 6.10 所示，在本实验中，酒精温度计、铜-康铜热电偶、铂电阻 Pt100 的测温端都放在可控恒温箱里。用电位差计或高精度数字毫伏级电压表测量温差电动势。用电桥测量铂电阻温度计 Pt100 的电阻值。

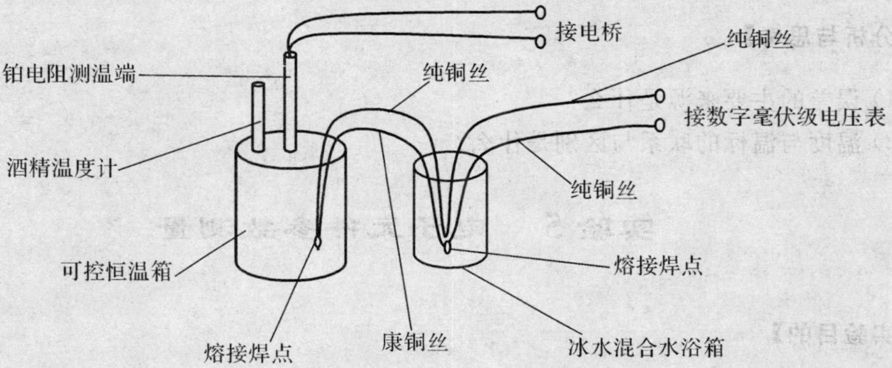

图 6.10　实验装置结构示意图

【实验内容及要求】

(1) 对比玻璃管酒精温度计、铂电阻温度计、热电偶温度计对同一个热源的测量结果。

将玻璃管酒精温度计、铂电阻温度计、热电偶温度计放在一个可控温热源内部，通过叶轮搅拌器使水循环，同时将 3 个测量结果记录在表 6.10 中。参阅附录 7，查表将铂电阻值、温差电动势对应温度填在相应表格中。

表 6.10　温度测量数据记录表

序号	铂电阻		热电偶		酒精温度计读数 /℃
	阻值 /Ω	温度 /℃	温差电动势 /mV	温度 /℃	
1					
2					
…					
20					

(2) 以铂电阻测温结果为横坐标，描绘热电偶、酒精温度计的测温曲线。

(3) 对比热电偶理论值与实测值，分析造成差异的原因。

热电动势的理论数值为

$$e_{AB}(T)=\frac{kT}{e}\ln\frac{N_A}{N_B}$$

式中　k—— 波尔兹曼常数 1.38×10^{-23} J/K；

T—— 接点温度；

e—— 单位电荷数；

N_A，N_B—— 导体 A，B 在温度 T 时的自由电子密度。

【注意事项】

(1) 热电偶的测温端绝缘层保持完好，浸没在水中不能有漏电现象，否则误差变大。

(2) 铂电阻测温端同样要做好绝缘处理，漏电会导致电阻偏小，测量误差变大。

【分析与思考】

(1) 误差的主要来源是什么？

(2) 温度与温标的联系与区别是什么？

实验 5　电子元件参数测量

【实验目的】

(1) 学习测量 R，C 元件伏安特性的方法。

(2) 学习使用电压表、电流表。

(3) 学习测量三极管的电流放大倍数。

【实验仪器及设备】

变压器、直流稳压电源、万用表、电阻、电容、示波器和连接导线。

【实验原理】

1. 电阻 R 和电容 C 是交流电路中的基本元件

实际的电阻器和电容器并非理想元件，但在一定的频率范围内，忽略某些次要因素，可以看做理想元件。

(1) 电阻器在低频下，可以忽略其电感和分布电容，视为一个纯电阻。在如图 6.11 所示的电压、电流关联参考方向下，电阻中的电流 i_R 与电压 U 同相位，其有效值 $i_R=U/R$。

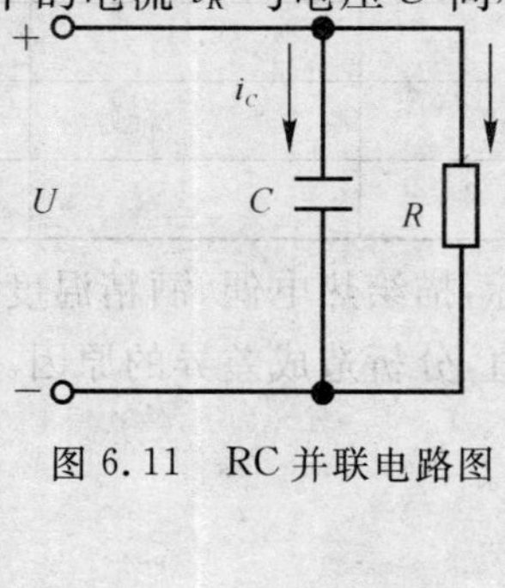

图 6.11　RC 并联电路图

(2) 通过测量 U 和 i_R，可以作出电阻元件在正弦交流激励下的伏安特性曲线。

(3) 电容器在低频下可以看做纯电容。在正弦交流电路中，在电压电流关联参考方向下，电容元件的电流 i_C 超前电压 U 为 $90°$，其有效值 $I_C=U/X_C$，容抗 $X_C=1/\omega_C=1/2\pi f_C$。通过测量 i_C 和 U，可以作出电容元件的伏安特性，并间接求取电容 C 的大小。

2. 交流电压表、电流表测量的是正弦交流电的有效值

使用时，电流表串联在电路中，电压表并联在被测电路两端，交流电压表、电流表没有极性之分，但应该注意量程的合理选择。

3. 电阻是一种耗能元件，在直流电路中和交流电路中它的伏安特性基本相同

电容是储能元件，它们在直流电路中的特性与在交流电路中的完全不同；电容元件在直流稳态下相当于开路，但是自接通的瞬间电阻极小，电流很大，容易烧毁相关元件，应当特别注意。这些都可以通过实验来比较和观察。

【实验内容及要求】

1. 测量电阻 R 的伏安特性

(1) 按图 6.12 所示接线，输入不同的电源电压，将电流表、电压表的读数分别记录在表 6.11 中，计算阻值。

(2) 取 R 的值为 200Ω，进行上述步骤的测量，记录相应读数于表 6.11 中。

(3) 用示波器观测 R 上的电流和两端电压之间的相位关系。

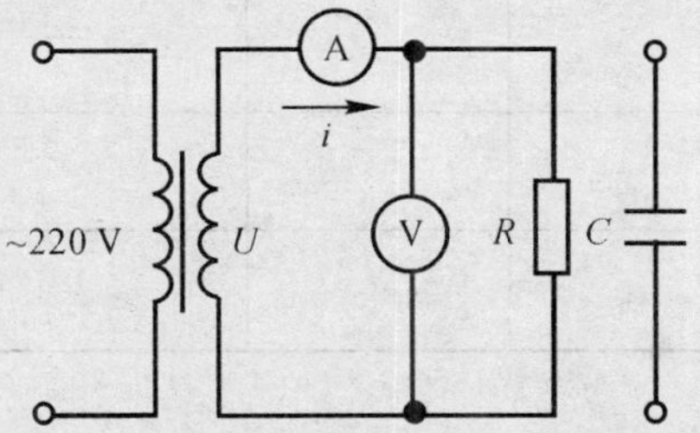

图 6.12　交流电路 RC 测量电路图

2. 测量电容 C 的伏安特性

用电容器代替图 6.12 所示电阻 R，输入不同的电源电压，重复步骤(1)的测量，将相应的读数记录在表 6.11 中，并用示波器观测和记录电阻、电容上的电流和两端电压之间的相位关系。

表 6.11　交流电路中的电阻和电容元件的特性

项目		电阻电路			电容电路		
待测量		U	i_R	R	U	i_C	X_C
单位							
测量值	1						
	2						
	3						

3. 直流电路中的 R,C 元件

按图 6.13 所示接线，加上直流电源，研究直流稳态电路中电阻和电容元件的特性。调节电源电压为 5 V，分别测量各元件上的电压、电流值，记录在表 6.12 中。

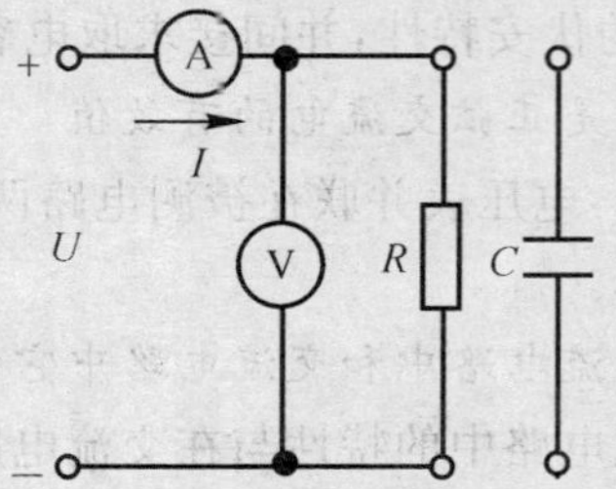

图 6.13　直流电路 RC 测量电路图

表 6.12　直流电路口的电阻和电容元件的特性

项目		电阻电路			电容电路		
待测量		U	I_R	R	U	I_C	结论
单位							
测量值	1						
	2						
	3						

4. 测量三极管的电流放大倍数

如图 6.14 所示，在试验板上连接电路，三极管选用大功率高压管，例如 13005，加装 5 W 散热片，选定 $R_b=200\ \Omega, R_e=10\ \Omega, R_c=20.0\ \Omega\backslash 0.5\ W, E_b=3\ V, E_c=9\ V$。调节 W_b, W_c，将电压表和电流表的数据记录在表 6.13 中。

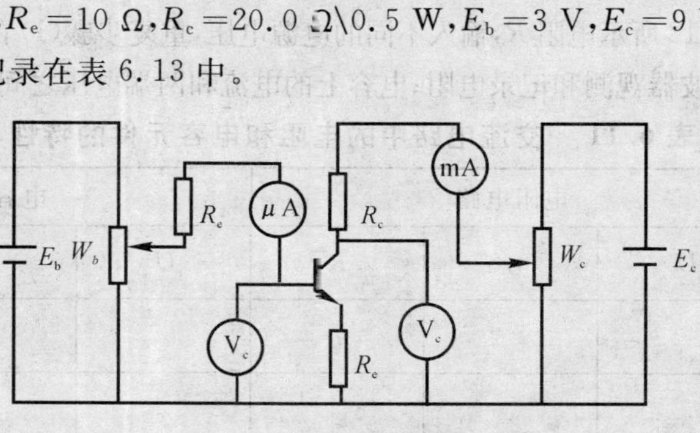

图 6.14　三极管电流放大倍数测量电路图

表 6.13　三极管电流放大倍数测量数据

集电极电流 I_c		集电极电压 U_c/V							
		0.2	0.5	0.8	1.0	2.0	3.0	4.0	5.0
基极电流 $I_b/\mu A$	10								
	20								
	30								
	40								
	50								
	60								
	70								
	80								
	90								
	100								

【分析与思考】

(1) 比较电阻和电容在不同电路中的伏安特性。
(2) 三极管处于放大状态的特征有什么?
(3) 用此方法分析电感元件的伏安特性。

实验 6　基本电路虚拟仿真实验

虚拟仿真软件是以物理规律为基础,对真实实验进行数据模拟,运用计算机强大的数据处理能力对电路进行设计、分析、显示的专业应用软件。常见仿真软件有机械、传热、材料领域的 Ansys,电路领域的 Multisim。虚拟仿真软件提供交互式操控界面、常见元件库、测试工具库、分析工具等软件模块。运用虚拟仿真软件突出的优点是提高设计开发效率,降低研制费用。

【实验目的】

(1) 了解电路虚拟仿真软件使用方法。
(2) 熟悉虚拟仿真软件的功能模块。
(3) 学习运用虚拟仿真软件测量电路中的电位和电压。

(4) 掌握虚拟仪器的使用方法。

【实验仪器及设备】

计算机、电路虚拟仿真软件。

【实验原理】

(1) 在实验界面下,选用电源、电阻的组成基本电路,选定电路中某个节点为参考点,令参考点的电位为零,某一点的电位就是该点相对参考点的电压。在参考点选定后,各点的电位具有唯一确定的值,这样就能比较电路中各点电位的高低,参考点不同,各点的电位也就不同。

电路中任意两点间的电压等于该两点间的电位差,电压与参考点的选择无关。

(2) 测量电路中的电压和电位。测量电路中任意两点间的电压时,先在电路中假定电压的参考方向(或参考极性),将虚拟电压表的正、负极分别与电路中假定的正、负极相连接。若电压表显示正值,则表示正表笔接触点的电位高于负表笔;若电压表显示负值,则表示正表笔接触点的电位低于负表笔。

当测量电路中的电位时,首先在电路中选定一参考点,参考点选定的一般原则是当单电源供电时,电源负极为参考点;当正负电源供电时,地线为参考点。

将虚拟电压表跨接在被测点与参考点之间,电压表的读数就是该点的电位值。若电压表的正极接被测点,负极接参考点,则电压表正向偏转,该点的电位为正值;若电压表反向偏转,立即交换电压表两表笔的接触位置,读取读数,该点的电位即为负值。

在电路中电位相等的点,叫等电位点。连接等电位点的导线中电流为零,连接后不会影响电路中各点的电位及各支路的电压和电流。

【实验内容及要求】

(1) 按图 6.15 所示创建元件并连接导线,D 与 F 点间暂不连接,设定两个虚拟电源电压 $U_{s_1}=3$ V,$U_{s_2}=8$ V,R_P 为可变电阻器,设定电阻 $R_1=51\ \Omega\pm5\%$,$R_2=200\ \Omega\pm5\%$。

(2) 测电流。闭合开关 K,从虚拟电流表读取回路电流 I 的值,记入表 6.14 中。

(3) 选择 D 点为参考点,即电位 $\varphi_D=0$,测量表 6.14 中所列各点电位和各段电压,并记入该表中(测量时注意电位和电压的正负)。

(4) 选择 E 点为参考点,即电位 $\varphi_E=0$,重复上述测量,将数据记入表 6.14 中。

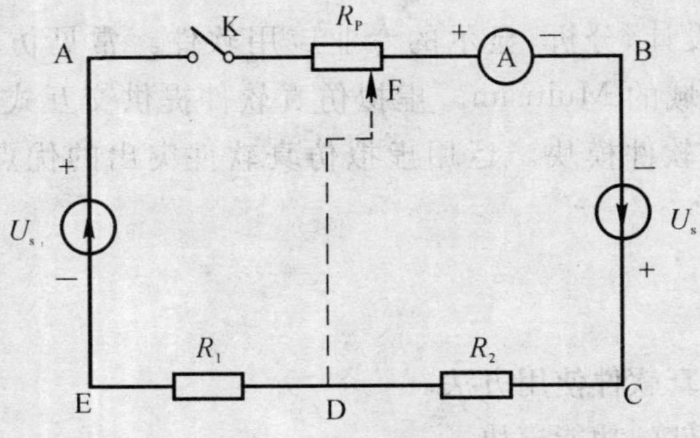

图 6.15　虚拟测试电路图

表 6.14　实验数据记录表

参考点	电流	电位					电压				
	I	φ_A	φ_B	φ_C	φ_D	φ_E	U_{AB}	U_{BC}	U_{CD}	U_{DE}	U_{EA}
D点为参考点											
E点为参考点											
E点为参考点，且 $\varphi_F=\varphi_D$，D与F相连											

(5) 测定等电位点。选择E点为参考点，把虚拟电压表至置于D与F之间，调节可变电阻器的滑动触点F，使虚拟电压表指示为零值(或D与F间接入电流表，使电流为零值)，D与F两点即为等电位点。再用导线连接D与F两点，分别测量表6.14中所列各点电位和各段电压值，并记入该表中。

(6) 如图6.16所示，在实验界面连接两个电阻串联，设定 $R_1=300\ \Omega\pm5\%$，$R_2=500\pm5\%\ \Omega$。虚拟信号源输出正弦波，幅度为1 V，频率为1 000 Hz。用虚拟示波器观察电阻 R_1，R_2 两端的电压波形。

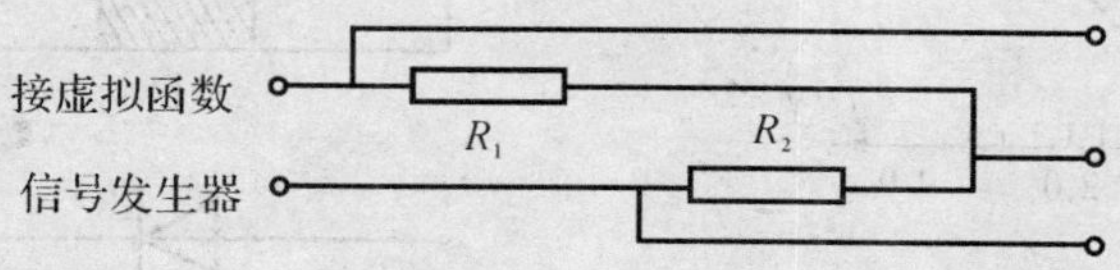

图6.16　交流信号的分压与测量

【注意事项】

当测量电压和电位时，要注意电压表的极性，并根据电压的参考极性与测定的实际极性是否一致，确定电压和电位的正负号。

【分析与思考】

(1) 复习电路中电位和电压的概念。

(2) 根据图6.15所给定的参数，计算出表6.14中各点的电位、各段电压的大小和极性，供实验中参考。

实验7　晶体二极管的伏安特性测量

一个元件的电流随外加电压变化的关系曲线称为伏安特性曲线。从伏安特性曲线所遵循的规律，可以得知该元件的导电特性，从而确定它在电路中的应用。

【实验目的】

(1) 测绘晶体二极管的伏安特性曲线，学习用图形表示实验结果。

(2) 了解晶体二极管的单向导电特性。

【实验仪器及设备】

直流稳压电源、滑线变阻器、电压表、电流表、晶体二极管、检流计。

【实验原理】

当一个元件两端加上电压,元件内有电流通过时,电压与电流之比称为该元件的电阻。若一个元件两端的电压与通过它的电流成比例,则伏安特性曲线为一条直线,该类元件称为线性元件。若元件两端的电压与通过它的电流不成比例,则伏安特性曲线不再是直线,而是一条曲线,这类元件称为非线性元件。

一般金属导体的电阻是线性电阻,它与外加电压的大小和方向无关,其伏安特性是一条直线(见图 6.17)。从图上可以看出,直线通过一、三象限。它表明,当调换电阻两端电压的极性时,电流也随之改变,而电阻始终为一定值,等于直线斜率的倒数,即 $R=\dfrac{U}{I}$。

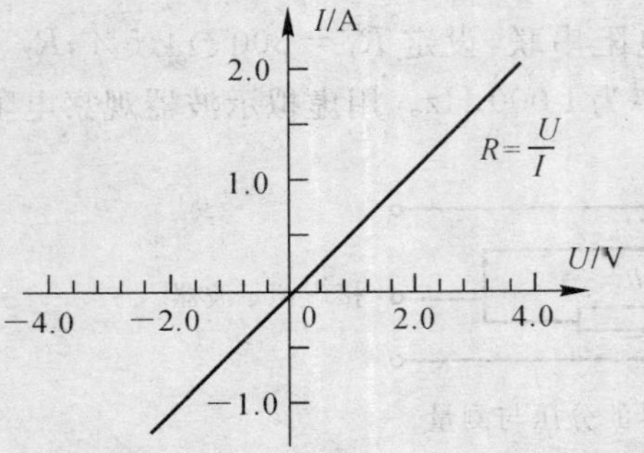

图 6.17　线性电阻的伏安特性

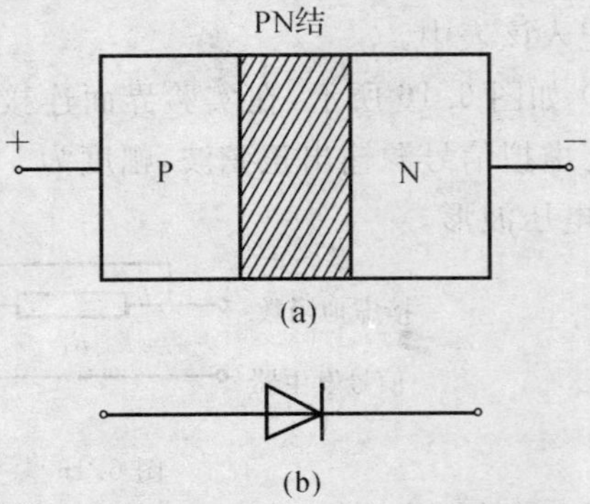

图 6.18　晶体二极管的 PN 结和表示符号

常用的晶体二极管是非线性电阻,其电阻值不仅与外加电压的大小有关,而且还与方向有关。为了了解晶体二极管的导电特性,下面对它的结构和电学性能做以简单介绍。

晶体二级管又叫半导体二极管。半导体的导电性能介于导体和绝缘体之间。如果在纯净的半导体中适当地掺入极微量的杂质,则半导体的导电能力就会有上百万倍的增加。加到半导体中的杂质可分成两种类型:一种杂质加到半导体中后,在半导体中会产生许多带负电的电子,这种半导体叫电子型半导体(也叫 N 型半导体);另一种杂质加到半导体中会产生许多缺少电子的空穴(空位),这种半导体叫空穴型半导体(也叫 P 型半导体)。

晶体二极管是由两种具有不同导电性能的 N 型半导体和 P 型半导体结合形成的 PN 结构成的。它有正、负两个电极,正极由 P 型半导体引出,负极由 N 型半导体引出,如图 6.18(a) 所示。PN 结具有单向导电的特性,常用如图 6.18(b) 所示的符号表示。

关于 PN 结的形成和导电性能可作如下解释。

如图 6.19(a) 所示,由于 P 区中空穴的浓度比 N 区的大,空穴便由 P 区向 N 区扩散;同样,由于 N 区的电子浓度比 P 区大,电子便向 P 区扩散。随着扩散的进行,P 区空穴减少,出现了一层带负电的粒子区(以 ⊖ 表示);N 区的电子减少,出现了一层带正电的粒子区(以⊕表示)。结果在 P 型与 N 型半导体交界面的两侧附近,形成了带正、负电的薄层,称为 PN 结。这个带电薄层内的正、负电荷产生了一个电场,其方向恰好与载流子(电子、空穴)扩散运动的方向相反,使载流子的扩散受到内电场的阻力作用,所以这个带电薄层又称为阻挡层。当扩散作用与内电场作用相等时，P 区的空穴和 N 区的电子不再减少，阻挡层也不再增加，达到动态平衡，这时二极管中没有电流。

如图 6.19(b) 所示，当 PN 结加上正向电压(P 区接正，N 区接负)时，外电场与内电场方向相反，因而削弱了内电场，使阻挡层变薄。这样，载流子就能顺利地通过 PN 结，形成比较大的电流。所以，PN 结在正向导电时电阻很小。

如图 6.19(c) 所示，当 PN 结加上反向电压(P 区接负，N 区接正)时，外加电场与内场方向相同，因而加强了内电场的作用，使阻挡层变厚。这样，只有极少数载流子能够通过 PN 结，形成很小的反向电流。所以 PN 结的反向电阻很大。

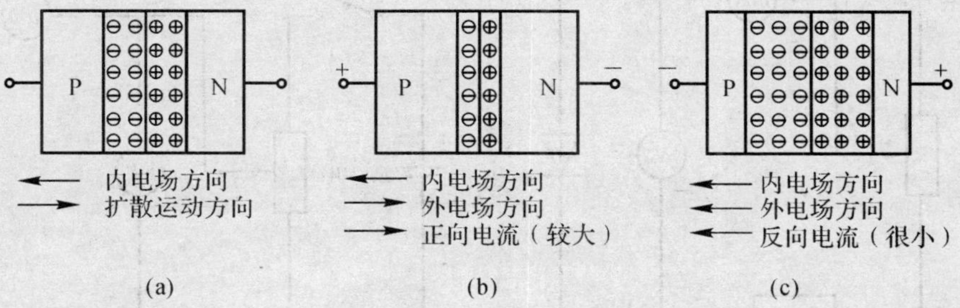

图 6.19　PN 结的形成和单向导电特性

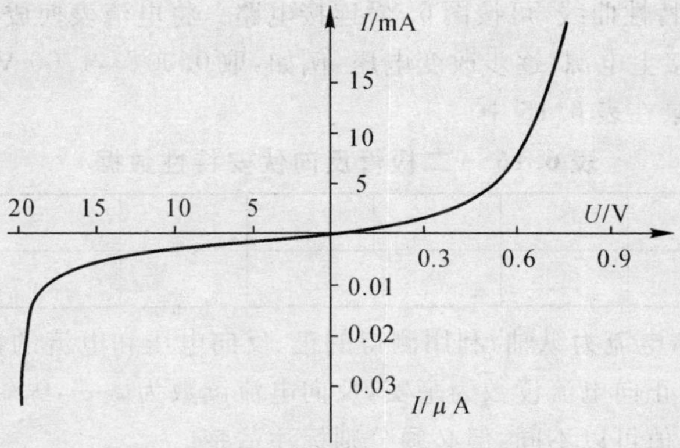

图 6.20　晶体二极管的伏安特性

晶体二极管的正、反向特性曲线如图 6.20 所示。从图上可以看出，电流和电压不是线性关系，各点的电阻都不相同。凡具有这种性质的电阻，就称为非线性电阻。

晶体二极管按照用途可以分为整流管、稳压管、检波管等。每种二极管又有很多种型号，例如，整流二极管按照正向最大导通电流和反向最大耐受电压区分型号系列。发光二极管按照发光颜色、功率和封装参数区分型号系列。

【实验内容及要求】

1. 测绘锗整流二极管的伏安特性曲线

测量之前，先记录所用晶体管的型号 LT6202(为测出反向电流的数值，采用大功率锗整流二极管) 和主要参数(即最大正向电流和最大反向电压)，再判别晶体管的正、负极。

(1) 为了测得晶体二极管的正向特性曲线，可按照图 6.21 所示的电路连线。图中 R 为保护晶体二极管的限流电阻，电压表的量限取 1 V 左右。经教师检查线路后，接通电源，缓慢地增加电压，例如，取 0.00 V，0.10 V，0.20 V，…（在电流变化大的地方，电压间隔应取小一些）读出相应的电流值，并将数据记录在表 6.15 中。

表 6.15　二极管正向伏安特性数据

电压 V								
电流 /mA								

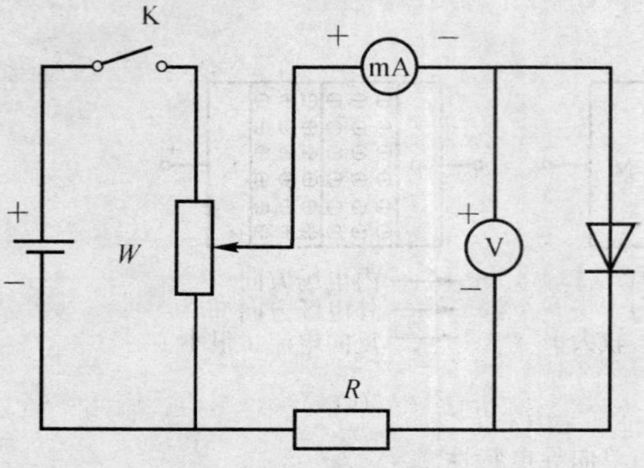

图 6.21　测晶体二极管正向伏安特性的电路

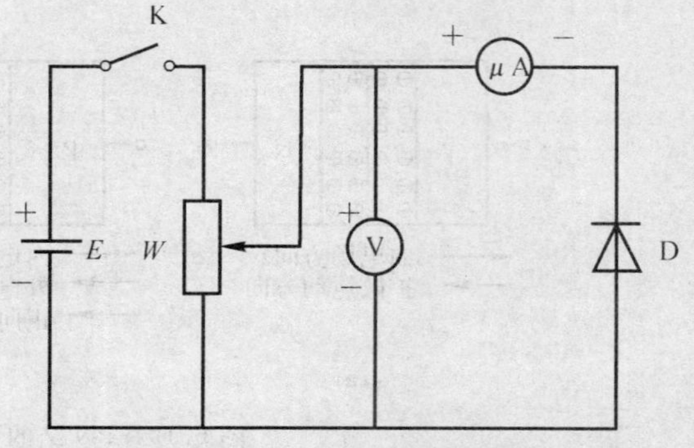

图 6.22　测晶体二极管反向伏安特性的电路

(2) 为了测得反向特性曲线，可按图 6.22 连接电路。将电流表换成微安级电流表，电压表换接比 1 V 大的量限，接上电源，逐步改变电压，例如，取 0.00 V，1.00 V，2.00 V，… 读出相应的电流值，并将数据记录在表 6.16 中。

表 6.16　二极管反向伏安特性数据

电压 /V								
电流 /μA								

(3) 以电压为横轴，电流为纵轴，利用测得的正、反向电压和电流的数据，绘出晶体二极管的伏安特性曲线。由于正向电流读数为毫安，反向电流读数为微安，纵轴上半段和下半段坐标纸上每小格代表的电流值可以不同，但必须分别标注清楚。

2. *测绘硅整流二极管伏安特性曲线*

更换二极管，型号为 IN4001，重复上面的步骤。由于 IN4001 是硅整流二极管，反向电流非常小（pA ～ nA；10^{-12} ～ 10^{-9} A），对图 6.22 电流做些调整，原来的微安级电流表更换为带仪表放大器的指针式检流计和 1 MΩ 电阻并联，可以测出 pA 量级的电流。

3. *测绘发光二极管伏安特性曲线*

更换二极管，用白色发光二极管重复上面的步骤。

【注意事项】

(1) 测晶体二极管正向伏安特性时，毫安级电流表读数不得超过二极管允许通过的最大正向电流值。

(2) 测晶体二极管反向伏安特性时，加在晶体管上的电压不得超过管子允许的最大反向电压。

实验时，如果违反上述任一条规定，都将会损坏晶体管。

【分析与思考】

(1) 在图 6.21 和图 6.22 中,电表的接法有何不同？为什么要采用这样的接法？

(2) 如何作出伏安特性曲线(U-R 曲线)？金属膜电阻和晶体二极管的伏安特性曲线各具有什么特性？

(3) 有一个 12 V,15 W 的钨丝灯泡,已知加在灯泡上的电压与通过热灯丝的电流之间的关系为 $I=KU^n$,其中 K,n 是与该灯泡有关的常数,今欲用实验方法确定 K,n。

1) 请设计实验电路图;

2) 请简述如何用作图法求出 K 和 n 值,最后得到 I 随 U 变化的经验公式。

实验 8　电桥法测定电阻

【实验目的】

(1) 理解并掌握用电桥法测定电阻的原理和方法。

(2) 掌握集成电桥测定电阻的原理和方法。

【实验仪器】

检流计、电桥、电阻箱、滑线变阻器、金属膜电阻、电源和连接导线。

【实验原理】

单臂电桥(又称惠斯通电桥)的基本电路如图 6.23 所示。

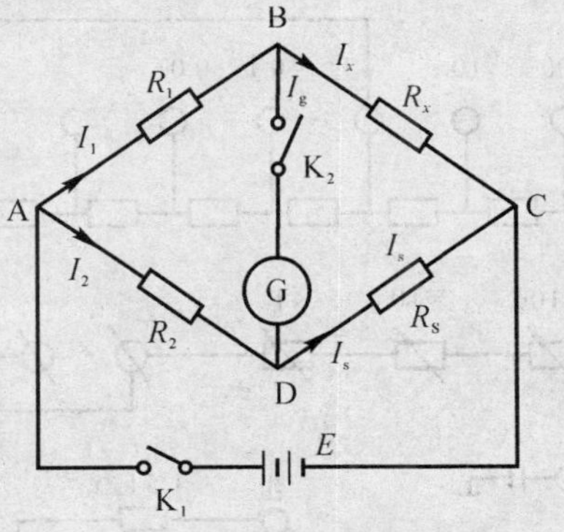

图 6.23　电桥内部电路结构示意图

它由 4 个桥臂和“桥”—— 平衡指示器(一般为检流计)—— 以及工作电源 E 和开关等组成。适当选择 R_1,R_2 的值,调节标准电阻 R_S,使 B,D 两点的电位相等,使检流计指零,此时称电桥达到平衡。电桥平衡时有

$$I_1R_1=I_2R_2,\quad I_xR_x=I_SR_S,\quad I_1=I_x,\quad I_2=I_S$$

从而可得

$$\frac{R_1}{R_2}=\frac{R_x}{Rs}$$

即 $$R_x=\frac{R_1}{R_2}R_s=CR_s(C=R_1/R_2)$$

上式称电桥平衡条件。因此，用直流电桥测量电阻 R_x，其实质就是在电桥平衡条件下，把待测电阻 R_x 按已知比率关系 R_1/R_2 直接与标准电阻进行比较，故电桥法可称“平衡比较法”。

为了使用方便，工作稳定可靠，电桥被集成在一个实验箱里，面板结构如图 6.24 所示，内部电路结构如图 6.25 所示。面板右上部 4 个旋钮为电阻箱调节旋钮，改变 R_s 的电阻值；X 两侧的接线端子用以连接待测电阻；B_0 为电桥的电源开关，按下旋转 90 °可以锁定在导通状态；左上侧的大旋钮用以选择倍率，通过这个旋钮扩大了电阻的测量范围；左下侧的方形透明盒为内置检流计，旋转 W 可以实现调零。

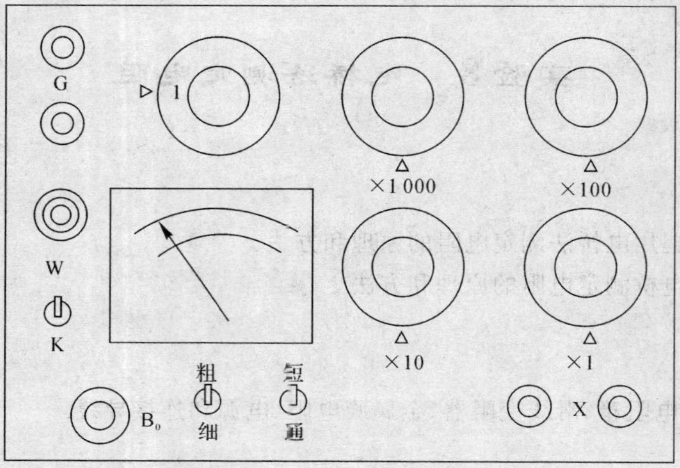

图 6.24　QJ24 型电桥面板示意图

面板示意图与内部电路结构图符号之间有对应关系。

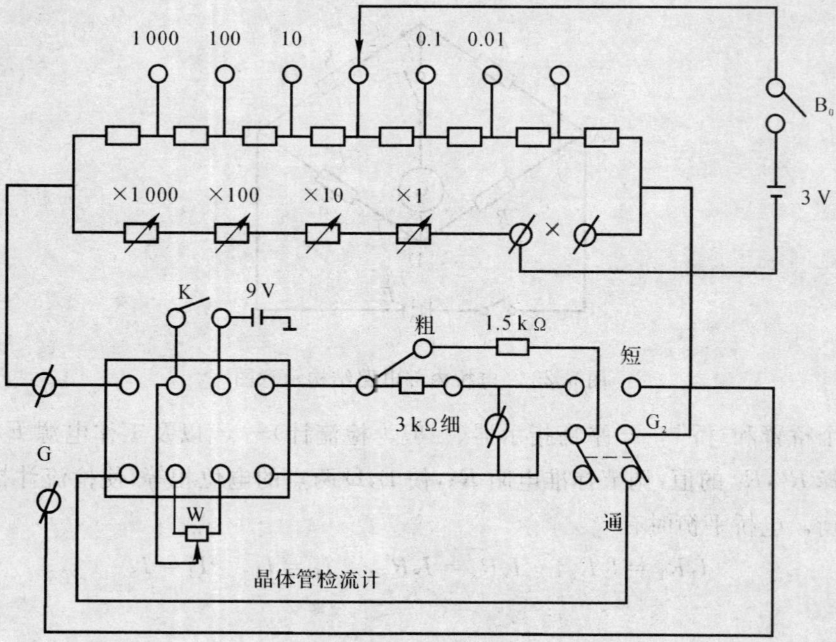

图 6.25　QJ24 型电桥内部电路图

【实验内容及要求】

(1) 参照附录 5.1，读出色环表示的电阻的阻值。

(2) 用万用电表测量待测电阻并记录在表 6.17 中。

(3) 用电桥测电阻 R_x。

表 6.17　测量数据记录

测量方法＼电阻		R_1	R_2	R_3
色环示值				
万用表测量				
电桥测量	1			
	2			
	3			
	4			
	5			
	6			

【注意事项】

(1) 电桥的使用一定要“先粗，后细”。

(2) 检流计先用大量程，后用小量程。

(3) 光敏、热敏电阻的测量电流不可过大(小于 0.1 mA)，否则会引入较大误差。

【分析与思考】

(1) 试证明当自搭电桥用交换法测量 R_x 时，$R_x=\sqrt{R_S \cdot R'_S}$。其中 R_S 为电桥第一次平衡时比较臂的值；R'_S 为 R_x 与 R_S 交换位置后，电桥第二次平衡时比较臂的值。

(2) 如果没有检流计，如何用自搭电桥来测量表头内阻？

实验 9　电表改装

电流计(表头) 为了具有较高灵敏度，一般只能测量较小的电流和电压，如果要用它来测量较大的电流或电压，就必须进行改装，以扩大其量程。指针式万用表就是对微安表头进行多量程改装而成的，在电路的测量和故障检测中得到了广泛的应用。

【实验目的】

(1) 测量表头内阻及满度电流。

(2) 掌握将 1 mA 表头改成较大量程的电流表和电压表的方法。

(3) 设计一个 $R_{中}=1\ 500\ \Omega$ 的电阻表,要求 E 在 1.3～1.6 V 范围内使用,能调零。

(4) 用电阻箱校准电阻表,画校准曲线,并根据校准曲线用组装好的电阻表测未知电阻。

(5) 学会校准电流表和电压表的方法。

【实验仪器及设备】

电源、滑线变阻器、微安级电流表、毫安级电流表、电压表、电阻箱。

【实验原理】

常见的磁电式电流计主要由放在永久磁场中的由细漆包线绕制的可以转动的线圈、用来产生机械反力矩的游丝、指示用的指针和永久磁铁所组成。当电流通过线圈时,载流线圈在磁场中就产生磁力矩 $M_{磁}$,使线圈转动,从而带动指针偏转。线圈偏转角度的大小与通过的电流大小成正比,因此可由指针的偏转直接指示出电流值。

1. 测量表头内阻

电流计允许通过的最大电流称为电流计的量程,用 I_g 表示。电流计的线圈有一定内阻,用 R_g 表示。I_g 与 R_g 是两个由电流计结构决定的参数。

测量内阻 R_g 的常用方法有以下两种。

(1) 半电流法,也称中值法。测量原理图如图 6.26 所示。当被测电流计接在电路中时,使电流计满偏,再用十进位电阻箱与电流计并联作为分流电阻,改变电阻值即改变分流程度,当电流计指针指示到中间值,且标准表读数(总电流强度)仍保持不变时,可通过调电源电压和 R_W 来实现,这时分流电阻值就等于电流计的内阻。

(2) 替代法。测量原理图如图 6.27 所示。当开关 K_2 置于位置 1 时,被则电流表与具有较大量程的标准电流表串联,调节电源电压和电位器 R_W 使被测电流计满偏,记录下此时的标准电流表的读数 A_0,当 K_2 切换至位置 2 时,使标准表与电阻箱串联,调节电阻箱使标准表读数与 A_0 相同,根据串并联电路欧姆定律可知,此时电阻箱阻值与被测电流表内阻相等。

替代法是一种运用很广的测量方法,具有较高的测量准确度。

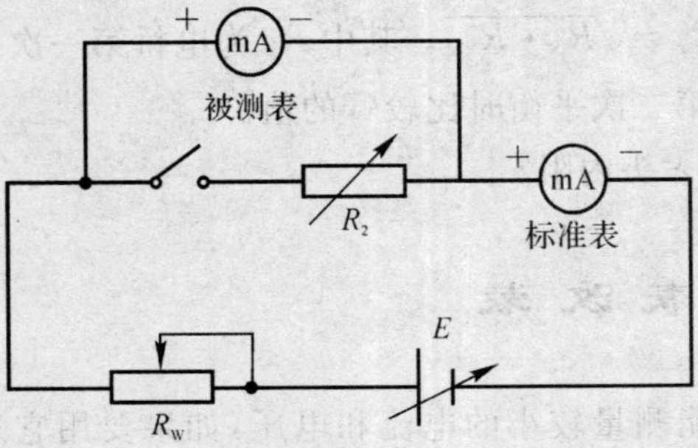

图 6.26　中值法测量原理图

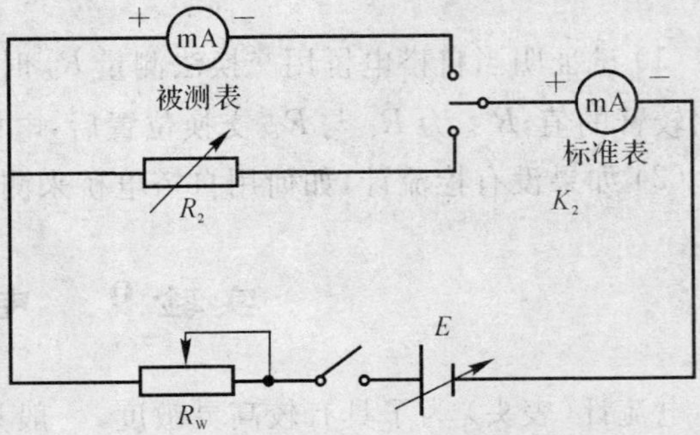

图 6.27　替代法测量原理图

2. 改装为大量程电流表

根据电阻并联规律可知,如果在表头两端并联上一个阻值适当的电阻 R_2,如图 6.28 所示,可使表头不能承受的那部分电流从 R_2 上分流通过。这种由表头和并联电阻 R_2 组成的整体(图中虚线框部分)就是改装后的电流表。如需将量程扩大 n 倍,则不难得出

$$R_2=R_g/(n-1) \tag{6.12}$$

如图 6.28 所示为扩大量程后的电流表原理图。当用电流表测量电流时，电流表应串在被测电路中，这就要求电流表应有较小的内阻。另外，在表头上并联阻值不同的分流电阻，便可制成多量程的电流表。

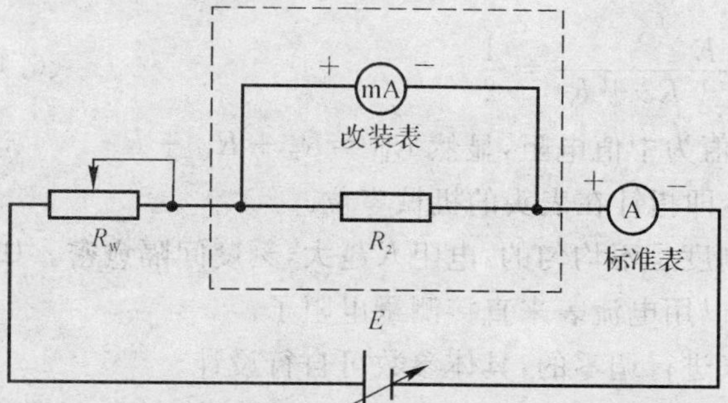

图 6.28 电流表改装原理图

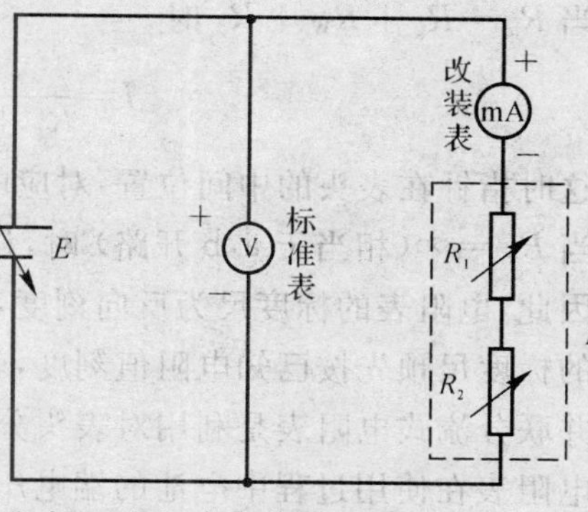

图 6.29 电压表改装原理图

3. 改装为电压表

一般表头能承受的电压很小，不能用来测量较大的电压。为了测量较大的电压，可以给表头串联一个阻值适当的电阻 R_M，如图 6.29 所示，使表头上不能承受的那部分电压降落在电阻 R_M 上。这种由表头和串联电阻 R_M 组成的整体就是电压表，串联的电阻 R_M 叫做扩程电阻。选取不同大小的 R_M，就可以得到不同量程的电压表。可求得扩程电阻值为

$$R_M = \frac{U}{I_g} - R_g \tag{6.13}$$

其中 R_g—— 表头内阻；

I_g—— 表头满偏时通过表头的电流。

实际扩展量程后的电压表原理如图 6.29 所示。

用电压表测电压时，电压表总是并联在被测电路上，为了不因并联电压表而改变电路中的工作状态，要求电压表应有较高的内阻。

4. 改装毫安级电流表为电阻表

用来测量电阻大小的电表称为电阻表。根据调零方式的不同，电阻表可分为串联分压式和并联分流式两种。其原理电路如图 6.30 所示。图中 E 为电源，R_3 为限流电阻，R_W 为调零电位器，R_x 为被测电阻，R_g 为等效表头内阻。图 6.30(b) 中，R_G 与 R_W 一起组成分流电阻。

电阻表使用前先要调"零"点，即 a，b 两点短路(相当于 $R_x=0$)，调节 R_W 的阻值，

使表头指针正好偏转到满度。可见，电阻表的零点是就在表头标度尺的满刻度(即量限)处，与电流表和电压表的零点正好相反。

如图 6.30(a) 所示，当 a，b 端接入被测电阻 R_x 后，电路中的电流为

$$I = \frac{E}{R_g + R_W + R3 + R_x} \tag{6.16}$$

对于给定的表头和线路来说，R_g，R_W，R_3 都是常量。由此可见，当电源端电压 E 保持不变时，被测电阻和电流值有一一对应的关系。即接入不同的电阻，表头就会有不同的偏转读数，R_x 越大，电流 I 越小。短路 a，b 两端，即 $R_x=0$ 时

$$I=\frac{E}{R_g+R_W+R3}=I_g \tag{6.17}$$

这时指针满偏。

当 $R_x=R_g+R_W+R_3$ 时

$$I=\frac{E}{R_g+R_W+R3+R_x}=\frac{1}{2}I_g \tag{6.18}$$

这时指针在表头的中间位置,对应的阻值为中值电阻,显然 $R_{中}=R_g+R_W+R_3$。

当 $R_x=\infty$(相当于 a,b 开路)时,$I=0$,即指针在表头的机械零位。

因此,电阻表的标度尺为反向刻度,且刻度是不均匀的,电阻 R 越大,刻度间隔愈密。如果表头的标度尺预先按已知电阻值刻度,就可以用电流表来直接测量电阻了。

并联分流式电阻表是利用对表头分流来进行调零的,具体参数可自行设计

电阻表在使用过程中电池的端电压会有所改变,而表头的内阻 R_g 及限流电阻 R_3 为常量,故要求 R_W 要跟着 E 的变化而改变,以满足调"零"的要求,设计时用可调电源模拟电池电压的变化,范围取 1.3 ~ 1.5 V 即可。

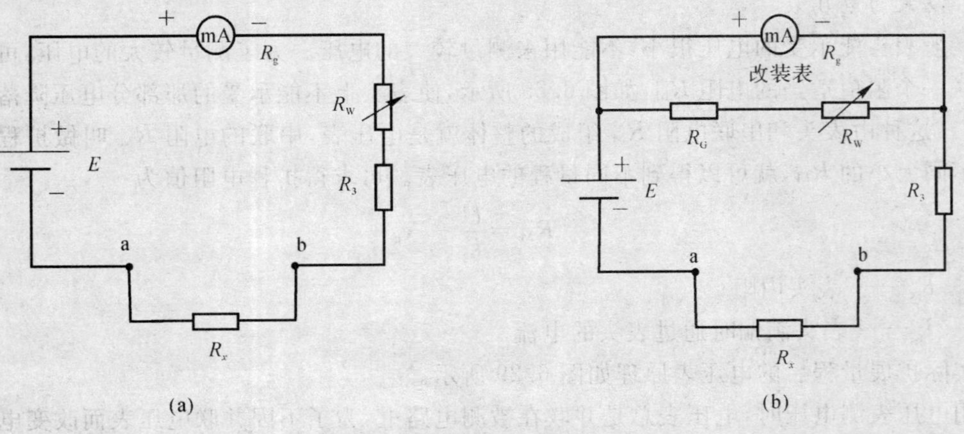

图 6.30　电阻表原理图

(a) 串联分压式;(b) 并联分流式

【实验内容及要求】

仪器在进行实验前应对毫安级电流表进行机械调零。

1. 测量表头内阻

用中值法或替代法测出表头的内阻,按图 6.26 或图 6.27 接线。$R_g=$ ____ Ω。

2. 将一个量程为 1 mA 的表头改装成 5 mA 量程的电流表

(1) 根据式(6.12) 计算出分流电阻值,先将电源调到最小,R_W 调到中间位置,再接线。

(2) 慢慢调节电源,升高电压,使改装表指到满量程(可配合调节 R_W 变阻器),这时记录标准表读数。注意:R_W 作为限流电阻,阻值不要调至最小值。然后调小电源电压,使改装表每隔 1 mA(满量程的 1/5) 逐步减小读数直至零点;(将标准电流表选择开关打在 20 mA 挡量程) 再调节电源电压按原间隔逐步增大改装表读数到满量程,每次记下标准表相应的读数于表 6.18 中。

(3) 以改装表读数为横坐标，标准表由大到小及由小到大调节时两次读数的平均值为纵坐标，在坐标纸上作出电流表的校正曲线，并根据两表最大误差的数值定出改装表的准确度级别。

(4) 重复以上步骤，将 1 mA 表头改装成 10 mA 表头，可按每隔 2 mA 测量一次(可选做)。

(5) 将面板上的 R_G 和表头串联，作为一个新的表头，重新测量一组数据，并比较扩流电阻有何异同(可选做)。

表 6.18　电流数据记录表

改装表读数 /mA	标准表读数 /mA			示值误差 ΔI/mA
	减小时	增大时	平均值	
1				
2				
3				
4				
5				

3. 将一个量程为 1 mA 的表头改装成 1.5 V 量程的电压表

(1) 根据式(6.13)计算扩程电阻 R_M 的阻值，可用 R_1，R_2 进行实验。

(2) 连接校准电路。用量程为 2 V 的数显电压表作为标准表来校准改装的电压表。

(3) 调节电源电压，使改装表指针指到满量程(1.5 V)，记下标准表读数。然后每隔 0.3 V 逐步减小改装读数直至零点，再按原间隔逐步增大到满量程，每次记下标准表相应的读数于表 6.19 中。

表 6.19　电压数据记录表

改装表读数 /V	标准表读数 /V			示值误差 ΔU/V
	减小时	增大时	平均值	
0.3				
0.6				
0.9				
1.2				
1.5				

(4) 以改装表读数为横坐标，标准表由大到小及由小到大调节时两次读数的平均值为纵坐标，在坐标纸上作出电压表的校正曲线，并根据两表最大误差的数值定出改装表的准确度级别。

(5) 重复以上步骤，将 1 mA 表头改成 5 V 表头，可按每隔 1 V 测量一次(可选做)。

4. 改装电阻表及标定表面刻度

(1) 根据表头参数 I_g 和 R_g 以及电源电压 E，选择 R_W 为 470 Ω，R_3 为 1 kΩ，也可自行设计确定。

(2) 按图 6.30(a) 进行连线。将 R_1，R_2 电阻箱(这时作为被测电阻 R_x) 接于电阻表的 a，b 端，调节 R_1，R_2，使 $R_{中} = R_1 + R_2 = 1\ 500\ \Omega$。

(3) 调节电源 $E = 1.5$ V，调 R_W 使改装表头指示为零。

(4) 取电阻箱的电阻为一组特定的数值 R_{x_i}，读出相应的偏转格数 d_i。利用所得读数 R_{x_i}，d_i 绘制出改装电阻表的标度盘，如表 6.20 所示。

表 6.20　数据记录表　　$E =$ V，$R_{中} =$ Ω

R_{x_i}/Ω	$\frac{1}{5}R_{中}$	$\frac{1}{4}R_{中}$	$\frac{1}{3}R_{中}$	$\frac{1}{2}R_{中}$	$R_{中}$	$2R_{中}$	$3R_{中}$	$4R_{中}$	$5R_{中}$
偏转格数 d_i									

(5) 按图 6.30(b) 所示进行连线，设计一个并联分流式电阻表。试与串联分压式电阻表比较，有何异同(可选做)。

【分析与思考】

(1) 是否还有别的办法来测定电流计内阻？能否用欧姆定律来进行测定？能否用电桥来进行测定而又保证通过电流计的电流不超过 I_g？

(2) 设计 $R_{中} = 1\ 500\ \Omega$ 的电阻表，现有两块量程 1 mA 的电流表，其内阻分别为 250 Ω 和 100 Ω，你认为选哪块较好？

实验 10　整流滤波

【实验目的】

(1) 了解半波、全波整流电路的连接与测试。

(2) 熟悉桥式整流、滤波电路的连接与测试。

(3) 加深理解整流、滤波电路所用元件的作用和特性。

【实验仪器】

AC 电源、示波器、万用表、整流二极管、电阻、电位器、电容、短接桥和连接导线。

【实验原理】

1. 整流电路

整流电路利用二极管的单向导电性，将交流电转变为直流电，以适应用电器的需要。整流电路有半波、全波和桥式整流三种电路，分别如图 6.31(a)(b) 和图 6.31(c) 所示。

半波整流的输出电压：

$$U_0 = 0.45U_2$$

全波整流的输出电压：

$$U_0 = 0.9U_2$$

桥式整流的输出电压：

$$U_0 = 0.9U_2$$

其中，U_0 为平均值，U_2 为有效值。

2. 滤波电路

在小功率的电子设备中，常用的是整流滤波电路，如图 6.32 所示。

当 $C \geqslant (3 \sim 5)T/(2R_L)$ 时，其中，T 为电源周期，$R_L = R + R_W$，输出电压为 $U_0 = (1.1 \sim 1.2)U_2$。

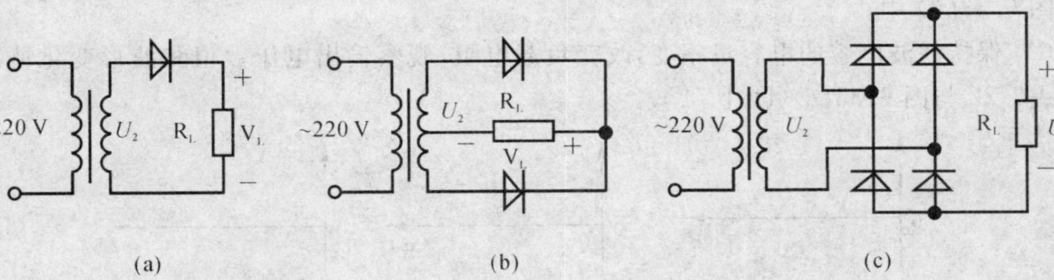

图 6.31 整流电路

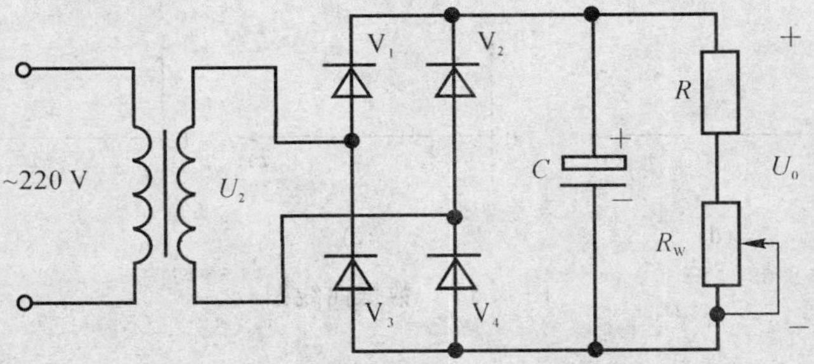

图 6.32 整流滤波电路

【实验内容与要求】

1. 桥式整流电路

按图 6.31(c) 所示接线，检查无误后进行通电测试。将万用表测出的电压值记录于表 6.21 中，示波器观察到的变压器副边电压波形绘于图 6.32(a) 中，将整流级电压绘于图 6.32(b) 中。

表 6.21 数据记录表

变压器输出电压 U_2/V	整流级输出电压 /V	
	估算值	测量值

2. 整流滤波电路

按图 6.32 所示，连接整流、滤波电路，检查无误后进行通电测试，测滤波级输出电压，记录于表 6.22，观察到的波形绘于图 6.33(c) 中。

表 6.22　数据记录表

变压器次级电压 U_2/V	输出电压 U_0/V				估算值 $U_0 = 1.2U_2$/V
	负载不变($R_L = 1\ k\Omega$)		滤波电容不变($C = 470\ \mu F$)		
	$C = 10\ \mu F$	$C = 470\ \mu F$	$R_L = (1+10) k\Omega$	$R_L = \infty$	

3. 观察电容滤波特性

(1) 保持负载不变，增大滤波电容，观察输出电压数值与波形变化情况，记录于表 6.22 中，绘于图 6.33(d) 中。

(2) 保持滤波电容的电容量不变，改变负载电阻，观察输出电压数值和波形变化情况，记录于表6.22 与图 6.33(e)(f) 中。

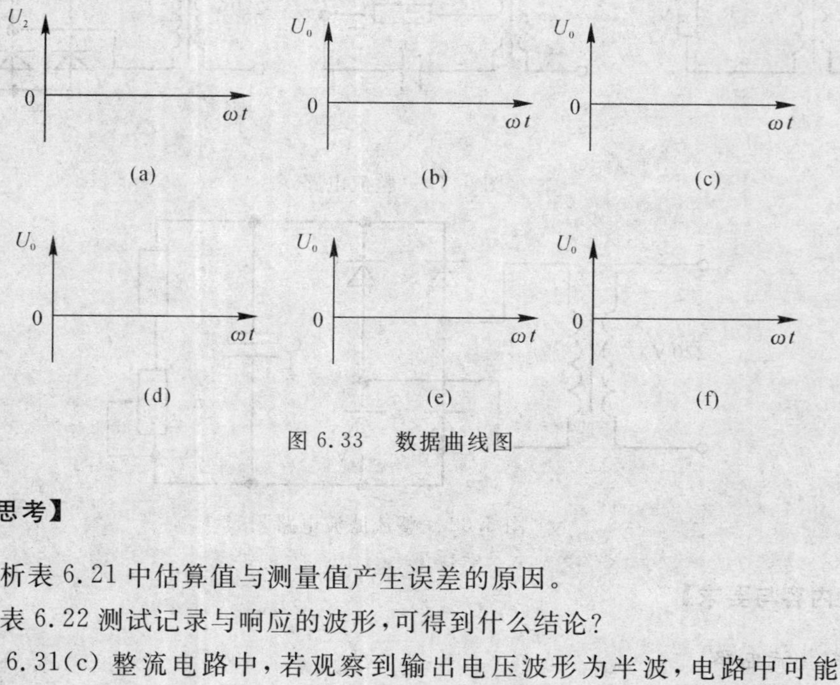

图 6.33　数据曲线图

【分析与思考】

(1) 试分析表 6.21 中估算值与测量值产生误差的原因。

(2) 分析表 6.22 测试记录与响应的波形，可得到什么结论？

(3) 在图 6.31(c) 整流电路中，若观察到输出电压波形为半波，电路中可能存在什么故障？

(4) 在图 6.32 所示整流滤波电路中，若观察到输出电压波形为全波，电路中可能存在什么故障？

实验 11　光照度的测量

光照度是照射到物体表面某一点处的面元上的光通量除以该面元的面积。光照度表示被摄主体表面单位面积上接收到的光通量。光照度受到光源功率、光辐射方向性、光谱分布等因素的影响，光照度测量是利用光敏器件的感光特性进行测量的。不同光敏器件的感光特性各不相同，光谱响应也存在差异，专业生产厂家仍需要在出厂前对产品进行定标。本实验利用定标好的光照度计对多晶硅光电池和光敏电阻进行定标。

【实验目的】

(1) 了解光照度测量的基本原理。
(2) 熟悉光照度测量的常用方法。
(3) 掌握不同光照度测量方法的特点。

【实验仪器及设备】

多晶硅光电池、数字毫伏电压表、光敏电阻、万用表、光照度计。

【实验原理】

光照度测量的基本方法是比较法，如路末-布洛洪光度计，应用棱镜的全反射特性将待测光和参考光进行对比来测量光照度。参考光的照度通过控制光源参量进行调节。

光照度不同的两光束照射到同一平面的相邻部分，用眼睛容易判断出哪一部分照度较大，哪一部分照度较小。用眼睛判断照度是否相等较容易，而判断某处的照度是另一处照度的多少倍却很困难，所以，所有的目视光度计都采用照度比较法。设 I_1 和 I_2 分别代表两点光源的发光强度，并以相同的入射角照射到接收平面上，r_1，r_2 代表两点光源到接收平面的距离。E_1，E_2 代表两光源在平面上的照度，因为

$$E_1 = \frac{I_1}{r_1},\quad E_2 = \frac{I_2}{r_2}$$

调整两光源到平面的距离，使 $E_1 = E_2$，这时有

$$I_2 = I_1 \frac{r_2}{r_1}$$

只要已知 I_1，测出 r_1 和 r_2，未知光源的发光强度 I 即可求出。

测量设备如图 6.34 所示，为了避免环境光的干扰，光源和感光部件都在金属遮光罩内，遮光罩内表面是纯白氧化镁漫反射涂层，双层毛玻璃使光照均匀，发光二极管组件由多个发光二极管组成，每个发光二极管的驱动电流可以独立控制。白色由红、绿、蓝三色光强按 3∶5∶1 混合而成。

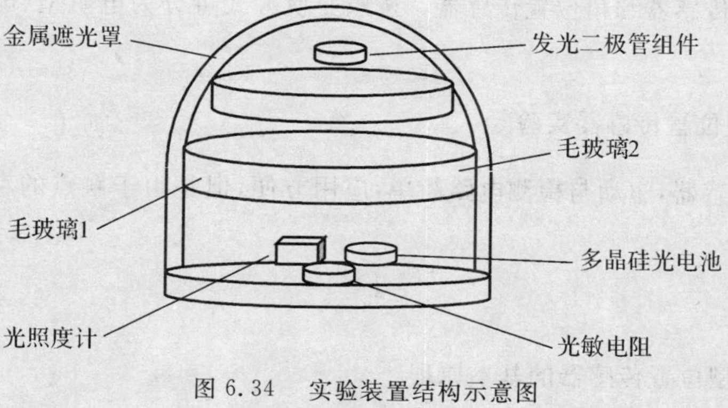

图 6.34　实验装置结构示意图

【实验内容及要求】

(1) 用光照度计为多晶硅光电池和光敏电阻定标，数据记录在表 6.23 中。

表 6.23 光照度计定标数据记录表

照明电流强度	光伏电压	光电流	光敏电阻值	照度计读数	
1					
2					
…					
20					

(2) 分别用红、绿、蓝三色光做上述内容，对比分析不同探测器件的光谱特性。

(3) 以光照度计读数作为横坐标，描绘光伏电压曲线。

【注意事项】

(1) 多晶硅光电池尽量使用其线性范围。

(2) 发光二极管的输入电流不可过大，否则会明显缩短其寿命，甚至瞬间烧毁。

(3) 光敏电阻的测量电流不可过大(小于 0.1 mA)，否则会引入较大误差。

【分析与思考】

(1) 误差的主要来源是什么？

(2) 修正系数如何计算？

实验 12 位置的传感与测量

传感器在现代工业、科研、医疗等众多领域应用广泛，位置传感器广泛应用于运动控制领域。以不同的变换方式可以设计出不同类型的位置传感器。按照运动自由度可分为一维、二维(平面)、三维(空间) 传感器，多维传感器一般可以看做是一维传感器的组合。按照位置类型可分为直线位置传感器和角位置传感器。按照变换方式可分为电阻型、电容型、电感型、光电型等。

12.1 电阻型位置传感器实验

电阻型位置传感器，驱动与检测电路简单，应用方便，但是由于触点的存在使得其可靠性和寿命有限。

【实验目的】

(1) 了解电阻型位置传感器的基本原理。

(2) 熟悉电阻型位置传感器的常用方法。

【实验仪器及设备】

电阻型位置传感器、电压表、稳压电源。

【实验原理】

1. 电阻型位置传感器基本结构与应用电路

典型的电阻型位置传感器结构像一个细长的滑线变阻器，如图 6.35 所示。

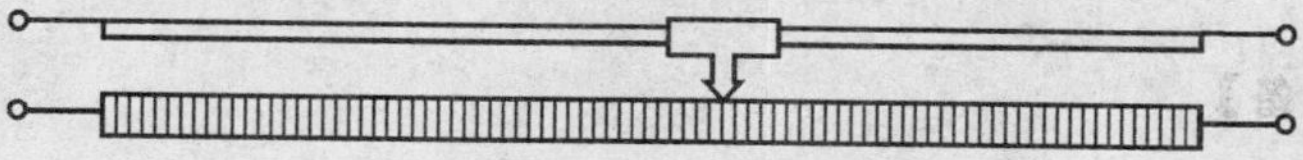

图 6.35　直线型位置传感器结构示意图

其应用电路如图 6.36 所示，设总长度为 L，总电阻为 R，总电压为 U，触点到左侧端点的距离为 L_x，触点到左侧端点的电阻为 R_x，触点到左侧端点的分配电压为 U_x。则有 $\frac{L_x}{L}=\frac{R_x}{R}=\frac{U_x}{U}$ 可见位置、电阻、电压之间存在线性比例关系。

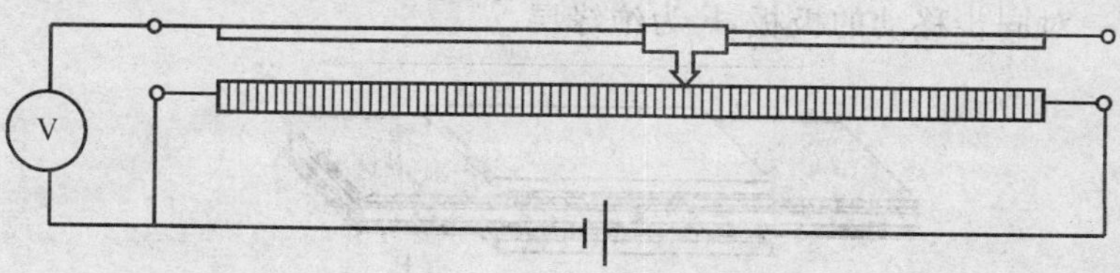

图 6.36　直线型位置传感器应用示意图

2. 注意事项

电源电压不能太高，否则会烧坏滑线变阻器。电压表的线性要好。

【实验内容及要求】

(1) 将直流电压表读数与位置读数记录在表 6.24 中。

表 6.24　电压测量数据记录表

位置 /mm								
电压 /mV								
位置 /mm								
电压 /mV								

(2) 以位置读数为横坐标，电压表读数为纵坐标，绘制传感器特性曲线。

【分析与思考】

(1) 误差的主要来源是什么？

(2) 可以使用交流电源吗？应注意些什么问题？

12.2　电容型位置传感器实验

电容型位置传感器和电阻型位置传感器，其驱动与检测电路相对复杂。但是由于没有滑动触点，使得其可靠性高和寿命较长。

【实验目的】

(1) 了解电容型位置传感器的基本原理。
(2) 熟悉电容型位置传感器的常用方法。

【实验仪器及设备】

电容型位置传感器、交流电压表、正弦波信号发生器。

【实验原理】

1. 电容型位置传感器基本结构

典型的电阻型位置传感器结构像一个细长的可变电容器，如图 6.37 所示，A，B 为两块固定极板，C，D 为一对同步移动的极板，F 为绝缘层。

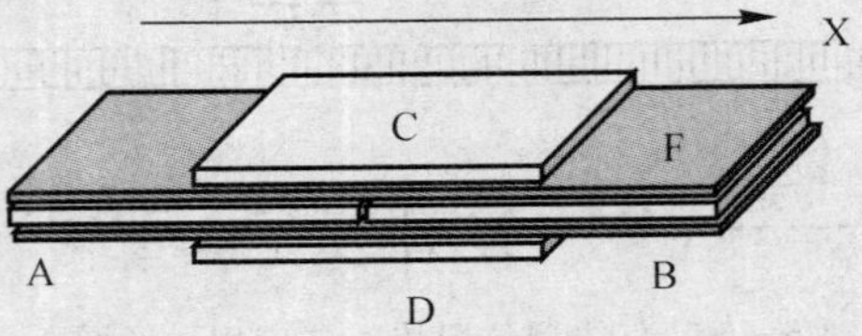

图 6.37　电容型位置传感器结构示意图

电容极板的重叠面积越大，电容也越大。电容型位置传感器运用这个属性实现对位置的感受，其增量对应位移。

由图 6.38 所示的电路可以看出两个交流电压表读数之差和运动极板的位置存在对应关系。

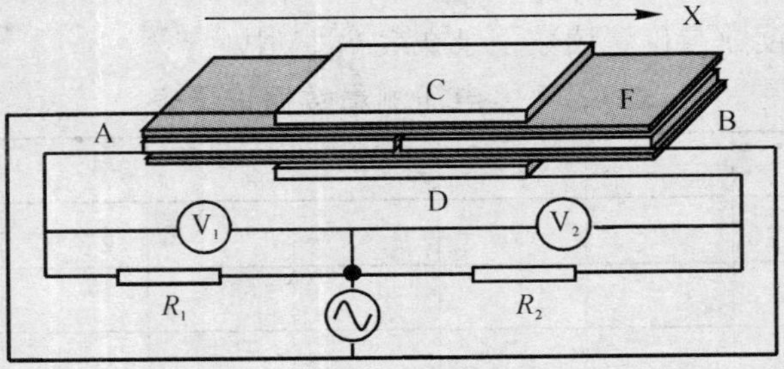

图 6.38　电容型位置传感器使用电路示意图

2. 注意事项

四块独立极板之间不可短路，交流信号源的频率要合适。

【实验内容及要求】

(1) 测量结果记录在表 6.25 中。

表 6.25　交流电压测量数据记录表

位置 /mm								
电压 1/mV								
电压 2/mV								

(2) 以位置读数为横坐标,交流电压表读数为纵坐标,绘制传感器特性曲线。

【分析与思考】

(1) 误差的主要来源是什么?
(2) 如何改进?

12.3　电感型位置传感器实验

电感型位置传感器需要交流驱动电路,其检测电路相对复杂,但是具有无滑动触点、工作可靠的优点。

【实验目的】

(1) 了解电感型位置传感器的基本原理。
(2) 熟悉电感型位置传感器的常用方法。

【实验仪器及设备】

电感型位置传感器、交流电压表、正弦波信号发生器。

【实验原理】

1. 电感型位置传感器基本结构

典型的电感型位置传感器结构分自感型和互感型,互感型的传感器有两个同轴互补的次级绕组,称为差动变压器。下面以它为例,介绍其使用方法。如图 6.39 所示,两个半径相同的次级螺线管同轴放置,一个半径较小的初级螺线管可以在两个固定的次级螺线管中沿轴线移动。

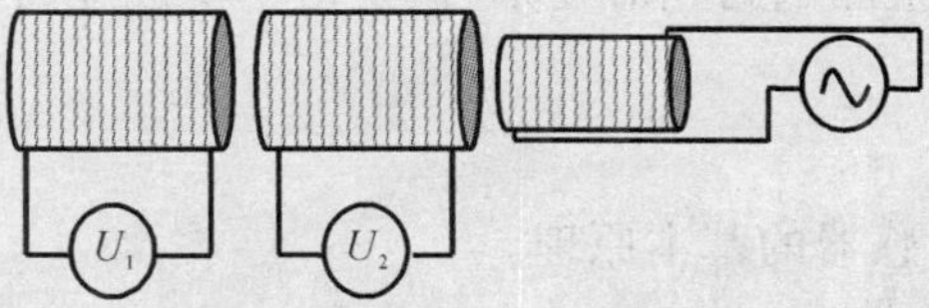

图 6.39　互感型位置传感器结构示意图

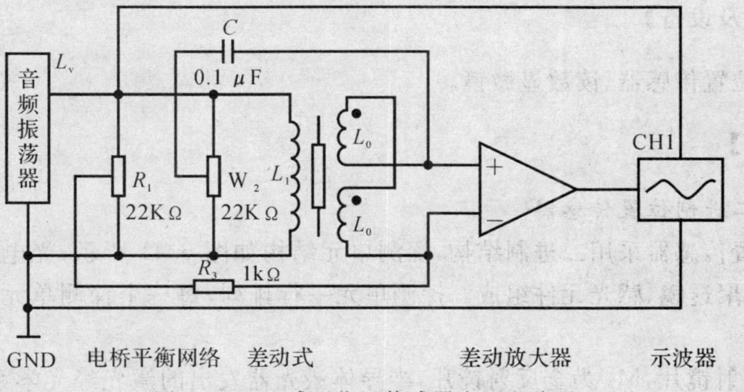

图 6.40　互感型位置传感器应用电路图

如果互感系数较小,可以采用如图 6.40 所示的电路对次级绕组的感生电压进行放大。

2. 注意事项

三个绕组之间不可短路,交流信号源的波形和频率要合适。

【实验内容及要求】

(1) 定位数据测量。将初级绕组用螺旋测微顶杆固定,同时记录两个次级绕组电压的测量,并将结果记录在表 6.26 中。

表 6.26　交流电压测量数据记录表

位置 /mm								
电压 1/mV								
电压 2/mV								

(2) 以位置读数为横坐标,交流电压表卖数为纵坐标,绘制传感器特性曲线。

【分析与思考】

(1) 误差的主要来源是什么?

(2) 温度与温标的联系与区别是什么?

12.4　光电型位置传感器实验

光电型位置传感器,其检测电路相对复杂,但是由于集成度高,工作可靠,定位精度高。

【实验目的】

(1) 了解光电型位置传感器的基本原理。

(2) 熟悉光电型位置传感器的常用方法。

【实验仪器及设备】

光电阻型位置传感器、读数显微镜。

【实验原理】

1. 光电型二进制位置传感器

光电型位置传感器采用二进制结构,探测单元结构如图 6.41 所示,光电传感器单元由半导体激光器、会聚透镜、感光元件组成。探测单元平行排列,每一个探测单元探测得到一个二进制数。

M_1 为半反射镜片,M_2 为全反射镜片,半导体激光器发出的激光经光学系统照射码尺,码尺反射后会聚到光电探测器上,如图 6.42 所示。

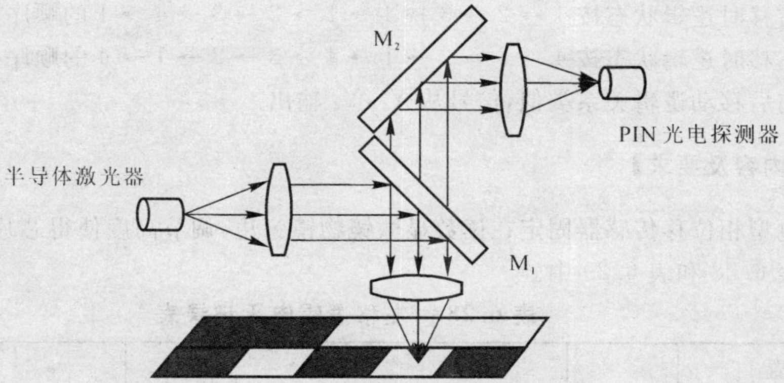

图 6.41　探测单元光路结构示意图

图 6.42　二进制光电码尺示意图

可见，探测位数越多，探测精度越高。二进制光电码尺分布在圆周上，被称做二进制光电码盘，也可以将二进制光电码尺分布在圆柱面上，定位精度更高一些。光电型二进制位置传感器的优点是不会累积误差的。精度高的二进制光电码尺洁净度要求很高。

2. 光电型相位移传感器

光电式鼠标的位移传感器芯片可以感受位移信息，并编码位鼠标移位指令。小小的芯片集成了 DSP(数字信号处理) 功能。缺点是有累积误差。下面以 OM02044FBK49V1 为例说明芯片功能(见图 6.43)。

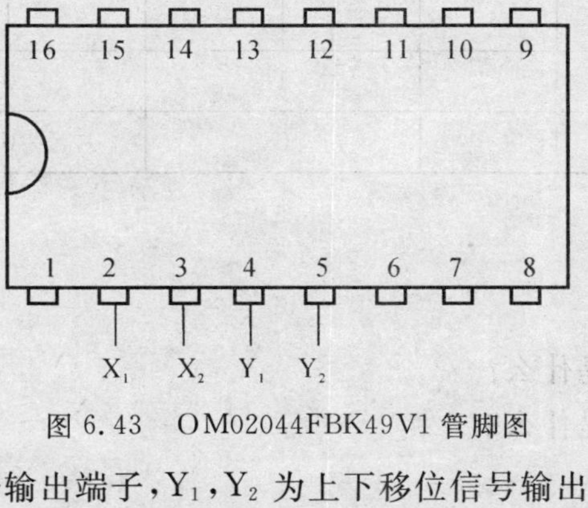

图 6.43　OM02044FBK49V1 管脚图

X_1，X_2 为水平移位信号输出端子，Y_1，Y_2 为上下移位信号输出端子。高电平为 2.5 V，代号 1，低电平为 1.5V，代号 0，位置移动时，逻辑电平转换表如表 6.27 所示。

表 6.27　逻辑电平转换表

状态	1	2	3	4
X_1	1	1	0	0
X_2	1	0	0	1
左移	→	→	→	
右移	←	←	←	

鼠标右移时逻辑状态按 1 → 2 → 3 → 4 → 1 → 2 → 3 → 4 → 1 的顺序循环转化。

鼠标右移时逻辑状态按 4 → 3 → 2 → 1 → 4 → 3 → 2 → 1 → 4 的顺序循环转化。

鼠标前后移动逻辑关系类似，信号从 Y_1，Y_2 输出。

【实验内容及要求】

将光电型相位移传感器固定在读数显微镜物镜旁边，调节高度使得芯片工作正常，测量结果记录在表 6.28 和表 6.29 中。

表 6.28　左移逻辑电平记录表

位置				
X_1	1	1	0	0
X_2	1	0	0	1
位置				
X_1	1	1	0	0
X_2	1	0	0	1

表 6.29　右移逻辑电平记录表

位置				
X_1	1	1	0	0
X_2	1	0	0	1
位置				
X_1	1	1	0	0
X_2	1	0	0	1

【分析与思考】

(1) 误差的主要来源是什么？

(2) 减小误差的方法是什么？

附　录

附录 1　Multisim 仿真软件简介

Multisim 仿真软件是 IIT 公司推出的以 Windows 为基础的仿真工具。利用 Multisim 仿真软件可以交互式地搭建电路原理图,并对电路进行仿真,完成从原理图设计输入、电路仿真分析到电路功能测试等工作。Multisim 仿真软件提供了全面集成化的设计环境,界面直观,具有和实验室一致的可视化界面。Multisim 9 软件结合了直观的捕捉和功能强大的仿真,能够快速、轻松、高效地对电路进行设计和验证,当改变电路连接或改变元件参数对电路进行仿真时,可以清楚地观察到各种变化对电路性能的影响。该软件具有如下特点:操作界面方便友好,原理图的设计输入快捷;元器件丰富,有数千个器件模型;虚拟电子设备种类齐全,如同操作真实设备一样;分析工具广泛,帮助设计者全面了解电路的性能;对电路进行全面的仿真分析和设计;可直接打印输出实验数据、曲线、原理图和元件清单等。本节主要介绍 Multisim 9 软件的基本使用。

1.1　Multisim 9 基本操作

Multisim 9 界面如附图 1.1 所示,主要包括工具栏、仪器仪表栏、元器件栏、状态栏、电路工作区、仿真电源开关等。

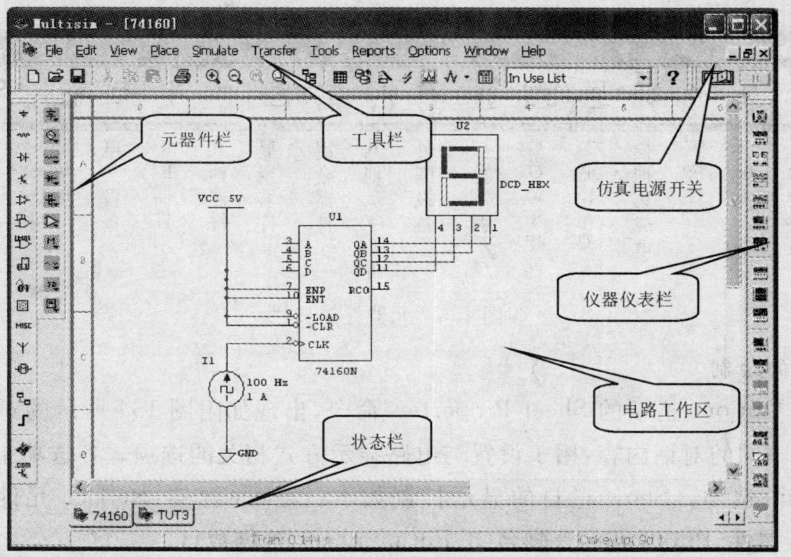

附图 1.1　Multisim 9 基本界面图

与 Windows 常用的文件操作一样，Multisim 9 的文件操作主要为：

New——新建文件；

Open——打开文件；

Save——保存文件；

Save As——另存文件；

Print——打印文件；

Print Setup——打印设置；

Exit——退出相关的文件操作。

这些操作可以在菜单栏 File 子菜单下选择命令，也可以应用快捷键或工具栏的图标进行快捷操作。

Multisim 9 的 11 个菜单栏包括了该软件的所有操作命令。如附图 1.2 所示，从左至右为 File（文件）、Edit（编辑）、View（窗口）、Place（放置）、Simulate（仿真）、Transfer（文件输出）、Tools（工具）、Reports（报告）、Options（选项）、Window（窗口）和 Help（帮助）。

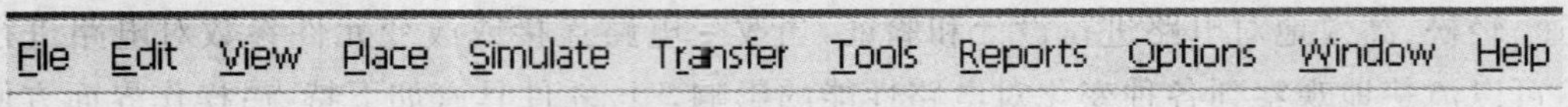

附图 1.2　Multisim 9 菜单栏

1.2　Multisim 9 电路图绘制

1. 选择元器件

在元器件栏中单击要选择的元器件库图标，打开该元器件库。在屏幕出现的元器件库对话框中选择所需的元器件，如附图 1.3 所示。常用元器件库有 13 个：信号源库、基本元件库、二极管库、晶体管库、模拟器件库、TTL 数字集成电路库、CMOS 数字集成电路库、其他数字器件库、混合器件库、指示器件库、其他器件库、射频器件库、机电器件库等。

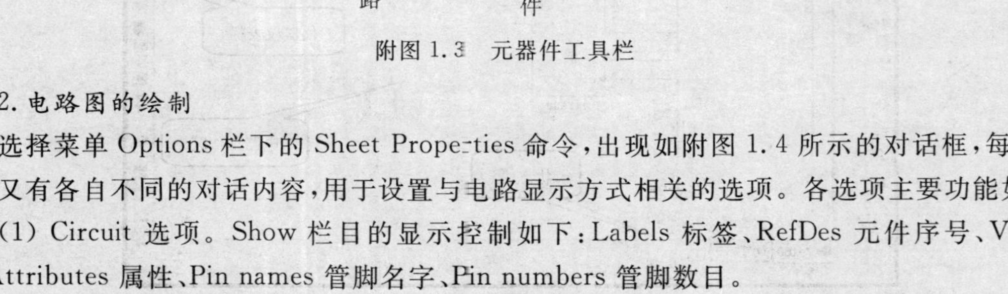

附图 1.3　元器件工具栏

2. 电路图的绘制

选择菜单 Options 栏下的 Sheet Properties 命令，出现如附图 1.4 所示的对话框，每个选项下又有各自不同的对话内容，用于设置与电路显示方式相关的选项。各选项主要功能如下：

(1) Circuit 选项。Show 栏目的显示控制如下：Labels 标签、RefDes 元件序号、Values 值、Attributes 属性、Pin names 管脚名字、Pin numbers 管脚数目。

(2) Workspace 环境。Sheet size 栏目实现图纸大小和方向的设置；Zoom level 栏目实现电路工作区显示比例的控制。

(3)Wring 连线。Wire width 栏目设置连接线的线宽;Autowire 栏目控制自动连线的方式。

(4)Font 字体。

(5)PCB 电路板。

PCB 选项选择与制作电路板相关的命令。

(6)Visibility 可视选项。

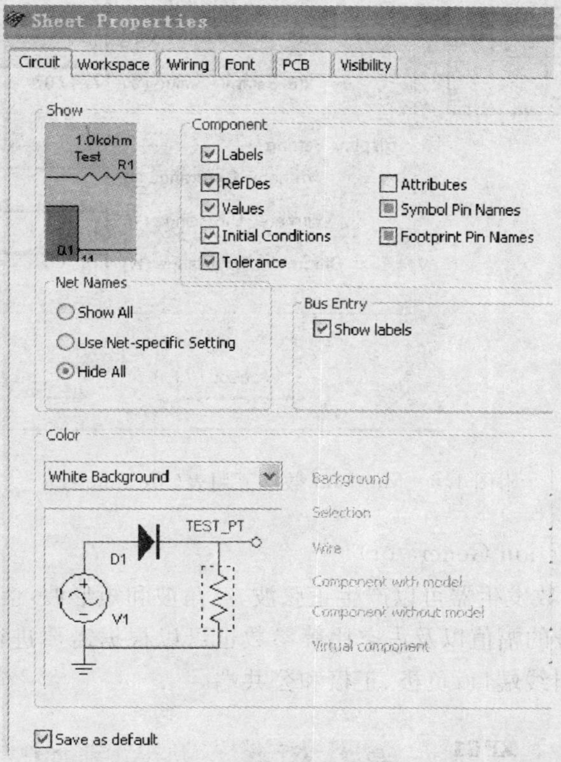

附图 1.4 Sheet Properties 界面

1.3 Multisim 仪器仪表使用

Multisim 在仪器仪表栏下提供了 17 个常用仪器仪表,如附图 1.5 所示,依次为数字万用表、函数发生器、瓦特表、双通道示波器、四通道示波器、波特图仪、频率计、字信号发生器、逻辑分析仪、逻辑转换器、Ⅳ 分析仪、失真度仪、频谱分析仪、网络分析仪、Agilent 信号发生器、Agilent 万用表、Agilent 示波器。本节主要介绍几种常用仪器仪表的使用。

附图 1.5 Multisim 仪器仪表栏

1. 数字万用表(Multimeter)

Multisim 提供的数字万用表外观和操作与实际的数字万用表相似(见附图 1.6),可以测电流 A、电压 V、电阻 Ω 和分贝值 dB，测直流或交流信号。数字万用表有正极和负极两个引线端。

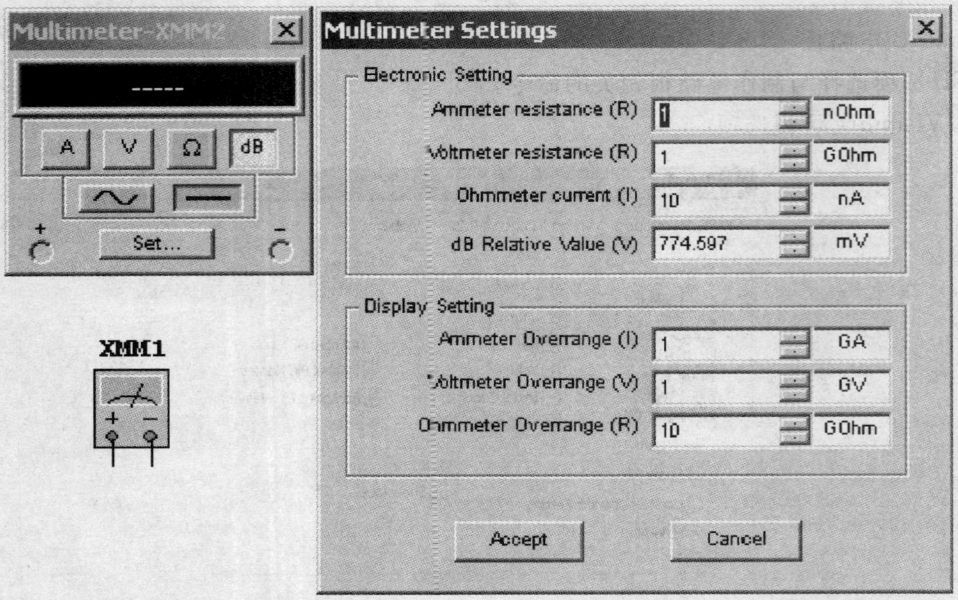

附图 1.6　Multisim 数字万用表(Multimeter)

2. 函数发生器(Function Generator)

Multisim 提供的函数发生器可以产生正弦波、三角波和矩形波，信号频率可在 1 Hz～999 MHz 范围内调整。信号的幅值以及占空比等参数也可以根据需要进行调节。如附图 1.7 所示，信号发生器有三个引线端口：负极、正极和公共端。

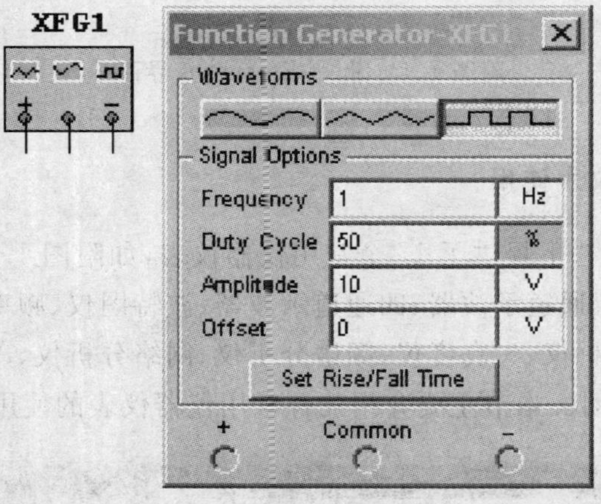

附图 1.7　Multisim 函数发生器(Function Generator)

3. 双通道示波器(Oscilloscope)

Multisim 提供的双通道示波器与实际的示波器外观和基本操作基本相同，该示波器可以观察一路或两路信号波形的形状，分析被测周期信号的幅值和频率，时间基准可在秒直至纳秒范围内调节。示波器图标有四个连接点：A 通道输入、B 通道输入、外触发端 T 和接地端 G，如附图 1.8 所示。

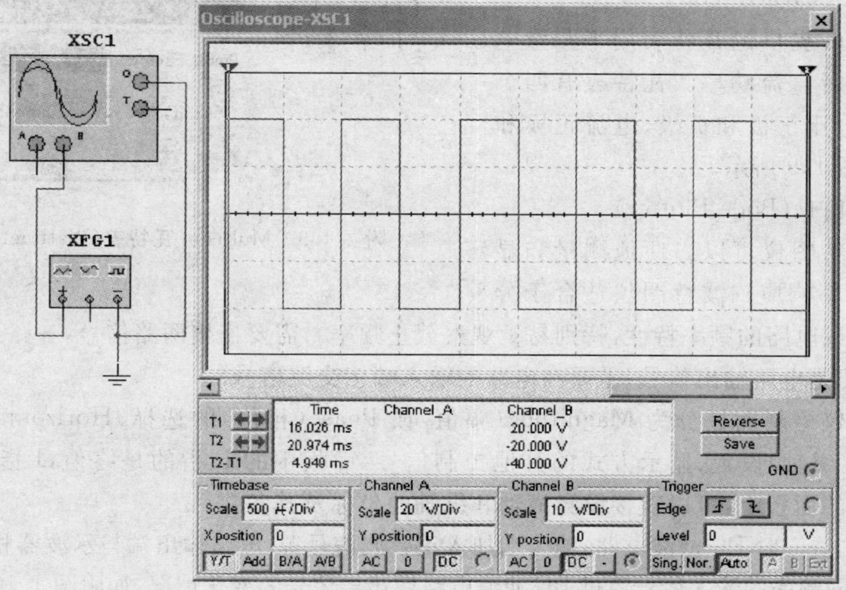

附图 1.8　Multisim 双通道示波器(Oscilloscope)

示波器的控制面板分为四个部分：

(1)Time base(时间基准)。

Scale(量程)：设置显示波形时的 X 轴时间基准。

X position(X 轴位置)：设置 X 轴的起始位置。

显示方式设置有四种：Y/T 方式指的是 X 轴显示时间，Y 轴显示电压值；Add 方式指的是 X 轴显示时间，Y 轴显示 A 通道和 B 通道电压之和；A/B 或 B/A 方式指的是 X 轴和 Y 轴都显示电压值。

(2)Channel A(通道 A)。

Scale(量程)：通道 A 的 Y 轴电压刻度设置。

Y position(Y 轴位置)：设置 Y 轴的起始点位置，起始点为 0 表明 Y 轴和 X 轴重合，起始点为正值表明 Y 轴原点位置向上移，否则向下移。

触发耦合方式：AC(交流耦合)、0(0 耦合)或 DC(直流耦合)，交流耦合只显示交流分量，直流耦合显示直流和交流之和，0 耦合在 Y 轴设置的原点处显示一条直线。

(3)Channel B(通道 B)。

通道 B 的 Y 轴量程、起始点、耦合方式等项内容的设置与通道 A 相同。

(4)Trigger(触发)。

触发方式主要用来设置 X 轴的触发信号、触发电平及边沿等。

Edge(边沿)：设置被测信号开始的边沿，设置先显示上升沿或下降沿。

Level(电平)：设置触发信号的电平，使触发信号在某一电平时启动扫描。

触发信号选择：Auto(自动)、通道 A 和通道 B 表明用相应的通道信号作为触发信号；Ext

为外触发；Sing 为单脉冲触发；Nor 为一般脉冲触发。

4. 瓦特表(Wattmeter)

Multisim 提供的瓦特表用来测量电路的交流或者直流功率。瓦特表有四个引线端口：电压正极和负极、电流正极和负极，如附图 1.9 所示。

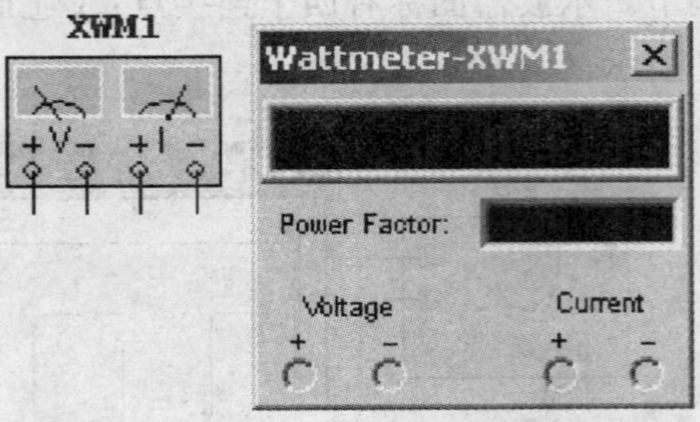

附图 1.9 Multisim 瓦特表(Wattmeter)

5. 波特图仪(Bode Plotter)

利用波特图仪可以方便地测量和显示电路的频率响应。波特图仪适合于分析滤波电路或电路的频率特性，特别易于观察截止频率。需要连接两路信号，一路是电路输入信号，另一路是电路输出信号，需要在电路的输入端接交流信号。

波特图仪控制面板分为 Magnitude(幅值)或 Phase(相位)的选择、Horizontal(横轴)设置、Vertical(纵轴)设置、显示方式的其他控制信号，面板中的 F 指的是终值，I 指的是初值。在波特图仪的面板上，可以直接设置横轴和纵轴的坐标及其参数。

例如，构造一阶 RC 滤波电路，输入端加入正弦波信号源，电路输出端与示波器相连，目的是为了观察不同频率的输入信号经过 RC 滤波电路后输出信号的变化情况，如附图 1.10 所示。

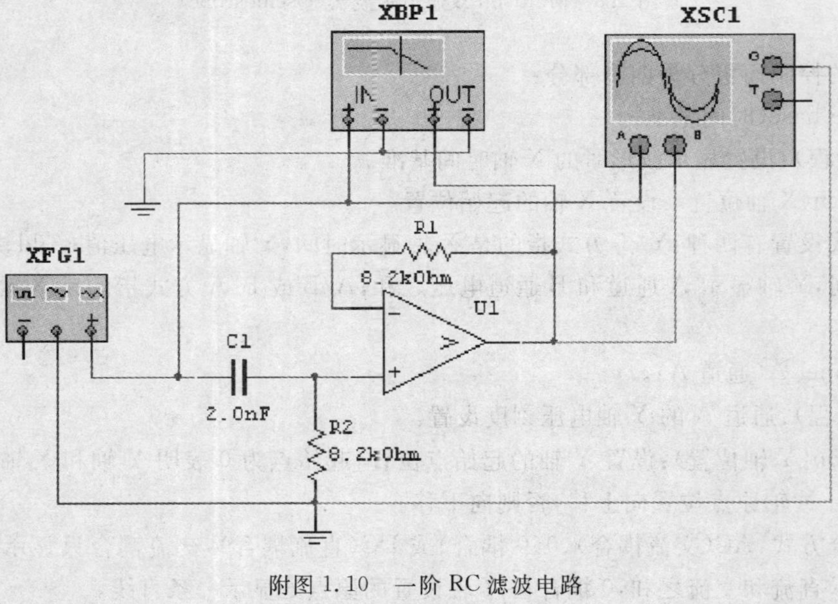

附图 1.10 一阶 RC 滤波电路

调整纵轴幅值测试范围的初值 I 和终值 F，调整相频特性纵轴相位范围的初值 I 和终值 F。

打开仿真开关，点击幅频特性在波特图观察窗口可以看到幅频特性曲线；点击相频特性可以在波特图观察窗口显示相频特性曲线，如附图 1.11、附图 1.12 所示。

6. 频率计(Frequency Counter)

频率计主要用来测量信号的频率、周期、相位，脉冲信号的上升沿和下降沿，频率计的图标、面板以及使用如附图 1.13 所示。使用过程中应注意根据输入信号的幅值调整频率计的 Sensitivity(灵敏度)和 Trigger Level(触发电平)。

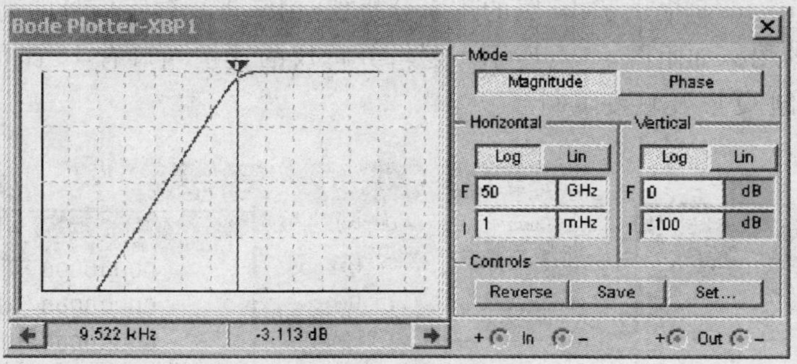

附图 1.11　幅频特性曲线

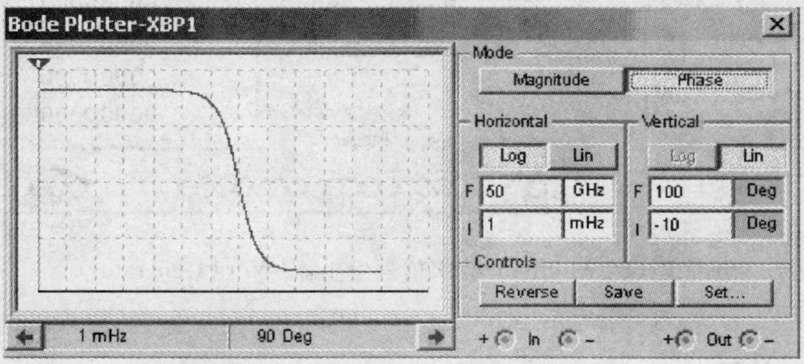

附图 1.12　相频特性曲线

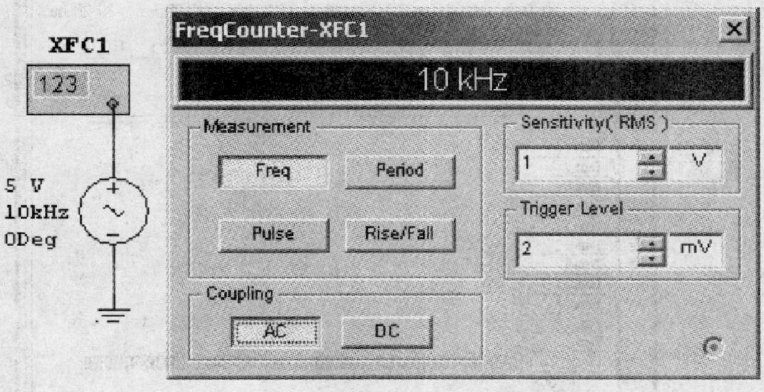

附图 1.13　Multisim 频率计(Frequency Counter)

7. 数字信号发生器(Word Generator)

数字信号发生器是一个通用的数字激励源编辑器，可以多种方式产生 32 位的字符串，在数字电路的测试中应用非常灵活。如附图 1.14 所示，左侧是控制面板，右侧是数字信号发生器的字符窗口。控制面板分为 Controls(控制方式)、Display(显示方式)、Trigger(触发)、Frequency(频率)等几个部分。

8. 逻辑分析仪(Logic Analyzer)

Multisim 逻辑分析仪面板分上、下两个部分，上半部分是显示窗口，下半部分是控制窗口。控制信号有 Stop(停止)、Reset(复位)、Reverse(反相显示)、Clock(时钟)设置和 Trigger

(触发)设置。Multisim 9 提供了 16 路的逻辑分析仪,用来进行数字信号的高速采集和时序分析。逻辑分析仪的图标如附图 1.15 所示。逻辑分析仪的连接端口有 16 路信号输入端、外接时钟端 C、时钟限制 Q 以及触发限制 T。

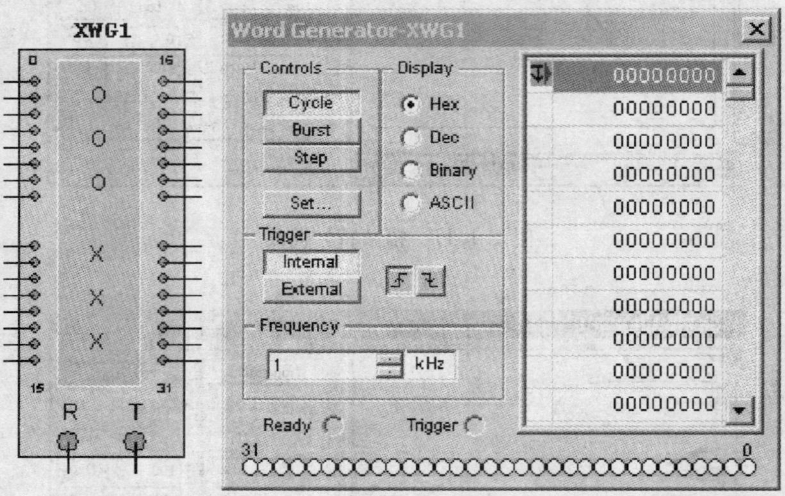

附图 1.14 Multisim 数字信号发生器(Word Generator)

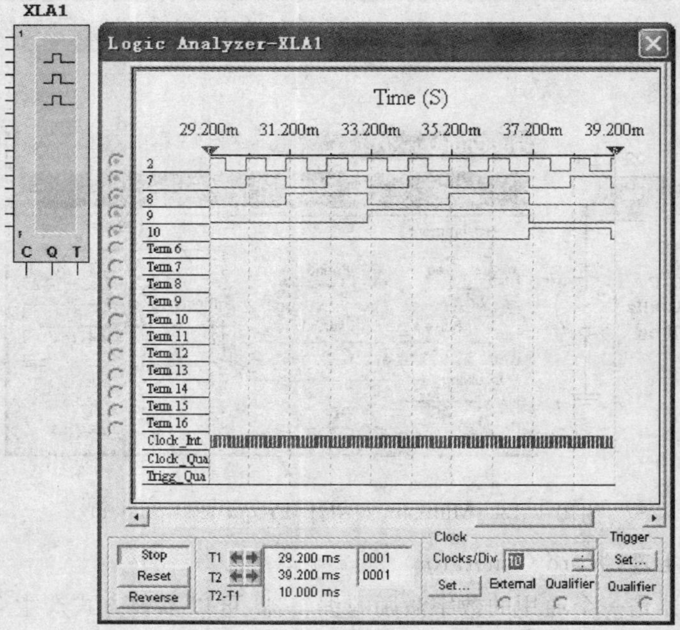

附图 1.15 Multisim 逻辑分析仪(Logic Analyzer)

(1)时钟设置(Clock setup):时钟源(Clock Source)选择外触发或内触发。

(2)时钟频率(Clock Rate):1 Hz～100 MHz 范围内选择。

(3)取样点设置(Sampling Setting):触发前取样点(Pre-trigger Samples)、触发后取样点(Post-trigger Samples)和开启电压(Threshold Voltage)设置。如附图 1.16 所示。

点击 Trigger 下的 Set(设置)按钮时,出现 Trigger Settings(触发设置)对话框,如附图1.17所示。

Trigger Clock Edge(触发边沿):Positive(上升沿)、Negative(下降沿)、Both(双向触发)。

Trigger Patterns(触发模式):由 A,B,C 定义触发模式,在 Trigger Combinations(触发组合)下有 21 种触发组合可以选择。

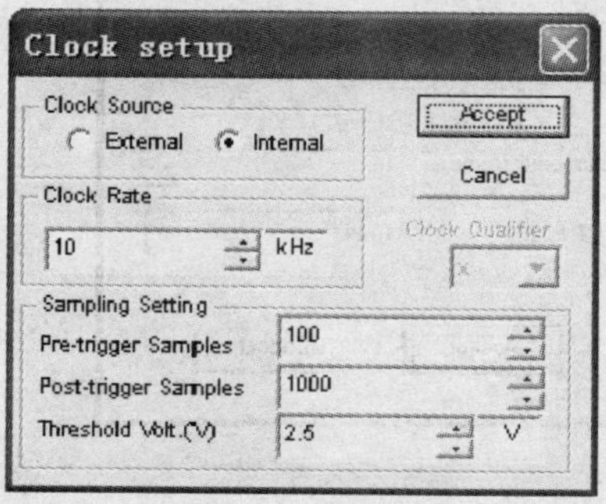

附图 1.16　时钟设置(Clock setup)

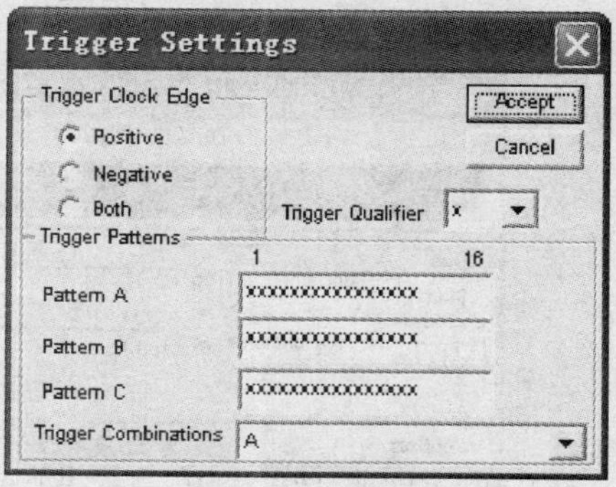

附图 1.17　触发设置(Trigger Settings)

9. Ⅳ分析仪(Ⅳ Analyzer)

Ⅳ分析仪专门用来分析晶体管的伏安特性曲线,如二极管、NPN 管、PNP 管、NMOS 管、PMOS 管等器件。Ⅳ分析仪相当于实验室的晶体管图示仪,需要将晶体管与连接电路完全断开,才能进行Ⅳ分析仪的连接和测试。Ⅳ分析仪有三个连接点,实现与晶体管的连接。Ⅳ分析仪面板左侧是伏安特性曲线显示窗口,右侧是功能选择,如附图 1.18 所示。

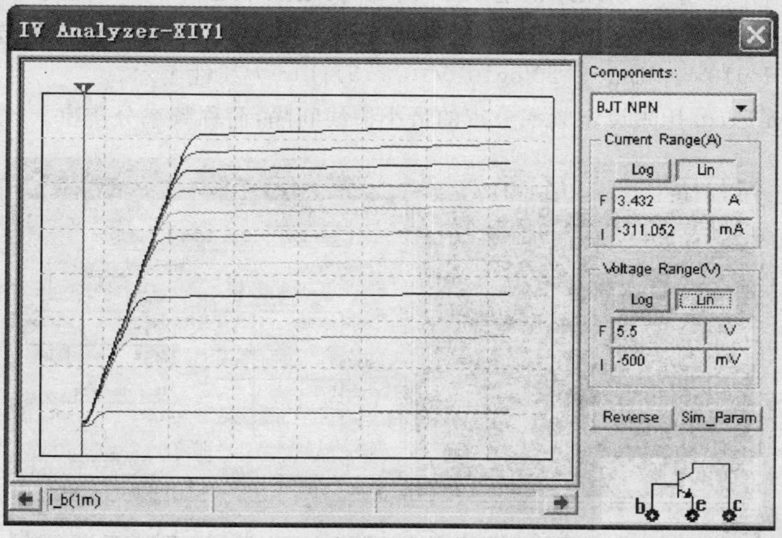

附图 1.18　Multisim Ⅳ分析仪

10. 失真度仪(Distortion Analyzer)

失真度仪专门用来测量电路的信号失真度,提供的频率范围为 20 Hz～100 kHz。

面板最上方给出测量失真度的提示信息和测量值。如附图 1.19 所示,Fundamental

Freq。(分析频率)处可以设置分析频率值;选择分析 THD(总谐波失真)或 SINAD(信噪比),单击 Set 按钮,打开设置窗口如图所示,由于 THD 的定义有所不同,可以设置 THD 的分析选项。

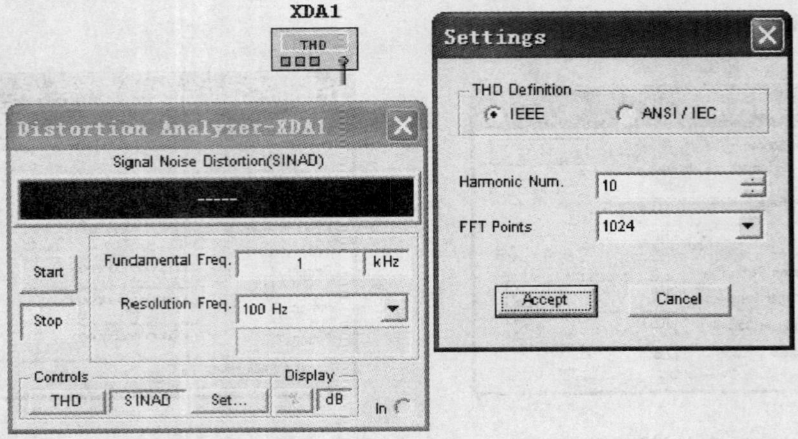

附图 1.19　Multisim 失真度仪(Distortion Analyzer)

11. 频谱分析仪(Spectrum Analyzer)

频谱分析仪用来分析信号的频域特性,其频域分析范围的上限为 4 GHz。如附图 1.20 所示,Span Control 用来控制频率范围,选择 Set Span 的频率范围由 Frequency 区域决定;选择 Zero Span 的频率范围由 Frequency 区域设定的中心频率决定;选择 Full Span 的频率范围为 1 KHz～4 GHz。Frequency 用来设定频率:Span 设定频率范围、Start 设定起始频率、Center 设定中心频率、End 设定终止频率。Amplitude 用来设定幅值单位,有三种选择:dB,dBm,Lin。Db = 10log10 V;dBm = 20log10(V/0.775);Lin 为线性表示。

Resolution Freq. 用来设定频率分辨的最小谱线间隔,简称频率分辨率。

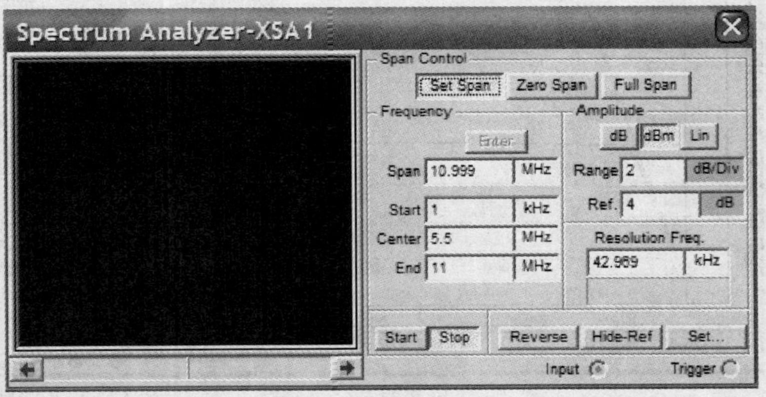

附图 1.20　Multisim 频谱分析仪(Spectrum Analyzer)

附录 2　DSO500（五合一）虚拟仪器

DSO500 五合一虚拟仪器（见附图 2.1）由 PCS500 分机和 PCG10 分机组成，包括数字存储示波器、频谱分析仪、波形数据记录仪、任意波形发生器和频率特性分析仪等五种虚拟仪器。通过并口与计算机连接的显示、存储和打印波形在计算机上完成，并通过光耦合与计算机完全隔离，确保了操作人员和实验室设备的安全。所有在屏幕上显示的波形都能以文档方式保存或进行波形比较。

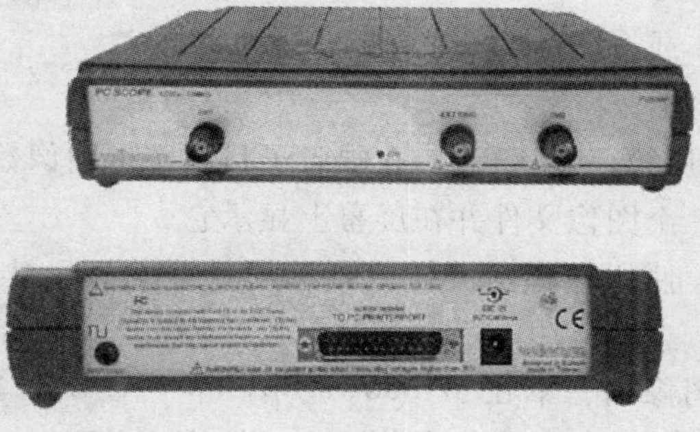

附图 2.1　DSO500 五合一虚拟仪器

2.1　数字存储示波器和 FFT 频谱分析仪

1. 技术指标

(1)数字存储示波器（见附图 2.2）。

模拟输入：2 通道，1 个外触发通道；

模拟带宽：0 Hz～50 MHz (± 3dB)；

输入阻抗：1 Mohm//30 pF；

输入耦合：DC，AC 和 GND；

最大输入电压：100 V (AC+DC)；

时基：每格 20 ns～100 ms；

触发源：CH1，CH2；

触发沿：上升或下降；

触发电平：每格 1/2 步长调节；

插值计算：线性或平滑；

标记：电压和频率；

输入灵敏度：5 mV～15 V/每格；

采样深度：4 096 个采样点/每通道；

采样频率：实时采样，1.25 kHz～50 MHz；重复采样，1 GHz。

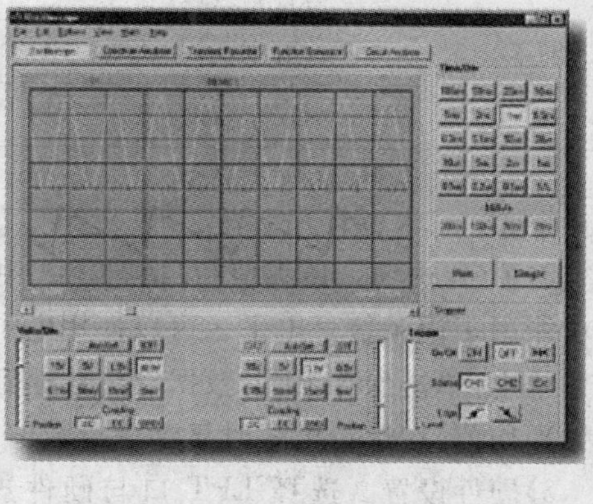

附图 2.2　数字存储示波器面板图

(2)频谱分析仪(见附图 2.3)。

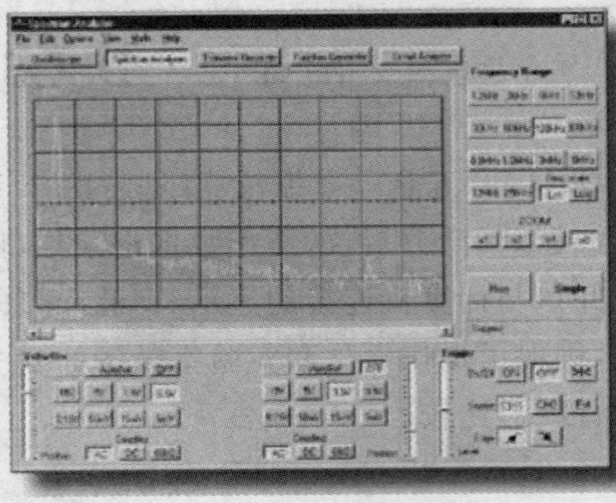

附图 2.3　频谱分析仪面板图

模拟输入:通道 1 或通道 2;

输入阻抗:1 Mohm//30 pF;

输入耦合:DC,AC 和 GND;

最大输入电压:100 V (AC + DC);

频谱范围:0...1.2 KHz~25 MHz;

时基刻度有线性或对数两种选择;

运行原理:FFT (快速傅里叶变换);

FFT 解析度:2 048 线;

FFT 输入通道:CH1 或 CH2。

2.操作说明

(1)文件菜单。当程序第一次运行时,在缺省子目录产生图像数据和数据文件。

1)打开图像。打开一个图像文件并在屏幕上显示它。

2)打开示波器数据。使用保存示波器数据选项打开并显示被保存在文本格式中的波形数据。

3)保存图像。保存图像到一个在 Windows Bitmap (*.BMP) 格式中的文件里,保存图像到灰色的刻度中,使用编辑/拷贝获得全色图像到其他的应用中去。

4)保存示波器数据。保存波形数据到文本格式中,所有捕捉的数据(4 096 点/通道)被保存。

5)保存频谱数据。保存频谱数据到文本格式中,仅仅一部分数据(250 点)显示在屏幕上。

6)打印。打印灰色的图像,打印机必须被连接在没有被示波器占用的 LPT 口上。

(2)选项菜单。

1)FFT 窗口。频谱分析仪支持五种不同的 FFT 窗口:矩型窗、巴特勒特窗、海宁窗、汉宁窗、布莱克曼窗。初始缺省值设置为海宁窗,各窗口功能如附表 2.1 所示。

附表 2.1　FFT 窗口功能比较

窗口类型	峰边顶振幅(相对的)/dB	主顶的宽度
矩型窗	-13	窄
巴特勒特窗	-25	平均
海宁窗	-31	平均
汉宁窗	-41	平均
布莱克曼窗	-57	宽

2)FFT 选项。最大值:在运行模式中每个频率最大值被显示。这个选项能被作为一个频率功能用于记录信号电平。可以使用电子数据表显示包含着频率标签的频率响应曲线,在文件菜单中,单击保存 FFT 数据输出数据到电子数据表。

平均值:在运行模式时显示平滑数值。使用这个选项以减少噪声电平。

3)硬件设置。选择 LPT 口与硬件连接,硬件被连接时,选择 LPT 口地址 378,278 或 3BC。在控制面板上双击“系统”图标,然后单击设备管理器。双击“端口”,双击“打印机口”,

单击资源即可看见 I/O 地址。

4)颜色。波形显示时可选择各种项目的颜色，要改变一个项目的颜色，先单击相应的按钮，打开一个选择新颜色的对话框。

5)触发选项。噪声抑制：选择这个选项可以获得在噪声信号上稳定的触发，这个选项仅仅工作在运行模式和实时采样模式里。

(3)查看菜单。

1)有效值。显示信号的 AC 有效值。

2)分贝值。显示信号的 AC 分贝值。

3)采样速率。采样速率被显示在屏幕的顶部。

4)游标。显示游标在屏幕上。在示波器模式里的游标，有两个测量电压的水平游标和两个测量时间的垂直游标。移动游标，放置鼠标标点在游标虚线上，按动和保持鼠标左键按钮，游标线变成实线，拖动游标到适当的位置。

在频谱分析仪模式里的游标，提供绝对和相对的电压测量游标功能，在不同分贝电压的绝对电压电平能被测量，一个垂直的游标用于频率的测量。

5)增亮网格。使屏幕上的信号网格明亮。

(4)数学菜单。CH1 和 CH2 的数学运算结果被显示。

1)下列功能之一能被选择：CH1＋CH2、CH1－CH2、XY 绘画、CH2 反向。

2)XY 绘图：CH1 被显示在 Y 轴，CH2 被显示在 X 轴。

3)数学模式和普通模式在软件界面上用一个按钮来变换。

(5)帮助菜单。

1)目录：显示这个帮助文件。

2)安装 Windows NT4 驱动，提供给 Windows NT4 and Windows 2000 用户的介绍。

3)关于：显示程序版本的资料。

3. 1 GS/s 采样模式

在使用蓝色数字字母的 0.2 us/div，0.1 us/div，0.05 us/div 和 0.02 us/div 时基范围设置按钮时，采样速率是 1 GS/s。触发必须是在“ON”时以获得稳定的波形图像。这个模式仅在测量周期性信号时使用。这个操作模式被称为“随机交叉存取采样”(RIS)方法，有时也称为“等效时间采样”(ET)模式“随机重复采样”。示波器在这个采样模式里使用连续的触发产生构造一个周期性信号的画面。

4. 控制

(1)频谱分析仪模式(FFT)。通过频率范围按钮设置频率的显示范围。

1)对数/线性：显示一个线性或对数比例的频率刻度。

2)缩放×1，×2，×4，×8：为了扩展屏幕 1 倍，2 倍，4 倍或 8 倍。

(2)示波器模式(DSO)。

1)电压/每格。选择能显示峰峰值电压及峰峰偏差在屏幕上下不超过三个格不小于一个格的电压/每格值。

2)耦合。AC：输入信号通过电容耦合到放大器/衰减器输入端。仅交流成分可被测量。

GND：输入信号被断掉，放大器/衰减器输入端被接地。使用这个位置是为了选择显示上的参考点。

DC:输入信号直接连接到放大器/衰减器输入端。交流和直流电压都可以被测量。

3)CH1,CH2。按钮“ON”用于开启和关闭 CH1,CH2 轨迹在屏幕上的显示。CH1 关闭时,可用游标测量 CH2 的电压值。

4)自动设置。自动设置电压/每格、时间/每格和触发电平以产生一个稳定的大小合适的波形。如果在屏幕上的波形振幅大于 0.5 格,触发将被设置为“ON”。进行自动设置功能的信号是重复的信号、振幅 5 mV～100 V、频率高于 50 Hz、占空比大于 10%。

5)时间/每格。选择时间设置以在屏幕上扫描主要网格,可以选择不同的时间/每格设置在屏幕上缩放定格的波形。

6)触发 On/Off。选择自由模式或触发模式。

7)触发电平。选择扫描被触发时的信号电平,在屏幕左边的触发参考标记水平线被显示。

8)触发通道。选择触发源信号(CH1, CH2 或 EXT)。

9)触发沿。选择触发斜率,箭头标记向上,表示在正的方向当触发信号超过触发电平时触发发生;箭头标记向下,表示在负的方向当触发信号超过触发电平时触发发生。

10)＞|＜。复置触发 X－位置参考点,触发参考标记和屏幕底部的垂直线被显示。

11)运行。选择循环显示模式,再一次按按钮定格显示。

12)单次。当按钮被按下和信号电平超过触发电平时,显示的更新仅发生一次。

13)X－位置滚动条(在波形显示下)。安置轨迹在屏幕的水平位置,触发参考点和屏幕底部的垂直线被显示。

14)插值。插值按钮用于选择线性(L)平滑(S)插值,线性插值用直线连接数据点,平滑插值连接数据点用曲线,平滑插值在很高的正弦频率时能显示比较好的波形,线性插值在阶梯信号时较好,插值选择仅在时间/每格设置为 0.2 和 0.1 us 以及 1 S/s 模式的情况下。

15)1 GS/s。1 GS/s 采样速率在 200 ns/div,100 ns/div,50 ns/div 和 20 ns/div 范围使用。

16)连接。连接示波器到打印口 LPT1,LPT2 或 LPT3,在选项菜单选择 LPT 口地址。

17)增加注释。进入文本,单击鼠标右键进入屏幕,文本框被打开后,写上用户的注释,单击“加文本在屏幕上”按钮或“移动”按钮去移动以前插入的文本,单击鼠标右键在屏幕上放置用户的注释文本。

2.2 波形数据记录仪(见附图 2.4)

1.技术指标

模拟输入:2 通道;

输入阻抗:1 Mohm // 30 pF;

最大输入电压:100 V(AC ＋ DC);

输入耦合:DC,AC 和 GND;

时间刻度:20 ms/每格～2 000 s/每格;

最大记录时间:9.4 h/每屏;

最大采样数:100 点/s;

最小采样数:1 点/ 20 s;

数据格式 :ASCII。

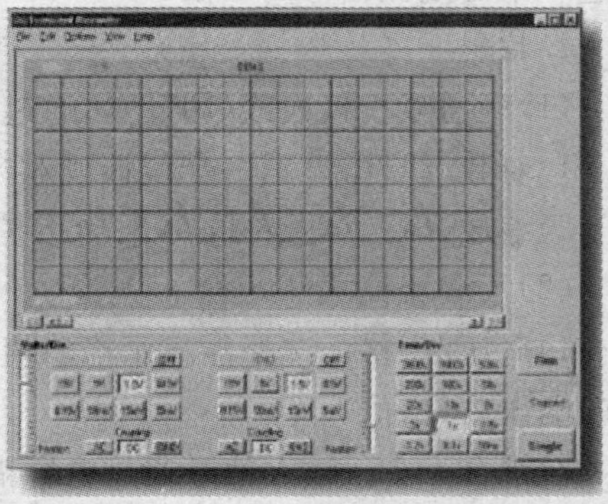

附图 2.4 波形数据记录仪

2. 控制

(1)电压/每格。选择能显示峰峰电压及峰峰偏差在屏幕主要的网格上的电压/每格值。

(2)耦合。

AC：输入信号通过电容耦合到放大器/衰减器输入端。仅交流成分可被测量。

GND：输入信号被断掉，放大器/衰减器输入端被接地。使用这个位置是为了选择显示上的参考点。

DC：输入信号直接连接到放大器/衰减器输入端。交流和直流电压都可以被测量。

(3)CH1，CH2。按钮“ON”用于开启和关闭 CH1，CH2 轨迹在屏幕上的显示。CH1 关闭时，可用游标测量 CH2 的电压值。

(4)位置。轨迹在屏幕上的垂直位置。

(5)时间/每格。选择时间设置以在屏幕上扫描主要网格。

(6)时间/每格(用于缩放)。选择不同的时间/每格设置在屏幕上缩放定格的波形是可能的。

(7)循环更新模式(运行)。按动按钮再一次定格显示。

(8)单次。当按钮被按动时显示的更新仅发生一次。

(9)X－位置滚动条(在波形显示下方)。轨迹在屏幕上的水平位置。

3. 故障现象及维修

当在短的时基(<2 s/div)时采样间隔是 10 ms，在记录过程中不执行别的请求。测量的时基由计算机内部的计时产生，又可能引起在时间测量上的背离。

(1)要确保在短的时基上时间测量的精度。

1)当记录时别运行其他的请求。

2)使用尽可能快的处理器速度。

3)防止计算机进入功率节省模式。

(2)没有信号。

1)没有和计算机通信(检查连接到打印口的电缆)。

2)在计算机的 BIOS 设置检查打印口设置。选择标准并口模式 (SPP)。

3)没有程序在运行开启的状态。

4)有关的通道是关闭的。

5)时间/开关是在错误的设置上，试运行 1 s/div 的设置。

6)输入选择是在“GND”的位置。

7)Y 的位置被错误地调整。

8)输入振幅太大，调整电压设置。

2.3　任意波形发生器(见附图 2.5)

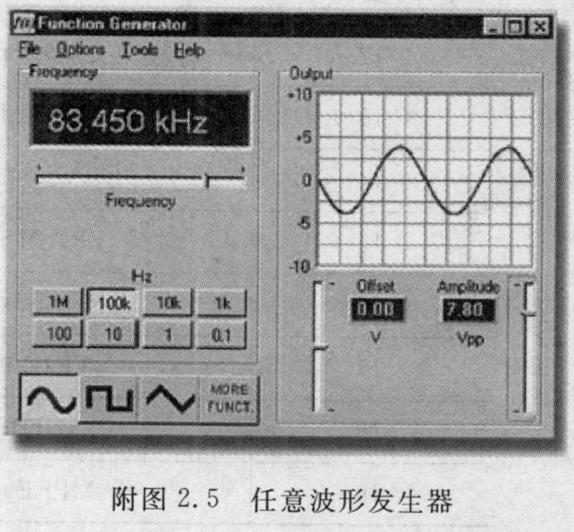

附图 2.5　任意波形发生器

1. 技术指标

频率范围：从 0.01 Hz～1 MHz；

标准波形：正弦波，方波，三角波；

波形库：正弦函数、噪音等 21 种；

频率设置分辨率：0.01%；

振幅范围：100 mVpp～10 Vpp；

振幅分辨率：满刻度分辨率 0.4%；

偏移：0 到－5V 或＋5V 最大；

垂直分辨率：8 bits（满刻度的 0.4%）；

最大采样速率：32 MHz；

典型正弦波失真（THD）＜ 0.08%。

2. 操作模式

(1)函数信号发生器。它包括四种标准波形和直流：正弦波、方波、三角波、正弦函数波。每一种波形都是用 DDS 方式以确保低噪声和低失真输出，DDS 采用 8 位频率分辨率，用一个低通滤波器使输出波形平滑。

单击多函数按钮和波形库按钮可以得到一批波形文件库。如附表 2.2 所示，其中，1～8 为 3200 个数据点的波形；9～17 很容易用波形编辑修改；18，19 为采集文件。

附表 2.2　波形文件库

序号	文件名	描述
1	BURST1. LIB	正弦脉冲波（1 周期）
2	BURST2. LIB	正弦脉冲波（2 周期）
3	DAMP_WAV. LIB	阻尼波
4	EXP_DEC. LIB	按指数衰减的波
5	EXP_INC. LIB	按指数上升的波
6	GAUSSIAN. LIB	高斯脉冲波
7	RAMP_DN. LIB	斜下的波
8	RAMP_UP. LIB	斜上的波
9	BURST01. LIB	正弦脉冲波
10	PULSES1. LIB	不同振幅的脉冲波
11	RECT1. LIB	矩形脉冲波
12	SAW1. LIB	锯齿波
13	SINE1. LIB	正弦波
14	STAIRS1. LIB	阶梯波
15	TRAP1. LIB	梯形波
16	TRI_SKW. LIB	斜的三角波
17	TRI1. LIB	三角波
18	PIANO1. LIB	钢琴声
19	SAMPLE_1. LIB	歌曲例子

(2)扫频信号发生器。单击多函数按钮和扫频按钮,设置频率的起始值和停止值,扫描频率范围在按钮上有显示,扫描循环速率与被选择的扫描频率范围是成比例的,在每次扫描开始时同步输出提供一个脉冲,在开始每次扫描开始时,这个脉冲对于触发示波器或其他仪器是有用的,如附表2.3所示。

附表 2.3 扫频信号发生器扫描范围

序号	循环速率	扫描范围
1	1 ms	1 kHz～1 MHz
2	10 ms	100 Hz～5 kHz
3	100 ms	10～500 Hz
4	1 s	1～50 Hz
5	10 s	0.1～5 Hz
6	100 s	0.01～0.5 Hz

(3)噪音信号发生器。单击多函数按钮和噪音按钮,在这个模式里信号发生器的输出是一个噪声序列,峰值振幅等于振幅峰峰值,信号的振幅是高斯分布式的,序列循环速率与噪音频率范围选择成比例,如附表2.4所示。

附表 2.4 噪声频率范围

序号	循环速率	噪音频率范围
1	1 ms	2 kHz～16 MHz
2	10 ms	200 Hz～1.6 MHz
3	100 ms	20 Hz～160 kHz
4	1 s	2 Hz～16 kHz
5	10 s	0.2 Hz～1.6 kHz
6	100 s	0.02～160 Hz

3.编辑和创造波形库文件

(1)库文件。波形库文件是普通文本文件,文件能用标准文本编辑进行编辑和创造(例如记事本或写字板)或用电子数据表(例如 Microsoft Excel)。当从示波器文件摘录数据时,电子数据表是有用的,使用这个波形编辑能编辑和创造大多数文件。

(2)创立波形文件。所有数据值,一个点接一个点,被写到文件里。这个方法对于复杂的波形和对于从示波器文件摘录数据的波形是可用的,仅仅波形数据的边角值被写到文件里,软件自动的产生边角之间的值。

(3)数据格式。在两种情况中电压值能用十进制或整数格式写。在十进制格式里－1.0表示负峰值电压和1.0表示正峰值电压。在整数格式里0表示负峰值电压和255表示正峰值输出电压。软件探测数据格式与十进制一样,假如至少有一个十进制分离者在数据文件中。

(4)不同波形显示。如附图2.6所示,为不同波形函数的显示图。

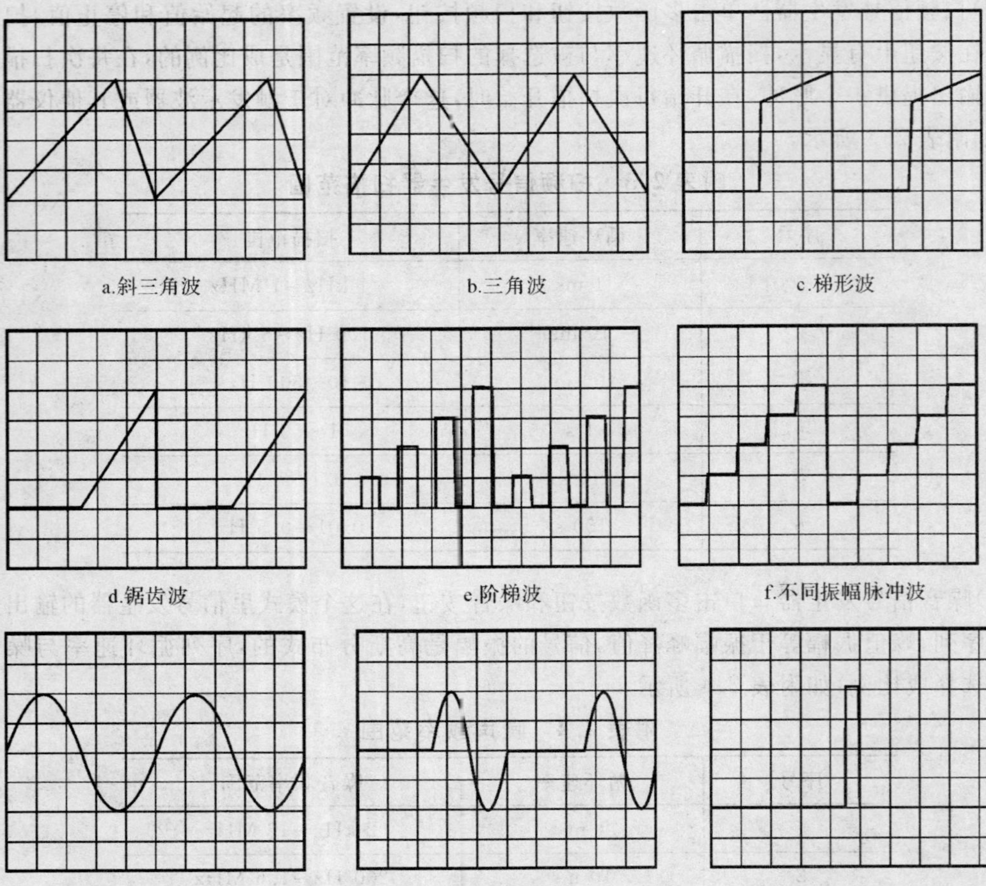

a.斜三角波　b.三角波　c.梯形波　d.锯齿波　e.阶梯波　f.不同振幅脉冲波　g.正弦波　h.正弦脉冲波　i.矩形脉冲波

附图 2.6　波形显示图

2.4　频率特性分析仪(波特图仪)

1. 功能及技术指标

频率特性分析仪用于描绘放大器和滤沪器的频率响应曲线图(波特图),显示记录逐点频率的电压值或分贝值。频率刻度有线性或对数两种选择,频率步长有线性或对数两种选择,垂直刻度也有线性或对数两种选择。扫描开始频率为 1 Hz,10 Hz,100 Hz,1 kHz;扫描频率范围为 1 kHz,10 kHz,100 kHz,1 MHz。

波特图可以评估例如放大器和滤波器的频率响应,频率响应是电路装置对于正弦曲线输入电压在不同频率上的输出响应的一种表示法,需要测试的装置被连接在波形发生器的信号输出端和示波器的输入端 CH1。波形发生器自动地产生一个被指定频率步长及范围的正弦信号和用示波器测量被测试装置在每一频率步长上的输出电压。用测量到的每一频率步长上的输出电压值在屏幕上自动描绘出频率响应曲线图。

2. 波特图仪的操作

(1)测量放大器的频率响应。

1)连接波形发生器的信号输出端到放大器的输入端。

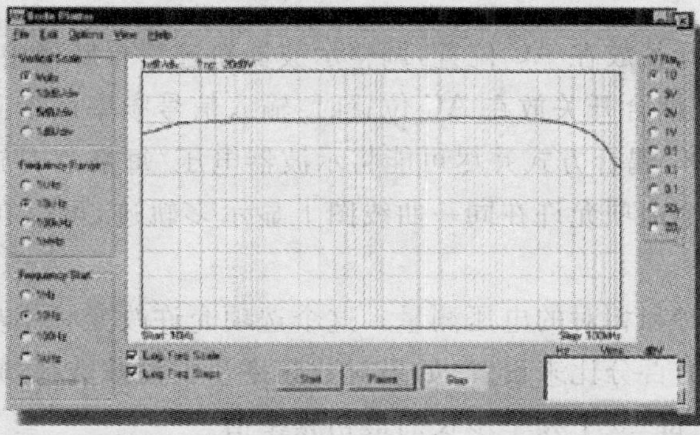

附图 2.7　任意波形发生器

2)设置波形发生器合适的输出电压(例如 1 Vpp)。

3)连接放大器的输出端到示波器的输入端 CH1。

4)单击示波器的运行按钮和调整 Y 轴位置直到轨迹线位于屏幕中间。

5)选择合适的频率范围。

6)选择合适的开始频率。

7)单击开始按钮。

频率响应曲线图将被描绘在屏幕上,可观察到示波器显示的放大器输出波形。如果频率响应曲线图位置太低或部分超出显示范围,可以改变电压范围或示波器电压/每格设置,以使频率响应曲线图位于用户希望的在屏幕上的垂直位置,然后再单击开始按钮。可以改变显示模式、频率刻度和电压刻度(电压范围)以便观察频率响应曲线图的细节。

注意:注意放大器的输入输出电平以获得正确的测试结果。波形发生器能输出 0.1 V～10 V 峰峰值信号。如果测试高灵敏度留声机输入端,一个大电压衰减分配器将被用于连接信号至放大器输入端,在曲线图上能被描绘的电压为 10 V,使用探头衰减器为×10 或一些别的可使最大预期电平低于 10 V 的衰减器。

(2)显示。电平的大小能被用电压或分贝表示。有四个垂直刻度显示模式:Volts (RMS), 10 dB/div,5 dB/div 和 1 dB/div。水平刻度选择可以是对数也可以是线性。在线性模式里从 DC (0 Hz)开始测量。频率步长,有两个可供选择的步长模式:对数和线性。如选择对数频率步长,首先 10 个频率步长值等于开始频率值,下一组 10 个频率步长值是前一组频率步长值的 10 倍。如不选择对数频率步长即为线性频率步长,此时频率步长值等于开始频率值。选择选项菜单的频率步长大小一栏可以改变频率步长大小的百分比。

3.菜单选项

(1)文件菜单。保存/打开模式曲线图能被保存和打开作为一个位图图像或作为一个数据。保存的数据能被随后取回进一步细查。从选项菜单中选择多轨迹模式,如果保存数据包含超过一条轨迹时,从选项菜单中选择多轨迹模式,可以在这个模式里继续测量,新的轨迹数据将被添加到取回的数据里。

(2)选项菜单。

1)自动电压刻度。当这个选项被选择时,如果输入信号太低或太高,示波器可自动改变电压刻度。在测量开始之前为避免示波器的电压刻度在直流耦合位置超出显示范围,可进行以下操作：

将示波器输入耦合开关放在 AC 位置，调整示波器轨迹线至屏幕中间位置。

注意：当示波器输入耦合开关放在 AC 位置时，输入信号频率低于 5 Hz 会有衰减，为了能测试低频信号，请使用 DC 偶合方式并尽可能将示波器电压/每格范围放在尽量大的位置。

2)显示多轨迹。这个选项允许在同一曲线图上显示多轨迹，可以在多个测量之间改变频率刻度。

3)频率步长大小绝对和相对的电压测量。这个选项允许改变频率步长的大小。频率步长大小能用缺省步长大小的百分比来设置，如果对数频率步长没被选择，缺省步长值就等于开始频率值，如被选择就等于每 10 个频率步长的最初频率值。

4)等待时间。为了电路稳定性，在每一个频率的均方根值被测量之前，使用这个选项增加一个 1 s～10 s 的延时。

5)颜色。在波形显示上可以选择各种各样的颜色，改变一个项目的颜色，单击相应的按钮，打开一个新的颜色对话框。

6)多轨迹的颜色。当多轨迹模式被选择时，使用这个选项来改变轨迹的颜色。

附录 3　部分电气图形符号

附表 3.1　电阻器、电容器、电感器和变压器

图形符号	名称与说明	图形符号	名称与说明
	电阻器一般符号		电感器、线圈、绕组或扼流图 注：符号中半圆数不得少于 3 个
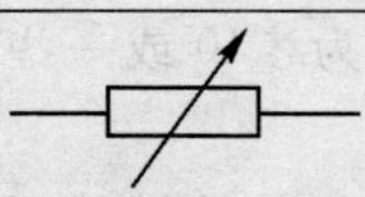	可变电阻器或可调电阻器		带磁芯、铁芯的电感器
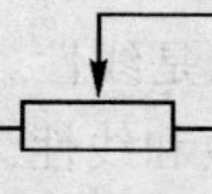	滑动触点电位器	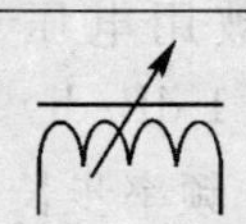	带磁芯连续可调的电感器
	极性电容	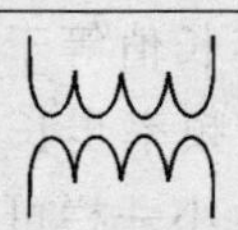	双绕组变压器 注：可增加绕组数目
	可变电容器或可调电容器	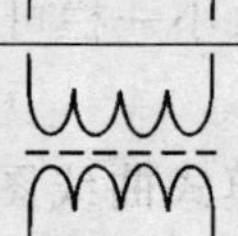	绕组间有屏蔽的双绕组变压器 注：可增加绕组数目
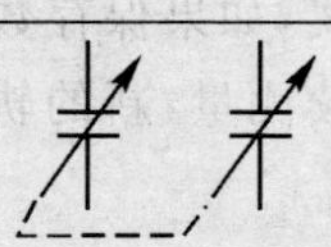	双联同调可变电容器 注：可增加同调联数	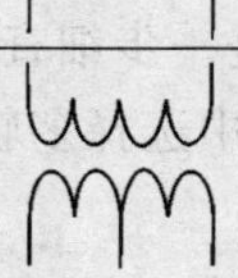	在一个绕组上有抽头的变压器
	微调电容器		

附表 3.2　晶　体　管

图形符号	名称与说明	图形符号	名称与说明
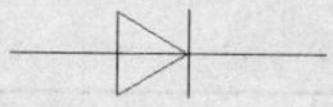	二极管的符号	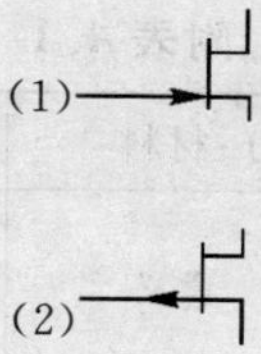	JFET 结型场效应管 (1)N 沟道 (2)P 沟道
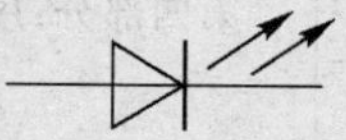	发光二极管		
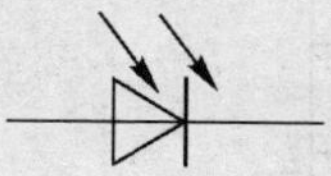	光电二极管	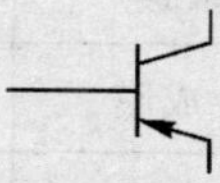	PNP 型晶体三极管
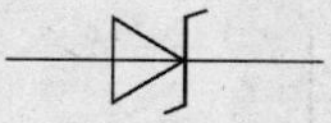	稳压二极管	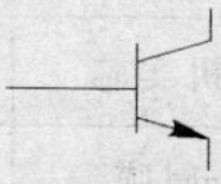	NPN 型晶体三极管
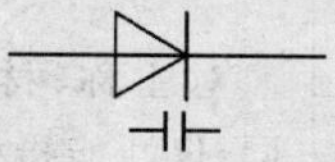	变容二极管	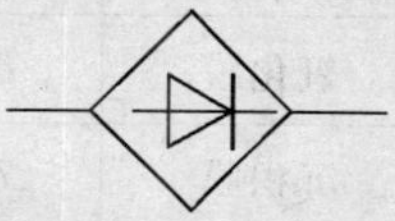	全波桥式整流器

附表 3.3　其他电气图形符号

图形符号	名称与说明	图形符号	名称与说明
	具有两个电极的压电晶体 注:电极数目可增加	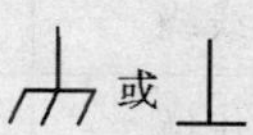	接机壳或底板
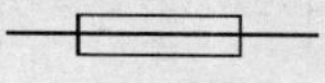	熔断器	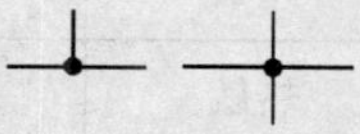	导线的连接
	指示灯及信号灯	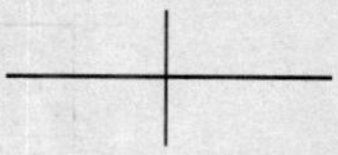	导线不连接
	扬声器	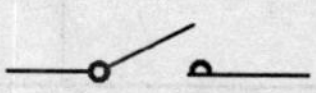	动合(常开)触点开关
	蜂鸣器	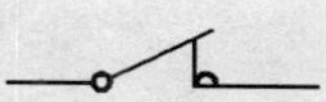	动断(常闭)触点开关
	接大地		手动开关

附录 4　常用电子元器件型号命名法

附表 4.1　电阻器型号命名方法

第一部分:主称		第二部分:材料		第三部分:特征分类			第四部分:序号
符号	意义	符号	意义	符号	意义		
					电阻器	电位器	
R	电阻器	T	碳膜	1	普通	普通	对主称、材料相同,仅性能指标、尺寸大小有差别,但基本不影响互换使用的产品,给予同一序号;若性能指标、尺寸大小明显影响互换时,则在序号后面用大写字母作为区别代号
W	电位器	H	合成膜	2	普通	普通	
		S	有机实芯	3	超高频	——	
		N	无机实芯	4	高阻	——	
		J	金属膜	5	高温	——	
		Y	氧化膜	6	——	——	
		C	沉积膜	7	精密	精密	
		I	玻璃釉膜	8	高压	特殊函数	
		P	硼碳膜	9	特殊	特殊	
		U	硅碳膜	G	高功率	——	
		X	线绕	T	可调	——	
		M	压敏	W	——	微调	
		G	光敏	D	——	多圈	
		R	热敏	B	温度补偿用	——	
				C	温度测量用	——	
				P	旁热式	——	
				W	稳压式	——	
				Z	正温度系数	——	

示例:

(1)精密金属膜电阻器:

R J 7 3

- 3 —— 第四部分:序号
- 7 —— 第三部分:类别(精密)
- J —— 第二部分:材料(金属膜)
- R —— 第一部分:主称(电阻器)

（2）多圈线绕电位器：

W X D 3

第四部分：序号
第三部分：类别（多圈）
第二部分：材料（线绕）
第一部分：主称（电位器）

附表 4.2 电容器型号命名法

第一部分:主称		第二部分:材料		第三部分:特征、分类						第四部分:序号
符号	意义	符号	意义	符号	意义					
					瓷介	云母	玻璃	电解	其他	
C	电容器	C	瓷介	1	圆片	非密封	—	箔式	非密封	对主称、材料相同,仅尺寸、性能指标略有不同,但基本不影响互使用的产品,给予同一序号;若尺寸性能指标的差别明显;影响互换使用时,则在序号后面用大写字母作为区别代号
		Y	云母	2	管形	非密封	—	箔式	非密封	
		I	玻璃釉	3	迭片	密封	—	烧结粉固体	密封	
		O	玻璃膜	4	独石	密封	—	烧结粉固体	密封	
		Z	纸介	5	穿心	—	—	—	穿心	
		J	金属化纸	6	支柱	—	—	—	—	
		B	聚苯乙烯	7	—	—	—	无极性	—	
		L	涤纶	8	高压	高压	—	—	高压	
		Q	漆膜	9	—	—	—	特殊	特殊	
		S	聚碳酸脂	J	金属膜					
		H	复合介质	W	微调					
		D	铝							
		A	钽							
		N	铌							
		G	合金							
		T	钛							
		E	其他							

示例：

(1)铝电解电容器：

C D 1 1

第四部分：序号
第三部分：特征分类（箔式）
第二部分：材料（铝）
第一部分：主称（电容器）

(2)圆片形瓷介电容器：

```
C  C  1—1
│  │  │ └──第四部分：序号
│  │  └────第三部分：特征分类（圆片）
│  └───────第二部分：材料（瓷介质）
└──────────第一部分：主称（电容器）
```

(3)纸介金属膜电容器：

```
C  Z  J  X
│  │  │  └──第四部分：序号
│  │  └─────第三部分：特征分类（金属膜）
│  └────────第二部分：材料（纸介）
└───────────第一部分：主称（电容器）
```

附表 4.3　国产半导体分立器件型号命名法

第一部分		第二部分		第三部分				第四部分	第五部分
用数字表示器件电极的数目		用汉语拼音字母表示器件的材料和极性		用汉语拼音字母表示器件的类型				用数字表示器件序号	用汉语拼音表示规格的区别代号
符号	意义	符号	意义	符号	意义	符号	意义		
2	二极管	A	N型，锗材料	P	普通管	D	低频大功率管		
		B	P型，锗材料	V	微波管		(f<3 MHz,		
		C	N型，硅材料	W	稳压管		P_C≥1 W)		
		D	P型，硅材料	C	参量管	A	高频大功率管		
				Z	整流管		(f≥3 MHz		
3	三极管	A	PNP型，锗材料	L	整流堆		P_C≥1 W)		
		B	NPN型，锗材料	S	隧道管	T	半导体闸流管		
		C	PNP型，硅材料	N	阻尼管		(可控硅整流器)		
		D	NPN型，硅材料	U	光电器件	Y	体效应器件		
		E	化合物材料	K	开关管	B	雪崩管		
				X	低频小功率管	J	阶跃恢复管		
					(<3 MHz,	CS	场效应器件		
					P_C<1 W)	BT	半导体特殊器件		
				G	高频小功率管	FH	复合管		
					(≥3 MHz	PIN	PIN型管		
					P_C<1 W)	JG	激光器件		

例：

(1)锗材料 PNP 型低频大功率三极管：

```
3  A  D  50  C
│  │  │  │   └──规格号
│  │  │  └─────序号
│  │  └────────低频大功率
│  └───────────PNP型、锗材料
└──────────────三极管
```

(2)硅材料 NPN 型高频小功率三极管：

```
3  D  G  201  B
│  │  │  │    └──规格号
│  │  │  └──────序号
│  │  └─────────低频大功率
│  └────────────PNP型、锗材料
└───────────────三极管
```

(3)N 型硅材料稳压二极管：

2 C W 51

- 51 — 序号
- W — 稳压管
- C — N型、硅材料
- 2 — 二极管

(4)单结晶体管：

B T 3 3 E

- E — 规格号
- 3 — 耗散功率
- 3 — 三信电极
- T — 特种管
- B — 半导体

附表 4.4　模拟集成电路命名方法

第 0 部分		第一部分		第二部分	第三部分		第四部分	
用字母表示器件符合国家标准		用字母表示器件的类型		用阿拉伯数字表示器件的系列和品种代号	用字母表示器件的工作温度范围		用字母表示器件的封装	
符号	意义	符号	意义		符号	意义	符号	意义
C	中国制造	T	TTL		C	0～70℃	W	陶瓷扁平
		H	HTL		E	－40～85℃	B	塑料扁平
		E	ECL		R	－55～85℃	F	全封闭扁平
		C	CMOS		M	－55～125℃	D	陶瓷直插
		F	线性放大器		…	……	P	塑料直插
		D	音响、电视电路		…		J	黑陶瓷直插
		W	稳压器				K	金属菱形
		J	接口电路				T	金属圆形

例：

C F 741 C T

- T — 金属圆形封装
- C — 0~70℃
- 741 — 器件代号
- F — 线性放大器
- C — 中国国家标准

附录 5　常用电子元器件的标志内容及方法

5.1　电阻器的标志内容及方法

1. 文字符号直标法

用阿拉伯数字和文字符号两者有规律的组合来表示标称阻值、额定功率、允许误差等级等。符号前面的数字表示整数阻值，后面的数字依次表示第一位小数阻值和第二位小数阻值，其文字符号所表示的单位如附表 5.1 所示。如 1R5 表示 1.5 Ω，2K7 表示 2.7 kΩ，

附表 5.1 文字符号表示的单位

文字符号	R	K	M	G	T
表示单位	欧姆 (Ω)	千欧姆 (10^3 Ω)	兆欧姆 (10^6 Ω)	千兆欧姆 (10^9 Ω)	兆兆欧姆 (10^{12} Ω)

例如：

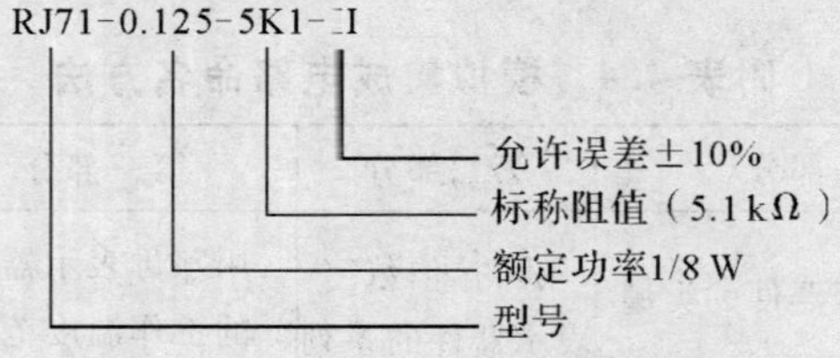

由标号可知，它是精密金属膜电阻器，额定功率为 1/8 W，标称阻值为 5.1 kΩ，允许误差为±10%。

2. 色标法

色标法是将电阻器的类别及主要技术参数的数值用颜色(色环或色点)标注在它的外表面上。色标电阻(色环电阻)器可分为三环、四环、五环三种标法。其含义如附图 5.1 和附图 5.2 所示。

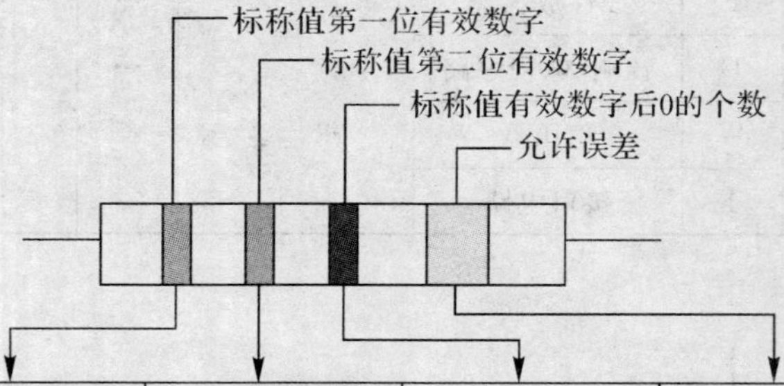

颜　色	第一位有效值	第二位有效值	倍　率	允许偏差
黑	0	0		
棕	1	1		
红	2	2		
橙	3	3		
黄	4	4		
绿	5	5		
蓝	6	6		
紫	7	7		
灰	8	8		
白	9	9		-20%~+50%
金				5%
银				10%
无色				20%

附图 5.1　两位有效数字阻值的色环表示法

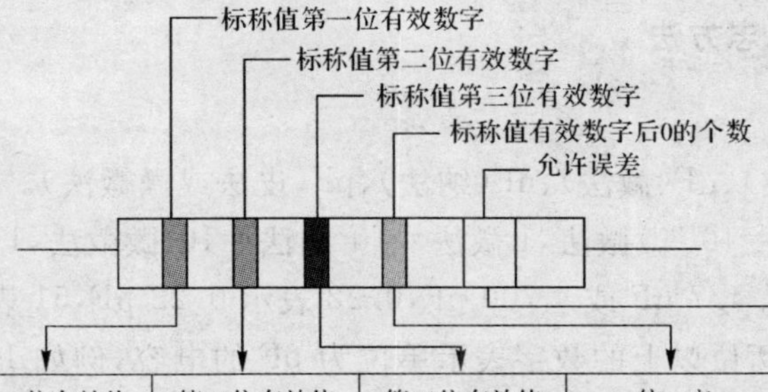

颜 色	第一位有效值	第二位有效值	第三位有效值	倍 率	允许偏差
黑	0	0	0		
棕	1	1	1		1%
红	2	2	2		2%
橙	3	3	3		
黄	4	4	4		
绿	5	5	5		0.5%
蓝	6	6	6		0.25
紫	7	7	7		0.1%
灰	8	8	8		
白	9	9	9		
金					
银					

附图 5.2　三位有效数字阻值的色环表示法

三色环电阻器的色环表示标称电阻值(允许误差均为±20%)。例如,色环为棕黑红,表示 $10\times10^2=1.0\ \mathrm{k\Omega}\pm20\%$的电阻器。

四色环电阻器的色环表示标称值(两位有效数字)及精度。例如,色环为棕绿橙金表示 $15\times10^3=15\ \mathrm{k\Omega}\pm5\%$的电阻器。

五色环电阻器的色环表示标称值(三位有效数字)及精度。例如,色环为红紫绿黄棕表示 $275\times10^4=2.75\ \mathrm{M\Omega}\pm1\%$的电阻器。

一般四色环和五色环电阻器表示允许误差的色环的特点是该环离其他环的距离较远。较标准的表示应是表示允许误差的色环的宽度是其他色环的 1.5～2 倍。

有些色环电阻器由于厂家生产不规范,无法用上面的特征判断,这时只能借助万用表判断。

5.2　电位器的一般标志方法

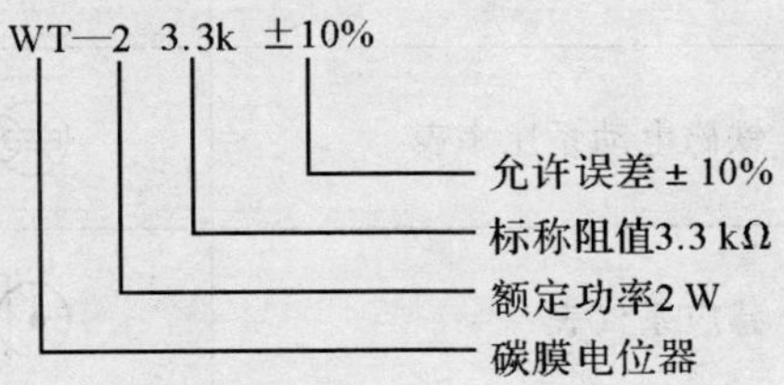

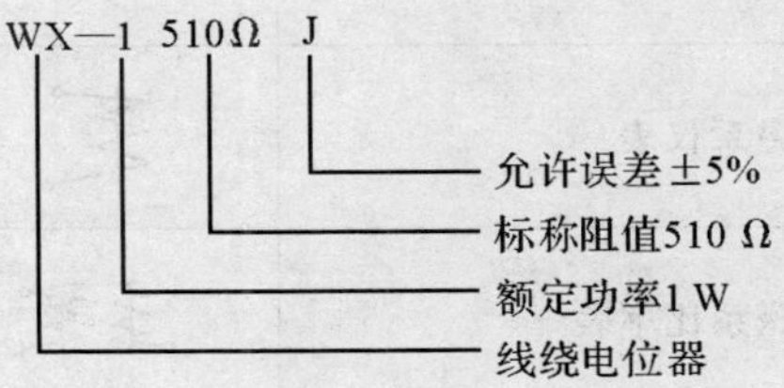

5.3 电容器的标志方法

1. 直标法

容量单位:F(法拉)、μF(微法)、nF(纳法)、pF(皮法或微微法)。

1 法拉$=10^6$微法$=10^{12}$微微法,1 微法$=10^3$纳法$=10^6$微微法,1 纳法$=10^3$微微法。

例如:4 n7　表示 4.7 nF 或 4 700 pF,0.22 表示 0.22 μF,51 表示 51 pF。

有时用大于 1 的两位以上的数字表示单位为 pF 的电容,例如 101 表示 100 pF;用小于 1 的数字表示单位为μF 的电容,例如 0.1 表示 0.1 μF。

2. 数码表示法

一般用三位数字来表示容量的大小,单位为 pF。前两位为有效数字,后一位表示位率。即乘以 10^i,i 为第三位数字,若第三位数字为 9,则乘 10^{-1}。如 223J 代表 22×10^3 pF$=22\ 000$ pF$=0.22$ μF,允许误差为±5%;又如 479 K 代表 47×10^{-1} pF,允许误差为±5%的电容。这种表示方法最为常见。

3. 色码表示法

这种表示法与电阻器的色环表示法类似,颜色涂于电容器的一端或从顶端向引线排列。色码一般只有三种颜色,前两环为有效数字,第三环为位率,单位为 pF。有时色环较宽,如红红橙,两个红色环涂成一个宽的,表示 22 000 pF。

5.4 电感器电感量的标志方法

(1)直标法。单位 H(亨利)、mH(毫亨)、μH(微亨)、

(2)数码表示法。方法与电容器的表示方法相同。

(3)色码表示法。这种表示法也与电阻器的色标法相似,色码一般有四种颜色,前两种颜色为有效数字,第三种颜色为倍率,单位为μH,第四种颜色是误差位。

附录 6　仪表工作原理的图形符号

附表 6.1　仪表工作原理的图形符号

名　称	符　号	名　称	符　号
磁电系仪表		电动系比率表	
磁电系比率表		铁磁电动系仪表	
电磁系仪表	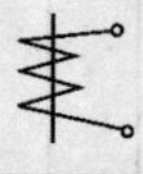	铁磁电动系比率表	
电磁系比率表		感应系仪表	

续表

名　称	符　号	名　称	符　号
电动系仪表		静电系仪表	
整流系仪表(带半导体整流器和磁电系测量机构)		不进行绝缘强度试验	
热电系仪表(带接触式热变换器和磁电系测量机构)		绝缘强度试验电压为 2 kV	
直流	—	负端钮	—
交流(单相)	～	正端钮	+
直流和交流	≂	公共端钮(多量限仪表和复用电表)	
具有单元件的三相平衡负载交流	≋	接地用的端钮(螺钉或螺杆)	
以标度尺量限百分数表示的准确度等级,例如 1.5 级	1.5	与外壳相连接的端钮	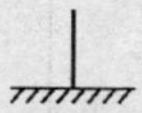
以标度尺长度百分数表示的准确度等级,例如 1.5 级	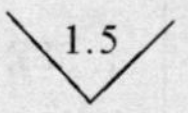	与屏蔽相连接的端钮	
以指示值的百分数表示的准确度等级,例如 1.5 级		调零器	
Ⅰ级防外磁场(例如磁电系)		标度尺位置为垂直的	⊥
Ⅰ级防外磁场(例如静电系)		标度尺位置为水平的	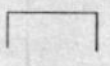
Ⅱ级防外磁场及电场	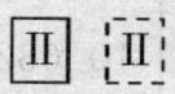	标度尺位置与水平面倾斜成一角度例如 60°	∠60°
Ⅲ级防外磁场及电场	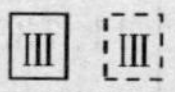	Ⅳ级防外磁场及电场	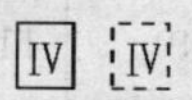

附录 7　铜-康铜热电偶分度表

附表 7.1　铜-康铜热电偶分度表

温度/℃	0	1	2	3	4	5	6	7	8	9
	热电动势/mV									
−40	−1.475	−1.510	−1.544	−1.579	−1.614	−1.648	−1.682	−1.717	−1.751	−1.785
−30	−1.121	−1.157	−1.192	−1.228	−1.263	−1.299	−1.334	−1.370	−1.405	−1.440
−20	−0.757	−0.794	−0.830	−0.867	−0.903	−0.904	−0.976	−1.013	−1.049	−1.085
−10	−0.383	−0.421	−0.458	−0.495	−0.534	−0.571	−0.602	−0.646	−0.683	−0.720
0−	−0.000	−0.039	−0.077	−0.116	−0.154	−0.193	−0.231	−0.269	−0.307	−0.345
0+	0.000	0.039	0.078	0.117	0.156	0.195	0.234	0.273	0.312	0.351
10	0.391	0.430	0.470	0.510	0.549	0.589	0.629	0.669	0.709	0.749
20	0.789	0.830	0.870	0.911	0.951	0.992	1.032	1.073	1.114	1.155
30	1.196	1.237	1.279	1.320	1.361	1.403	1.444	1.486	1.528	1.569
40	1.611	1.653	1.695	1.738	1.780	1.822	1.865	1.907	1.950	1.992
50	2.035	2.078	2.121	2.164	2.207	2.250	2.294	2.337	2.380	2.424
60	2.467	2.511	2.555	2.599	2.643	2.687	2.731	2.775	2.819	2.864
70	2.908	2.953	2.997	3.042	3.087	3.131	3.176	3.221	3.266	3.312
80	3.357	3.402	3.447	3.493	3.538	3.584	3.630	3.676	3.721	3.767
90	3.813	3.859	3.906	3.952	3.998	4.044	4.091	4.137	4.184	4..231
100	4.277	4.324	4.371	4.418	4.465	4.512	4.559	4.607	4.654	4.701
110	4.749	4.796	4.844	4.891	4.939	4.987	5.035	5.083	5.131	5.179
120	5.227	5.275	5.324	5.372	5.420	5.469	5.517	5.566	5.615	5.663
130	5.712	5.761	5.810	5.859	5.908	5.957	6.007	6.056	6.105	6.155
140	6.204	6.254	6.303	6.353	6.403	6.452	6.502	6.552	6.602	6.652
150	6.702	6.753	6.803	6.853	6.903	6.954	7.004	7.055	7.106	7.150
160	7.207	7.258	7.309	7.360	7.411	7.462	7.513	7.564	7.615	7.660
170	7.718	7.769	7.821	7.872	7.924	7.975	8.027	8.079	8.131	8.183
180	8.235	8.287	8.339	8.391	8.443	8.495	8.548	8.600	8.652	8.705
190	8.757	8.810	8.863	8.915	8.968	9.021	9.074	9.127	9.180	9.233
200	9.286	9.339	9.392	9.446	9.499	9.553	9.606	9.659	9.713	9.767
210	9.820	9.874	9.928	9.982	10.036	10.090	10.144	10.198	10.252	10.306
220	10.360	10.414	10.469	10.523	10.578	10.632	10.687	10.741	10.796	10.851
230	10.905	10.960	11.015	11.070	11.128	11.180	11.235	11.290	11.345	11.401
240	11.450	11.511	11.566	11.622	11.677	11.733	11.788	11.844	11.900	11.956

参考文献

[1] 杨龙麟.电子测量技术.北京:人民邮电出版社,2009.
[2] 陆绮荣,顾炳根.电子测量与应用.北京:人民邮电出版社,2009.
[3] 张咏梅,陈凌霄.电子测量与电子电路实验.北京:北京邮电大学出版社,2000.
[4] 廖翊希.电子测量与仪器实验.长沙:湖南科学技术出版社,2005.
[5] 吴丽华,童子权,张剑.电子测量电路.哈尔滨:哈尔滨工业大学出版社,2004.
[6] 陆绮荣.电子测量技术.北京:电子工业出版社,2003.
[7] 钱克猷,江维澄.电路实验技术基础.杭州:浙江大学出版社,2000.
[8] 张维中,龚绍文.电路实验.北京:北京理工大学出版社,1997.
[9] Robert A Writ.电子测量仪器.北京:清华大学出版社,1995.
[10] 刘方新,钱昭华,李宗民.常用仪器仪表原理与使用.北京:科学出版社,1999.
[11] 埃克 R V.示波器基本操作与测量实例.北京:国防工业出版社,1988.
[12] 赵学泉,延明,李绍胜.电子电路实验技术.北京:北京邮电大学出版社,1999.
[13] 王远.电子实验技术基础.北京:北京理工大学出版社,1992.
[14] 杜志勇,王鲜芳.电子测量.北京:人民邮电出版社,2005.
[15] 吴政江.电子测量仪器及其应用.武汉:武汉理工大学出版社,2006.
[16] 张学庄,廖翊希.电子测量与仪器.长沙:湖南科学技术出版社,2000.
[17] 杨吉祥.电子测量技术基础.南京:东南大学出版社,1999.
[18] 王松武,张植补.电子测量仪器原理及应用.哈尔滨:哈尔滨工程大学出版社,1994.
[19] 航空航天工业部教育司.电子测量技术.北京:中国宇航出版社,1992.
[20] 孙焕根.电子测量与智能仪器.杭州:浙江大学出版社,1992.
[21] 唐远林,朱肖平.大学物理实验.重庆:重庆大学出版社,2004.
[22] 邓玲娜,潘小青.大学物理实验.北京:机械工业出版社,2009.
[23] 原所佳.物理实验教程.北京:国防工业出版社,2006.
[24] 胡林,余克俭.大学物理实验.北京:机械工业出版社,2009.
[25] 陈均钧,陈红雨.大学物理实验教程.北京:科学出版社,2009.
[26] 李相银.大学物理实验.北京:高等教育出版社,2009.
[27] 杨广武.大学物理实验.天津:天津大学出版社,2009.